Além do Medo

A verdade sobre a energia nuclear

História, Ciência e Geopolítica da Energia Mais Temida e Incompreendida do Mundo

Por que o mundo precisa de repensar o nuclear antes que seja tarde demais

João Garcia Pulido

Quem deve ler este Livro

Este livro é para todos.

Para o curioso.

Para o cético.

Para o que sempre acreditou. E para o que nunca quis ouvir falar.

É para quem procura compreender — não repetir.

Para quem valoriza a ciência mais do que o ruído.

Para quem ainda acredita que informação de qualidade pode ser uma ponte — e não uma trincheira.

Este livro não é neutro no pensamento — é neutro na manipulação.

Não é imparcial na busca pela verdade — mas é isento de agendas que distorcem e simplificam.

Aqui não se serve ideologia: serve-se conhecimento.

E como todo conhecimento verdadeiro, ele incomoda, provoca, questiona.

É um livro para todos os que têm a mente aberta e a humildade de ouvir o que nunca lhes foi dito com clareza.

É também um convite, quase um desafio, àqueles que cresceram mergulhados em narrativas rígidas, preconceitos herdados e intoxicação mediática constante.

Talvez este livro não mude convicções — mas se conseguir plantar uma dúvida fértil, já terá cumprido o seu papel.

Não se exige concordância.

Mas exige-se respeito pelo trabalho aqui apresentado — fruto de investigação séria, pensamento crítico e compromisso com a verdade, ainda que incómoda.

Se estás disposto a pensar por ti próprio — então este livro é teu.

Agradecimentos

Escrever este livro foi uma das jornadas mais intensas e transformadoras da minha vida. Mas nenhuma grande viagem é feita sozinha.

Em primeiro lugar, agradeço à minha família – pelo tempo que lhes roubei, pelas horas em que estive presente, mas ausente, imerso em pensamentos, páginas e revisões. Sem a sua paciência e amor silencioso, este livro nunca teria ganho vida.

Aos meus colegas e amigos de longa data que, ao longo de décadas no setor da energia, me incentivaram, desafiaram e inspiraram – a vossa confiança deu-me força sempre que o cansaço tentou vencer.

À Hillshire Media, minha editora, por ter tido a coragem de acreditar neste projeto desde o início e por me dar a liberdade de escrever com verdade, precisão e paixão.

A você, caro leitor, um sincero agradecimento – pois ao comprar este livro, transmite-me ânimo e propósito. Mais do que um gesto comercial, a sua escolha é um ato de confiança. Espero estar à altura.

E, por fim, um sincero e fraterno agradecimento ao meu colega e companheiro nesta jornada, Bruno Cerqueira. A sua presença foi constante – em revisões meticulosas, na criação dos diagramas e imagens que enriquecem estas páginas, e no apoio inabalável durante longas noites e dias. Este livro também é seu.

Este livro nasce de um compromisso com a verdade, com a ciência e com um futuro mais sustentável. Que as suas páginas inspirem a mudança de que o nosso mundo tão urgentemente necessita.

Introdução – Energia Nuclear: Compreender para Decidir

Vivemos numa era de decisões urgentes. A crise climática avança. As fontes fósseis, apesar de ainda dominantes, mostram-se cada vez mais insustentáveis. A promessa das renováveis é real, mas limitada pela sua intermitência e complexidade logística. A eletricidade tornou-se o sangue da civilização moderna — e a pergunta que paira sobre todos os governos, empresas e cidadãos é: **de onde virá a energia que sustentará o futuro?**

Este livro foi escrito para oferecer uma resposta honesta, documentada e acessível a essa pergunta — uma resposta muitas vezes ignorada por desinformação, ideologia ou medo: **a energia nuclear**.

Mais do que uma tecnologia, o nuclear representa uma fronteira do conhecimento humano. É ciência pura aplicada ao bem-estar coletivo. É engenharia de precisão ao serviço da estabilidade energética. É uma ferramenta de poder e, ao mesmo tempo, uma oportunidade de paz. Mas também é um tema carregado de controvérsia, mitos e desconfiança. Por isso, este livro não é apenas técnico. É também histórico, político, estratégico e profundamente humano.

Ao longo das próximas páginas, o leitor será conduzido por uma jornada que começa com uma reflexão ancestral sobre a relação entre o Homem e a energia, passando pela descoberta do átomo, a evolução da física nuclear, e os momentos decisivos que marcaram o século XX — desde o Projeto Manhattan até à criação do programa "Átomos para a Paz".

Discutiremos em profundidade os acidentes nucleares, sem os ocultar nem os amplificar. Analisaremos os resíduos radioativos, com dados e soluções reais. Desmontaremos os argumentos antinucleares, com base em factos, não em ideologias. E apresentaremos as aplicações pacíficas do nuclear — da medicina à agricultura, da dessalinização à produção de hidrogénio.

Este livro também mergulha na geopolítica da energia, mostrando como o acesso e o domínio da tecnologia nuclear influenciam os grandes equilíbrios do mundo. Veremos como as nações que investiram no nuclear prosperaram — e como aquelas que o abandonaram enfrentam hoje crises energéticas e dependência externa.

Na parte final, exploramos o papel do nuclear na transição energética, com foco em novas tecnologias, como os reatores modulares (SMRs), os avanços na fusão nuclear, o uso de inteligência artificial e novos materiais, e a crescente ligação entre energia, minerais estratégicos e soberania nacional.

O leitor encontrará aqui não apenas uma coleção de dados, mas uma visão de futuro. Uma proposta clara: o nuclear é indispensável para garantir um planeta sustentável, uma economia estável e uma sociedade livre da chantagem energética.

Este livro foi pensado para todos os públicos. Não exige formação técnica, mas oferece rigor científico. Não impõe uma verdade, mas propõe um debate sério. É um convite à reflexão — e, para muitos, talvez uma provocação necessária. Afinal, **a ignorância é confortável, mas o conhecimento liberta.**

Se o leitor está disposto a questionar, a ouvir o outro lado, e a considerar que o nuclear não é apenas possível — mas necessário —, então este livro encontrará o seu lugar. Seja bem-vindo à discussão que pode moldar o século XXI.

Índice

Capítulo 1 – A Energia e o Homem: Da Madeira ao Nuclear

Desde os primórdios da civilização, a humanidade sempre dependeu da energia para sobreviver e evoluir. O fogo, descoberto pelos nossos ancestrais há centenas de milhares de anos, foi o primeiro marco na utilização da energia para propósitos que iam além da sobrevivência imediata. O calor gerado pelo fogo permitiu não apenas a confeção dos alimentos, mas também o aquecimento em regiões frias, protegendo populações inteiras contra o clima adverso. Além disso, o fogo desempenhou um papel crucial na iluminação durante a noite, permitindo que as atividades humanas não fossem limitadas apenas à luz solar. Também oferecia uma forma de proteção contra predadores ferozes, garantindo maior segurança para os assentamentos humanos.

Com o avanço das sociedades, o uso da energia tornou-se cada vez mais sofisticado. A revolução agrícola, que ocorreu cerca de 10.000 anos atrás, marcou um ponto de inflexão na história humana, permitindo que as populações passassem de nómadas a sedentárias. A energia do sol foi utilizada para o cultivo de alimentos, enquanto animais domesticados ajudavam na aragem da terra, utilizando a energia muscular para aumentar a produtividade agrícola.

Com o surgir das primeiras civilizações organizadas, a procura por energia cresceu exponencialmente. A invenção da roda e o desenvolvimento da metalurgia foram avanços fundamentais que exigiram novas fontes energéticas, como carvão vegetal e fornos movidos a vento. Durante a Idade Clássica, os gregos e romanos já utilizavam a energia hidráulica para movimentar moinhos e melhorar a produção industrial, como na fabricação de farinha e tecidos.

A Revolução Industrial, no século XVIII, marcou o início de uma nova era energética. O carvão passou a ser utilizado em larga escala para alimentar máquinas a vapor, revolucionando o transporte e a produção industrial. O século XX trouxe a descoberta do petróleo e da eletricidade como fontes principais de energia, permitindo a expansão das cidades, a evolução dos meios de transporte e o desenvolvimento de novas tecnologias.

No entanto, o crescimento exponencial da procura por energia também trouxe desafios. A queima de combustíveis fósseis gerou impactos ambientais significativos, como o aquecimento global e a poluição atmosférica. Diante desse cenário, a busca por fontes energéticas mais limpas e eficientes tornou-se uma prioridade global.

Nesse contexto, a energia nuclear surge como uma das alternativas mais promissoras. Com uma capacidade de geração limpa e eficiente, sem emissões diretas de gases de efeito estufa, ela se posiciona como uma solução viável para responder á procura crescente das necessidades energéticas da humanidade.

Nos próximos capítulos, exploraremos a história da energia nuclear, seus usos pacíficos, desafios e impactos globais, analisando como essa fonte pode moldar o futuro da civilização.

As Primeiras Fontes de Energia

A madeira foi a primeira grande fonte de energia utilizada pela humanidade. Durante milhares de anos, serviu como o principal combustível para cozinhar alimentos, gerar calor e até mesmo impulsionar rudimentares processos industriais. A abundância da madeira e a facilidade de obtenção fizeram dela a opção dominante até que novas fontes fossem descobertas.

Com o avanço da metalurgia e o aumento da procura por energia, a madeira começou a ser substituída pelo carvão vegetal, que proporcionava uma queima mais eficiente e com maior temperatura. O carvão vegetal é obtido pela combustão controlada da madeira, num processo chamado pirólise, onde a madeira é aquecida em ambiente com pouco oxigénio, resultando num combustível de maior poder calorífico. Esse desenvolvimento foi essencial para a manipulação dos metais, permitindo a produção de ferramentas mais resistentes e avançadas.

Já o carvão mineral, formado ao longo de milhões de anos pela decomposição de matéria orgânica soterrada e submetida a altas pressões e temperaturas, começou a ser amplamente utilizado a partir da Revolução Industrial. Diferente do carvão vegetal, cuja produção depende da exploração de florestas, o carvão mineral é extraído de jazidas subterrâneas ou a céu aberto. O seu poder energético é superior e a disponibilidade em grande escala possibilitaram a criação de máquinas a vapor, locomotivas e uma indústria mais robusta. Isso transformou profundamente a sociedade, acelerando a urbanização e o crescimento económico, mas também dando início a um modelo de exploração energética com sérias consequências ambientais.

A Revolução Industrial e a Ascensão do Carvão como Principal Combustível

No século XVIII, a Revolução Industrial revolucionou a forma como a energia era utilizada. O carvão mineral tornou-se a fonte dominante de energia, alimentando as máquinas a vapor que impulsionaram as fábricas, os transportes e a geração de eletricidade. As cidades cresceram rapidamente e a procura por carvão disparou, levando à exploração intensiva de minas.

Embora o carvão tenha sido o motor da industrialização, também trouxe desafios ambientais. A queima de carvão liberta grandes quantidades de dióxido de carbono (CO_2) e poluentes atmosféricos, contribuindo para a poluição do ar e o aumento do efeito estufa. Além disso, as condições de trabalho nas minas eram extremamente perigosas, com frequentes desabamentos e exposição a substâncias tóxicas.

A Descoberta e Expansão do Petróleo como Fonte Dominante no Século XX

No final do século XIX e início do século XX, a humanidade testemunhou sua primeira grande transição energética moderna: a passagem do carvão para o petróleo como fonte dominante de energia. Esta mudança trouxe desafios políticos, econômicos e estratégicos, e, assim como nos dias de hoje, gerou acalorados debates entre defensores e opositores.

Durante mais de 70 anos, o carvão foi a principal fonte de energia para a indústria e o sector militar. No entanto, à medida que a eficiência energética e a intensidade do consumo aumentavam, ficou claro que uma fonte de energia mais flexível e eficiente era necessária. O petróleo emergiu como essa alternativa, oferecendo vantagens significativas sobre o carvão, incluindo maior densidade energética, armazenamento mais fácil e menor necessidade de mão de obra para manuseio.

No início do século XX, a *Royal Navy* dependia quase exclusivamente do carvão como fonte de energia. O carvão era abundante no Reino Unido, e a infraestrutura de mineração e transporte estava bem estabelecida. No entanto, o carvão apresentava desvantagens operacionais, como a necessidade de grandes equipes para carregá-lo, a dificuldade de reabastecimento em alto mar e a produção de fumo, que podia revelar a posição dos navios.

O petróleo começava a emergir como uma alternativa superior. Navios movidos a petróleo eram mais rápidos, tinham maior autonomia e exigiam menos mão de obra para operação e manutenção. Além disso, o petróleo permitia reabastecimento em alto mar, uma vantagem crítica em operações militares.

O Reino Unido, potência industrial e militar da época, foi o epicentro dessa transição. A modernização da frota britânica foi liderada por Winston Churchill, que ocupou o cargo de Primeiro Lorde do Almirantado entre 1911 e 1915. Churchill reconheceu que os navios movidos a petróleo possuíam uma vantagem operacional decisiva: eram mais rápidos, mais eficientes e exigiam menos manutenção do que os navios a carvão.

Churchill enfrentou forte resistência dentro do governo e da *Royal Navy*, que temia a dependência do petróleo estrangeiro, uma vez que o Reino Unido não possuía reservas significativas. Para mitigar esse risco, ele negociou um acordo estratégico com a Anglo-Persian Oil Company (hoje BP), garantindo acesso direto ao petróleo do Médio Oriente. Essa decisão não apenas modernizou a marinha britânica, mas também moldou a geopolítica do petróleo para o século XX.

A transição para o petróleo consolidou a posição da *Royal Navy* como a mais poderosa marinha do mundo durante a Primeira Guerra Mundial. Além disso, o acordo com a Anglo-Persian Oil Company lançou as bases para a forte presença do Reino Unido no Médio Oriente, influenciando a política energética global até os dias de hoje.

A intervenção de Winston Churchill na transição da *Royal Navy* do carvão para o petróleo foi uma decisão visionária que combinou inovação tecnológica, estratégia militar e diplomacia econômica. Sua capacidade de antever as vantagens do petróleo e superar as resistências internas foi crucial para o sucesso da transição, consolidando o poder naval britânico e influenciando o curso da história energética global.

Essa mudança também serviu como um precedente para futuras transições energéticas. Assim como o carvão foi substituído pelo petróleo, hoje discutimos a substituição dos combustíveis fósseis por fontes mais limpas e sustentáveis. A lição da história, no entanto, é que todas as transições energéticas bem-sucedidas devem considerar fatores como segurança energética, custos econômicos e eficiência tecnológica.

No final do século XIX e início do século XX, o petróleo emergiu como uma nova e poderosa fonte de energia. A invenção do motor de combustão interna e a crescente procura por combustíveis mais eficientes impulsionaram a sua adoção em larga escala. O petróleo rapidamente se tornou a espinha dorsal da economia global, alimentando automóveis, aviões, navios e a produção de eletricidade.

A exploração e a refinação do petróleo permitiram a produção de uma ampla gama de produtos, desde combustíveis como gasolina e gasóleo até plásticos e produtos químicos. Esse recurso energético transformou a economia global e a geopolítica, levando países produtores a ganharem influência e poder económico significativos.

Contudo, o petróleo também trouxe desafios. Tal como o carvão, a sua queima gera emissões de gases de efeito estufa, contribuindo para as mudanças climáticas.

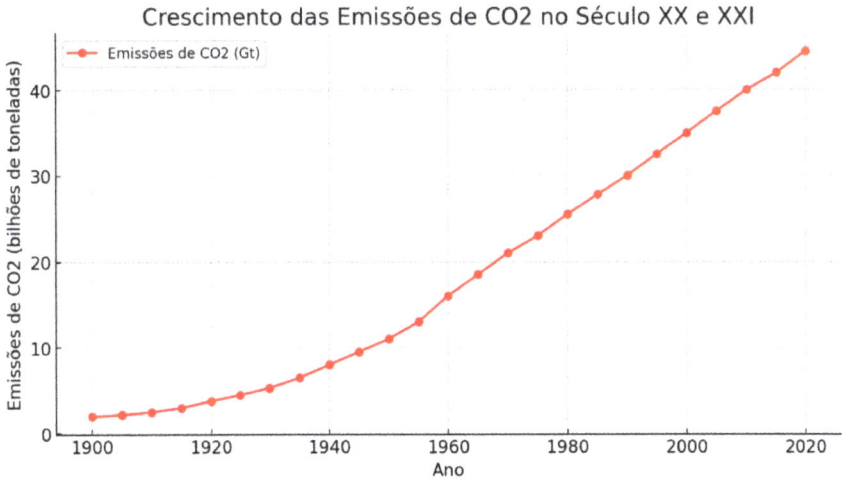

Crescimento das Emissões de CO2 no Século XX e XXI

Fonte: Produção própria recorrendo aos dados da Tabela no final do presente Capítulo

Gráfico 2: Variação da Temperatura média

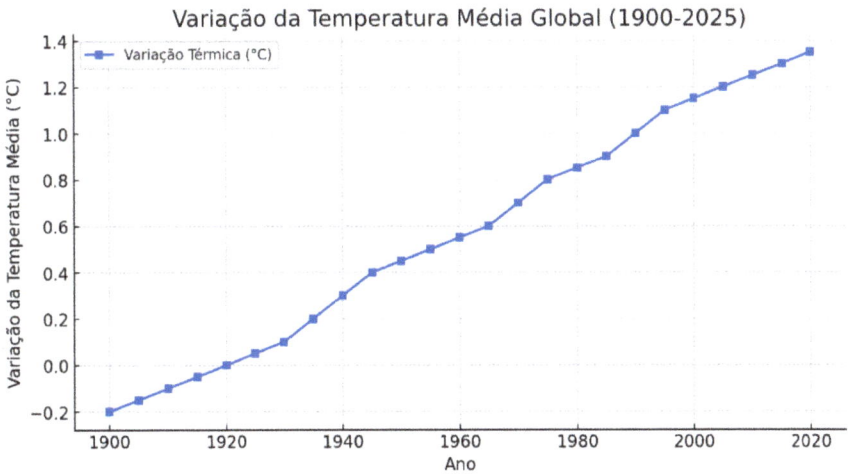

Variação da Temperatura Média Global (1900-2025)

Além disso, a dependência global do petróleo gerou conflitos geopolíticos e crises energéticas que impactaram economias inteiras.

À medida que os impactos ambientais das fontes fósseis se tornaram mais evidentes, a busca por alternativas energéticas cresceu, abrindo caminho para o desenvolvimento de energias renováveis e da energia nuclear, que veremos nos próximos capítulos.

Gráfico 3: Correlação entre Emissões de CO2 e Temperatura Global

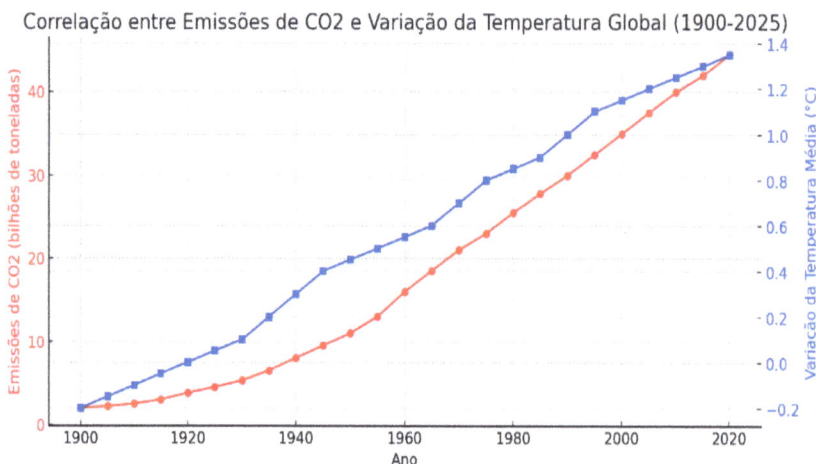

Correlação entre Emissões de CO2 e Variação da Temperatura Global (1900-2025)

Fonte: Produção própria recorrendo aos dados da Tabela no final do presente Capítulo

A Busca por Fontes Energéticas Mais Eficientes

,Os combustíveis fósseis, como carvão, petróleo e gás natural, foram fundamentais para o crescimento industrial e económico dos últimos séculos. No entanto, a sua extração, transporte e consumo trazem desafios significativos. Além dos impactos ambientais, como emissões de poluentes atmosféricos e possíveis derrames de petróleo, esses recursos têm um papel determinante nos custos da eletricidade e na estabilidade económica dos países.

A volatilidade dos preços do petróleo e do gás natural tem efeitos diretos na inflação e na competitividade das indústrias. A dependência de importações de combustíveis fósseis cria vulnerabilidades geopolíticas, com países exportadores a exercerem influência económica sobre os importadores.

O Verdadeiro Impacto das Energias Renováveis

Embora sejam frequentemente promovidas como energias limpas, as fontes renováveis também apresentam uma pegada ambiental considerável. A produção de painéis solares e turbinas eólicas envolve a extração de minerais raros, como o neodímio e o lítio, cuja mineração tem impactos ambientais significativos. Além disso, a fabricação, transporte e instalação desses equipamentos geram emissões de carbono.

Outro fator a considerar é a necessidade de infraestrutura de suporte. Como a energia solar e eólica são intermitentes, exigem a construção de sistemas de backup, como baterias de grande escala ou centrais térmicas de reserva, muitas vezes movidas a gás natural. Isso aumenta o custo global da eletricidade e reduz a real vantagem ambiental dessas tecnologias.

Uma das maiores limitações das energias renováveis é a sua intermitência. Como o sol não brilha à noite e o vento nem sempre sopra com intensidade suficiente, é necessária uma redundância na produção de eletricidade. Isso significa que os países precisam manter centrais adicionais operacionais para suprir a rede em momentos de baixa geração renovável.

Essa redundância tem um custo significativo para os sistemas elétricos nacionais. A necessidade de equilibrar fontes intermitentes com fontes estáveis, como hidroelétricas ou termoelétricas, aumenta os investimentos em infraestrutura e manutenção, o que pode ser refletido no preço da eletricidade para consumidores e indústrias.

Embora as energias renováveis tenham um papel fundamental na matriz energética global, não são, por si só, capazes de fornecer uma solução completa para as necessidades energéticas da humanidade. Sua intermitência, pegada ambiental e necessidade de suporte tornam essencial a combinação com outras fontes confiáveis de energia. Nesse contexto, a energia nuclear surge como uma alternativa crucial para garantir eletricidade limpa, estável e economicamente viável, o que será explorado nos próximos capítulos.

Gráfico 4: Evolução das Energias Renováveis

Gráfico 4: Evolução das Energias Renováveis

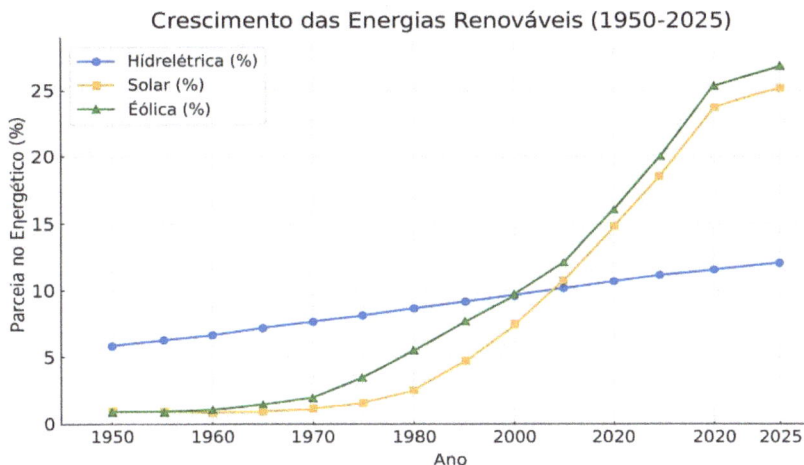

Crescimento das Energias Renováveis (1950-2025)

Fonte: Produção própria recorrendo aos dados da Tabela no final do presente Capítulo

O Surgimento da Energia Nuclear

A descoberta da fissão nuclear foi um dos marcos mais importantes da ciência moderna. No início do século XX, físicos como Henri Becquerel, Marie Curie e Ernest Rutherford realizaram experimentos pioneiros sobre a radioatividade, revelando que certos elementos emitiam energia espontaneamente.

O verdadeiro avanço, no entanto, veio em 1938, quando os cientistas alemães Otto Hahn e Fritz Strassmann descobriram que o bombardeamento do urânio com neutrões resultava na divisão do núcleo atómico, libertando uma enorme quantidade de energia. Este processo, posteriormente interpretado por Lise

Meitner e Otto Frisch, foi denominado "fissão nuclear" e abriu caminho para uma nova era energética.

A fissão nuclear revelou-se uma fonte de energia extremamente eficiente. Ao contrário dos combustíveis fósseis, que dependem da combustão química e emitem grandes quantidades de dióxido de carbono (CO_2), a energia nuclear gera eletricidade sem emissões diretas de gases de efeito estufa. Além disso, a densidade energética do urânio é incomparavelmente superior à de qualquer outro combustível conhecido: um quilograma de urânio enriquecido pode gerar milhões de vezes mais energia do que um quilograma de carvão ou petróleo.

Com essa capacidade, a energia nuclear começou a ser vista como uma solução viável para responder à crescente procura global por eletricidade sem agravar os problemas ambientais associados às fontes tradicionais de energia.

Gráfico 5: Emissões de CO2 entre as Diferentes Fontes

Comparação das Emissões de CO2 entre Diferentes Fontes de Energia

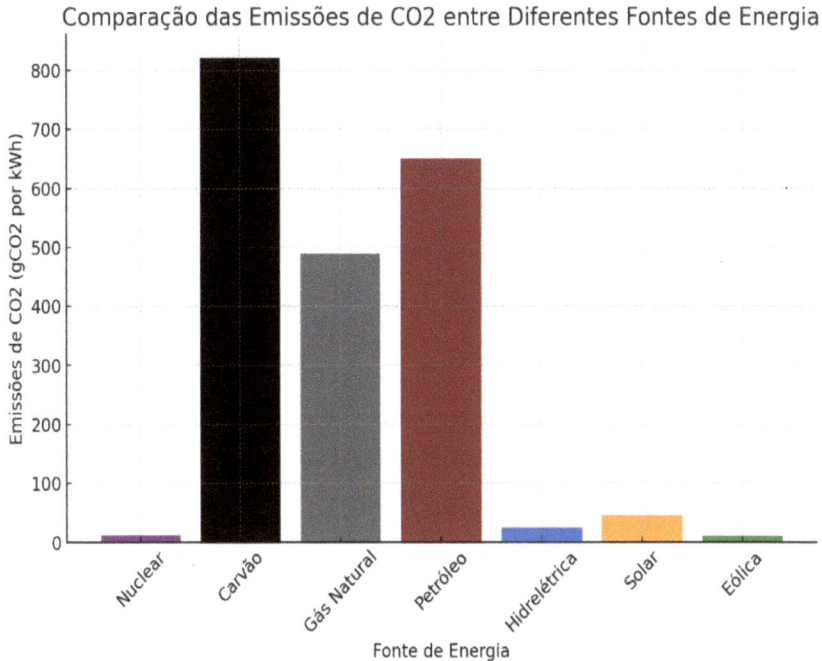

Gráfico 5: Emissões de CO2 entre as Diferentes Fontes

Fonte: Produção própria recorrendo aos dados da Tabela no final do presente Capítulo

Embora a descoberta da fissão tenha levado inicialmente ao desenvolvimento de armas nucleares durante a Segunda Guerra Mundial, logo após o conflito, o mundo começou a explorar o potencial pacífico dessa tecnologia. Em 1951, nos Estados Unidos, foi gerada eletricidade a partir da fissão nuclear pela primeira vez, no reator experimental EBR-I, em Idaho.

A partir daí, vários países começaram a investir em centrais nucleares para produzir eletricidade. Em 1954, a União Soviética inaugurou a primeira central nuclear comercial do mundo, em Obninsk. Desde então, a energia nuclear consolidou-se como uma parte essencial da matriz energética global, sendo hoje responsável por cerca de 10% da eletricidade mundial.

A segurança, a eficiência e a baixa pegada de carbono fizeram da energia nuclear uma das principais alternativas para um futuro energético sustentável. No próximo capítulo, aprofundaremos os principais mitos e realidades sobre esta tecnologia, analisando suas aplicações pacíficas e benefícios em diversos setores da economia.

Como os Avanços Científicos Levaram à Descoberta da Fissão Nuclear

A teoria por trás da fissão nuclear tem uma de suas bases na famosa equação de Albert Einstein, $E=mc^2$, formulada em 1905. Esta equação estabelece a relação entre a energia (E) e a massa (m), mostrando que uma pequena quantidade de matéria (m) pode ser convertida em uma enorme quantidade de energia (E) quando se adiciona uma velocidade estratosférica (c). Este princípio foi fundamental para entender o imenso potencial energético contido no núcleo atómico.

Embora Einstein não tenha trabalhado diretamente na descoberta da fissão nuclear, a sua teoria da relatividade e suas cartas ao presidente dos Estados Unidos, Franklin D. Roosevelt, alertando sobre o potencial do urânio como fonte de energia, influenciaram o desenvolvimento dos primeiros reatores nucleares. A aplicação pacífica dessa tecnologia viria anos depois, quando a energia nuclear começou a ser explorada como uma alternativa viável para geração de eletricidade.

Gráfico 6: *Eficiência Energética das Diferentes Fontes*

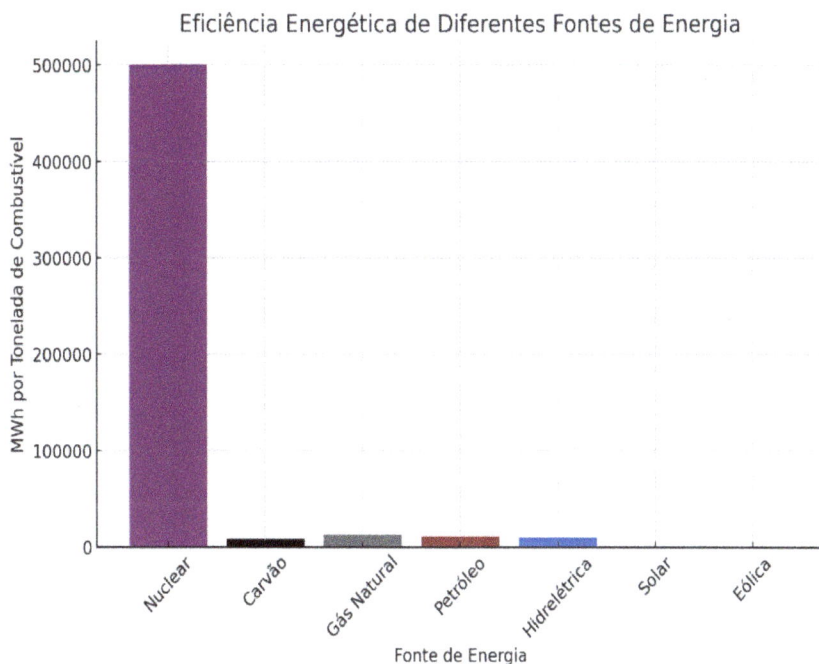

Fonte: *Produção própria recorrendo aos dados da Tabela no final do presente Capítulo*

O urânio enriquecido é um material, "o combustível", essencial para o funcionamento de reatores nucleares. Trata-se de urânio que passou por um processo de separação isotópica para aumentar a concentração do isótopo U-235, que é mais propenso à fissão em comparação ao U-238, o isótopo mais abundante na natureza. Este processo de enriquecimento permite que a reação em cadeia ocorra de forma controlada, liberando uma quantidade de energia significativamente maior do que qualquer reação química convencional.

Gráfico 7: Intensidade Energética

Comparação da Intensidade Energética entre Diferentes Fontes de Energia

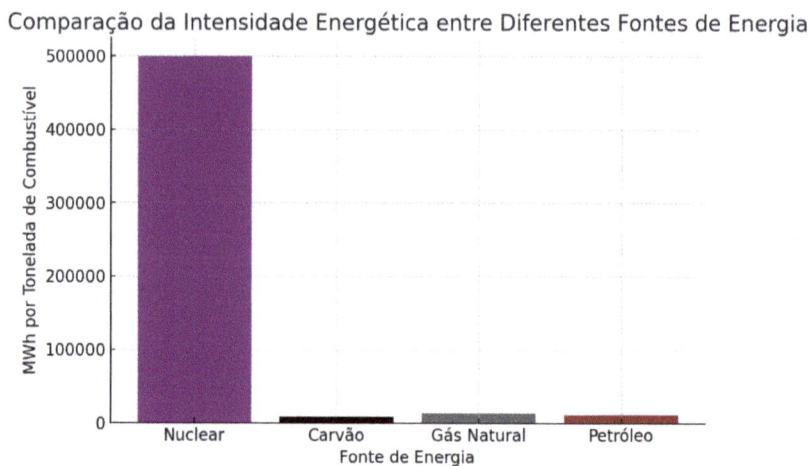

Fonte: Produção própria recorrendo aos dados da Tabela no final do presente Capítulo

O Primeiro Uso da Energia Nuclear para Fins Pacíficos e sua Importância na Matriz Energética Global

Gráfico 8: Evolução da Matriz Energética Global

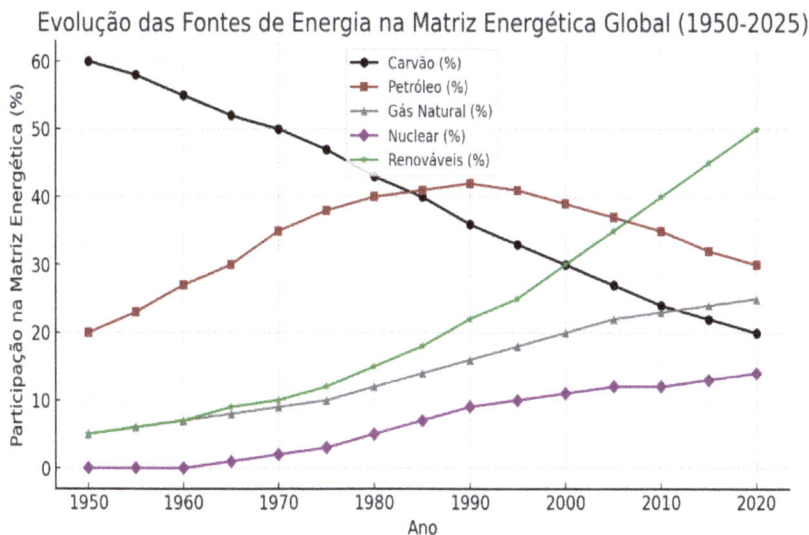

Evolução das Fontes de Energia na Matriz Energética Global (1950-2025)

Fonte: Produção própria recorrendo aos dados da Tabela no final do presente Capítulo

A segurança, a eficiência e a baixa pegada de carbono fizeram da energia nuclear uma das principais alternativas para um futuro energético sustentável. No próximo capítulo, aprofundaremos os principais mitos e realidades sobre esta tecnologia, analisando suas aplicações pacíficas e benefícios em diversos setores da economia.

A energia nuclear destaca-se pela sua elevada eficiência energética e baixa pegada de carbono quando comparada a outras fontes. Um quilograma de urânio enriquecido pode gerar milhões de vezes mais energia do que um quilograma de carvão ou petróleo. Esta densidade energética torna a energia nuclear uma alternativa extremamente competitiva em termos de custo-benefício e impacto ambiental.

Ao compararmos as principais fontes de energia utilizadas no mundo, observamos diferenças marcantes:

Carvão: Apesar de barato e amplamente disponível, é uma das fontes mais poluentes, emitindo grandes quantidades de CO_2 e partículas tóxicas.

Petróleo e gás natural: São versáteis e utilizados tanto para eletricidade quanto para transporte, mas continuam a depender de mercados instáveis e geram emissões significativas.

Energias renováveis (solar e eólica): Possuem baixa pegada de carbono, mas apresentam desafios relacionados à intermitência, necessidade de armazenamento e altos investimentos em infraestrutura.

Hidroelétrica: É uma fonte renovável confiável, mas sua construção pode causar impactos ambientais e sociais significativos devido à inundação de vastas áreas.

Energia nuclear: Produz eletricidade de forma contínua, sem emissões diretas de carbono e com baixos impactos ambientais durante a operação.

O Crescimento da Energia Nuclear e os Desafios Enfrentados

Atualmente, a energia nuclear representa cerca de 10% da produção mundial de eletricidade. Diversos países continuam a investir nesta tecnologia como uma alternativa para garantir segurança energética e reduzir emissões de gases de efeito estufa. China, Rússia, França e os Estados Unidos lideram os investimentos em novos reatores, incluindo projetos de reatores modulares pequenos (SMRs), que prometem maior flexibilidade e menor custo de implementação.

Gráfico 9: Crescimento da Energia Nuclear por Continente

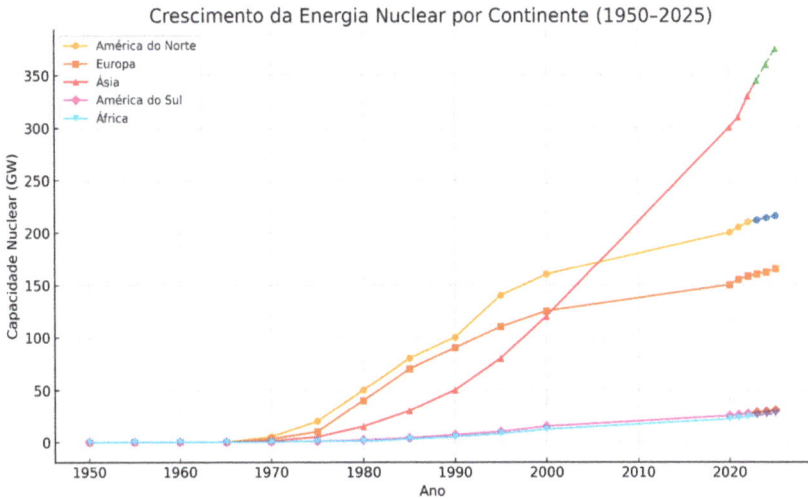

Crescimento da Energia Nuclear por Continente (1950-2025)

Dados reais até 2023. Projeções para 2024-2025 com base em tendências da IAEA/WNA.

Fonte: Produção própria recorrendo aos dados da Tabela no final do presente Capítulo

No entanto, a energia nuclear enfrenta desafios significativos:

Perceção pública e medo de acidentes: Eventos como Chernobyl e Fukushima geraram receios sobre a segurança nuclear, embora os avanços tecnológicos tenham tornado os reatores modernos muito mais seguros.

Gestão de resíduos radioativos: Embora o volume de resíduos nucleares seja pequeno quando comparado ao total de resíduos industriais tóxicos, o armazenamento e descarte desses materiais exigem regulamentações rigorosas.

Altos custos iniciais: A construção de centrais nucleares requer investimentos elevados, que muitas vezes só são recuperados a longo prazo.

Desafios políticos e regulatórios: Questões ligadas à proliferação nuclear e às regulamentações variam entre países, afetando o ritmo de expansão da energia nuclear.

Gráfico 10: Capacidade de Geração Nuclear

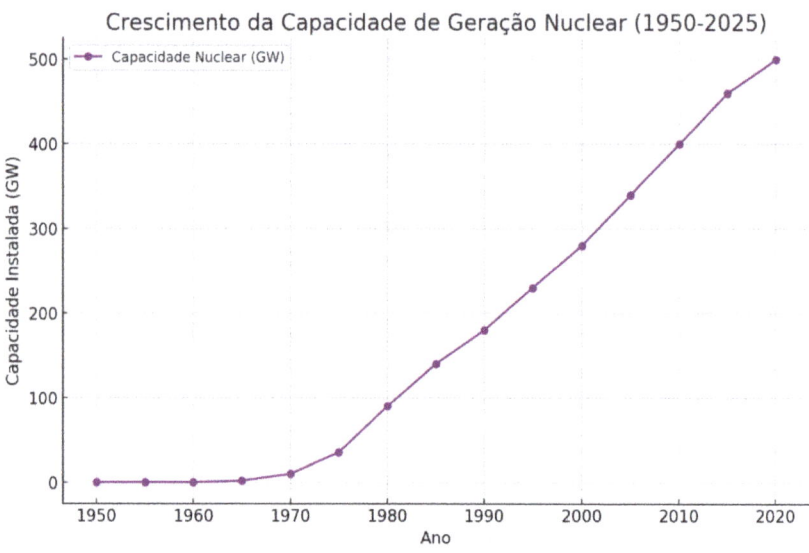

Crescimento da Capacidade de Geração Nuclear (1950-2025)

Fonte: Produção própria recorrendo aos dados da Tabela no final do presente Capítulo

A Necessidade de uma Abordagem Equilibrada na Transição Energética

Diante dos desafios energéticos do século XXI, torna-se essencial uma abordagem equilibrada, que combine diferentes fontes energéticas para garantir um fornecimento de eletricidade sustentável, seguro e acessível.

A energia nuclear desempenha um papel fundamental nesse equilíbrio, oferecendo uma solução de baixa emissão de carbono capaz de fornecer eletricidade de forma contínua, independentemente das condições climáticas. Diferentemente das fontes intermitentes, como solar e eólica, a energia nuclear pode operar 24 horas por dia, garantindo estabilidade à rede elétrica.

Além disso, à medida que novas tecnologias nucleares, como os reatores de quarta geração e fusão nuclear, se desenvolvem, espera-se que os custos operacionais e as preocupações com a segurança sejam ainda mais reduzidos.

A transição energética requer um planeamento estratégico que leve em consideração as vantagens e limitações de cada fonte de energia. Ignorar a energia nuclear na busca por um sistema energético sustentável pode resultar em custos elevados para os consumidores e na dependência de fontes menos estáveis e previsíveis.

Comparação de Custos Nivelados de Energia (LCOE)

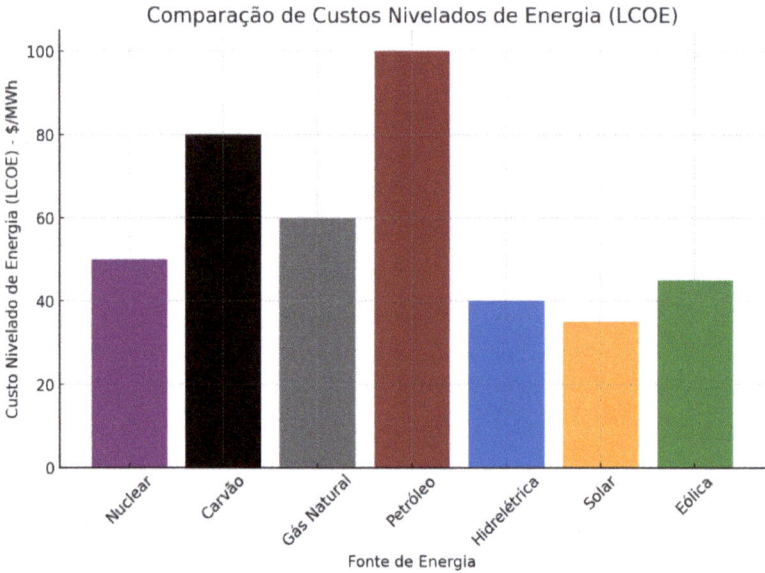

Fonte: Produção própria recorrendo aos dados da Tabela no final do presente Capítulo

Nota: Uma descrição rigorosa de LCOE aparece no Capítulo 6

Nos próximos capítulos, exploraremos em maior profundidade os desafios e as oportunidades associadas à energia nuclear, incluindo questões de segurança, gestão de resíduos e inovações tecnológicas.

Conclusão do Presente Capítulo

Desde os primórdios da civilização, a energia tem sido o motor do desenvolvimento humano. O domínio do fogo, a utilização da madeira, do carvão, do petróleo e, mais recentemente, da eletricidade, moldaram a evolução das sociedades e possibilitaram avanços tecnológicos sem precedentes. Sem um fornecimento energético estável e acessível, a industrialização não teria sido possível e o mundo moderno como o conhecemos hoje não existiria.

Ao longo da história, as fontes energéticas foram sendo aprimoradas para responder á crescente procura da humanidade. No entanto, a escolha das fontes de energia tem impacto direto na economia, na segurança nacional e na qualidade de vida das populações. É fundamental que qualquer país tenha um planeamento energético estratégico e diversificado para evitar dependências excessivas e vulnerabilidades externas.

A energia nuclear surge como um dos pilares fundamentais para um sistema energético equilibrado e sustentável. Apesar das controvérsias e desafios, é uma das poucas fontes capazes de fornecer eletricidade de forma contínua, sem depender de fatores climáticos e com baixíssimo impacto ambiental em termos de emissões de carbono.

A exclusão da energia nuclear da matriz energética de um país é um erro estratégico grosseiro que se reflete diretamente no custo da eletricidade para consumidores e indústrias. Países que eliminaram a energia nuclear, como a Alemanha, enfrentaram aumentos substanciais no preço da eletricidade e maior dependência de importações de gás natural, tornando-se vulneráveis a crises geopolíticas.

Além disso, a dependência excessiva de fontes intermitentes, como solar e eólica, sem uma base firme de geração constante, obriga os governos a manterem centrais térmicas de reserva ou a importarem eletricidade de países vizinhos, o que pode resultar em instabilidade energética e custos mais elevados. A energia nuclear evita esse cenário ao garantir um fornecimento previsível e estável, reduzindo riscos económicos e políticos.

Gráfico 12: Matriz Energética Ideal

Matriz Energética Ideal para um País Sustentável e Seguro

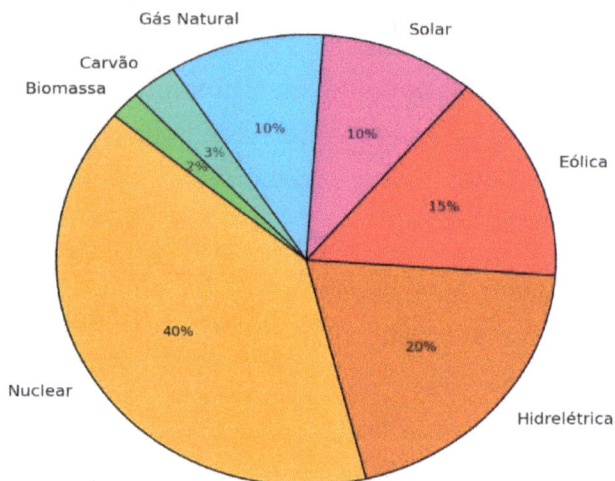

Fonte: Produção própria recorrendo aos dados da Tabela no final do presente Capítulo

Aqui está um gráfico representando uma matriz energética ideal para um país que busca garantir fornecimento estável, minimizar impactos ambientais e manter preços competitivos para consumidores e indústrias.

Estrutura da Matriz Energética Ideal:

- Nuclear (40%): Base firme de geração contínua, baixa emissão de carbono e estabilidade na rede elétrica.

- Hidroelétrica (20%): Fonte renovável confiável, com capacidade de ajuste rápido na oferta de eletricidade.

- Eólica (15%) e Solar (10%): Complementam a matriz com fontes limpas, embora necessitem de backup devido à intermitência.

- Gás Natural (10%): Fonte de suporte para picos de procura, menos poluente que carvão.

- Carvão (3%) e Biomassa (2%): Apenas para reservas estratégicas e necessidades específicas.

Tabela 1: Fontes Consultadas no Capítulo 1

Fonte	Descrição
Our World in Data – Produção e Consumo de Energia	Dados históricos globais sobre produção de energia.
International Energy Agency (IEA) – World Energy Outlook 2023	Análises e projeções sobre os mercados globais de energia.
U.S. Energy Information Administration (EIA) – Energy Explained	Explicação técnica das fontes de energia e seu uso.
World Nuclear Association – Nuclear Power Facts	Estatísticas e informações sobre energia nuclear.
IPCC – Sexto Relatório de Avaliação	Impactos dos combustíveis fósseis e energia nas alterações climáticas.
MIT Energy Initiative – The Future of Nuclear Energy	Análise da tecnologia nuclear e cenários futuros.
British Petroleum – Statistical Review of World Energy 2022	Dados globais de energia por fonte e região.
World Bank – Indicadores de Uso de Energia	Indicadores econômicos e de desenvolvimento energético.

International Renewable Energy Agency (IRENA) – Renewable Capacity Statistics	Crescimento das renováveis e tendências de investimento.
European Commission – Política Energética e Climática	Estratégia europeia para a transição energética.
National Renewable Energy Laboratory (NREL) – Relatórios de Custo e Eficiência	Relatórios sobre eficiência e custo das energias renováveis.
United Nations – Energia Sustentável para Todos	Programa da ONU para promover o acesso à energia limpa.

Preparação para o Próximo Capítulo: A História e Evolução da Energia Nuclear

O próximo capítulo abordará a evolução da energia nuclear desde as primeiras descobertas até o seu desenvolvimento moderno. Discutiremos como diferentes países adotaram essa tecnologia, quais foram os principais avanços ao longo dos anos e como a inovação está a moldar o futuro da energia nuclear. Além disso, examinaremos os desafios e as soluções para tornar a energia nuclear cada vez mais segura e eficiente.

A jornada da humanidade em busca de fontes de energia confiáveis e sustentáveis continua. A energia nuclear, quando bem utilizada e regulamentada, pode ser uma das respostas mais sólidas para o desafio energético do século XXI.

Capítulo 2 – História e Evolução da Energia Nuclear: Da Descoberta à Era Moderna

A energia nuclear é, sem dúvida, uma das descobertas mais impactantes da história moderna. O seu desenvolvimento moldou a geopolítica, impulsionou avanços científicos e redefiniu o conceito de segurança energética. No entanto, para compreender a sua importância atual e as perspetivas para o futuro, é essencial voltar às suas origens e explorar como essa forma de energia foi descoberta, desenvolvida e aplicada ao longo do tempo.

Desde os primeiros estudos sobre a radioatividade, no final do século XIX, até aos reatores modernos de última geração, a jornada da energia nuclear foi repleta de momentos decisivos. Descobertas científicas revolucionárias, como a fissão nuclear, deram origem a tecnologias de enorme potencial, mas também a dilemas éticos e geopolíticos. A Segunda Guerra Mundial marcou um divisor de águas ao transformar o conhecimento nuclear em um instrumento de destruição sem precedentes, levando ao desenvolvimento das bombas atômicas lançadas sobre Hiroshima e Nagasaki.

No entanto, logo após os horrores da guerra, iniciou-se um novo capítulo: o uso da energia nuclear para fins pacíficos. As primeiras centrais nucleares surgiram na década de 1950, prometendo uma revolução energética baseada num combustível altamente eficiente e praticamente livre de emissões de carbono. Nos anos seguintes, países ao redor do mundo passaram a investir na energia nuclear como solução para sua crescente procura por eletricidade.

Entretanto, a trajetória dessa tecnologia não foi linear. Momentos de grande otimismo foram seguidos por períodos de ceticismo e temor. Acidentes como os de Three Mile Island (1979), Chernobyl (1986) e Fukushima (2011) marcaram profundamente a opinião pública e levaram diversos países a repensar seus programas nucleares. Enquanto algumas nações decidiram abandonar a energia nuclear, outras continuaram a investir na modernização de seus reatores e na segurança da tecnologia.

Hoje, a energia nuclear volta a ocupar o centro dos debates sobre a transição energética e a descarbonização da economia global.

Com a busca por fontes de energia confiáveis e sustentáveis, novas tecnologias nucleares estão a ser desenvolvidas, como os reatores modulares pequenos (SMRs) e os avanços na fusão nuclear, que podem redefinir completamente o setor energético nas próximas décadas.

Este capítulo examina a história e evolução da energia nuclear, desde as primeiras descobertas científicas até ao seu impacto na geopolítica no setor energético global. Compreender essa trajetória é essencial para avaliar os desafios e oportunidades do presente, além de antecipar os rumos dessa tecnologia no futuro.

A Descoberta da Fissão Nuclear (1938)

A descoberta da fissão nuclear foi um dos momentos mais importantes da história da ciência, pois revelou a possibilidade de liberar enormes quantidades de energia a partir do núcleo do átomo. Esse avanço foi resultado de experiências realizados por Otto Hahn e Fritz Strassmann, que demonstraram que o núcleo do urânio poderia ser dividido em fragmentos menores.

No entanto, a interpretação desse fenômeno não foi imediata. Lise Meitner e seu sobrinho Otto Frisch foram os responsáveis por fornecer a explicação teórica para a fissão nuclear, demonstrando que esse processo liberava uma quantidade extraordinária de energia, conforme previsto pela famosa equação de Einstein $E=mc^2$.

O impacto dessa descoberta foi imenso. Cientistas rapidamente perceberam que a fissão nuclear poderia ser utilizada para gerar energia em escala industrial, mas também para desenvolver armamentos de destruição em massa. A corrida para explorar o poder do átomo estava apenas no seu começo.

No final da década de 1930, a física nuclear estava em rápida expansão. Cientistas já haviam descoberto que bombardeando certos elementos com neutrões, era possível induzir reações nucleares. O urânio, um dos elementos mais pesados da natureza, era um dos principais alvos desses experimentos.

Em dezembro de 1938, os químicos alemães Otto Hahn e Fritz Strassmann, trabalhando no Instituto Kaiser Wilhelm, realizaram uma experiência que mudaria para sempre a compreensão da estrutura atômica. Eles bombardearam átomos de **urânio-235** com neutrões e esperavam obter elementos um pouco mais pesados.

Urânio-235

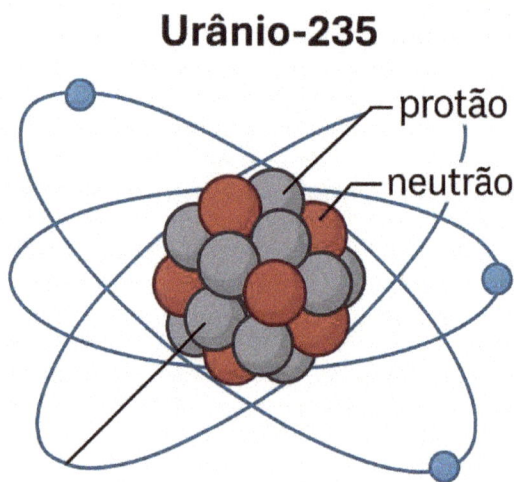

Esquema do átomo de urânio-235 – ilustra a estrutura do núcleo com protões e neutrões.

No entanto, ao analisarem os produtos da reação, encontraram bário, um elemento muito mais leve que o urânio. Esse resultado era inesperado e contrariava tudo o que se sabia sobre a estrutura do núcleo atômico. Como poderia um átomo tão grande e pesado como o urânio se dividir em dois fragmentos menores?

Otto Hahn e Fritz Strassmann inicialmente não compreenderam o que realmente tinha acontecido. Eles relataram seus resultados, mas foi Lise Meitner quem percebeu a verdadeira natureza do fenômeno.

Lise Meitner foi uma destacada física austríaca que colaborou por muitos anos com Otto Hahn. No entanto, devido à perseguição nazi contra judeus, ela foi forçada a fugir da Alemanha em 1938, estabelecendo-se na Suécia. Mesmo longe do laboratório, Meitner manteve contacto com Hahn e recebeu os dados experimentais sobre a reação com o urânio.

Acompanhada por seu sobrinho, o físico Otto Frisch, Meitner examinou os dados obtidos e concluiu que a única explicação viável era que o núcleo do urânio se tinha dividido em dois, resultando na liberação de uma quantidade significativa de energia durante o processo.

Eles perceberam que esse fenômeno estava de acordo com a equação de **Einstein (E=mc^2)**: uma pequena quantidade da massa do núcleo era convertida em uma enorme quantidade de energia quando sujeita a uma velocidade estratosférica.

Otto Frisch deu o nome "fissão nuclear" ao processo, em analogia à divisão celular na biologia. Essa explicação foi publicada no início de 1939 e logo despertou o interesse da comunidade científica internacional.

Diagrama de Fissão Nuclear

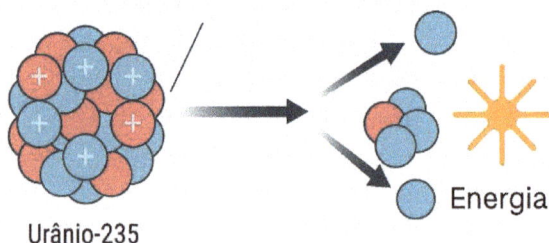

Urânio-235

Energia

Esquema da fissão nuclear – *ilustra o bombardeamento do urânio-235 por um neutrão, sua divisão em núcleos menores, a liberação de novos neutrões e a energia gerada no processo.*

Tabela 2: Reação de Fissão Nuclear (U-235)

Antes da Fissão	Após a Fissão
U-235 + neutrão	Ba-141 + Kr-92 + 3 neutrões + energia (~200 MeV)

Fonte: Produção própria recorrendo aos dados da Tabela no final do presente Capítulo

As Primeiras Descobertas (Século XIX – Início do Século XX)

A descoberta da radioatividade no final do século XIX foi um dos marcos fundamentais da ciência moderna e abriu caminho para o desenvolvimento da energia nuclear. Até então, a estrutura do átomo era um mistério, e os cientistas acreditavam que ele era a menor unidade indivisível da matéria. No entanto, experiências pioneiras mostraram que os átomos eram muito mais complexos do que se imaginava.

Os avanços nessa área ocorreram em três momentos cruciais: a descoberta da radioatividade por Henri Becquerel, as pesquisas de Marie e Pierre Curie e o desenvolvimento dos primeiros modelos atômicos por Ernest Rutherford e Niels Bohr. Esses cientistas foram responsáveis por desvendar os mistérios do átomo e estabelecer as bases para o uso da energia nuclear no século XX.

Henri Becquerel, físico francês e especialista em fluorescência, realizou em 1896 um experimento que mudaria a história da ciência. Ele estava a estudar os efeitos da luz solar sobre materiais fluorescentes e decidiu testar se os sais de urânio poderiam emitir raios X espontaneamente.

Becquerel colocou um cristal de urânio sobre uma chapa fotográfica envolta em papel preto e deixou a amostra exposta à luz solar, esperando que o material absorvesse a energia da luz e a reemitisse como radiação. Porém, devido a dias nublados, a experiência foi interrompida e as chapas ficaram guardadas no escuro. Para sua surpresa, quando revelou as chapas dias depois, percebeu que a imagem do cristal de urânio estava claramente impressa nelas, mesmo sem exposição ao sol.

Isso significava que o urânio estava a emitir uma forma desconhecida de radiação de maneira espontânea e contínua, sem a necessidade de uma fonte externa de energia. Becquerel acabara de descobrir a radioatividade natural[1], fenômeno que contradizia os conhecimentos científicos da época e sugeria que os átomos não eram tão estáveis como se acreditava.

Inspirados pelas experiências de Becquerel, o casal de cientistas Marie e Pierre Curie decidiu aprofundar os estudos sobre a radioatividade. Em 1898, trabalhando com toneladas de minério de urânio (pechblenda), os Curie identificaram dois novos elementos altamente radioativos: o **polônio** (nomeado em homenagem à Polônia, país natal de Marie Curie) e o **rádio**.

A descoberta do rádio foi revolucionária. O elemento emitia radiação intensa e de forma contínua, sem precisar ser ativado por calor ou luz. Esse fenômeno desafiava as teorias clássicas

---

[1] Fenómeno hoje conhecido como NORM´s. **NORM** é a sigla para **Naturally Occurring Radioactive Material** (Material Radioativo de Ocorrência Natural). Essa sigla refere-se a materiais que contêm radionuclídeos naturais, como **urânio (U), tório (Th), rádio (Ra) e potássio-40 (K-40)**, que ocorrem naturalmente na crosta terrestre. Esses materiais podem ser encontrados em várias indústrias, especialmente nas que envolvem extração de recursos naturais, como: **Petróleo e gás**: depósitos subterrâneos podem conter radionuclídeos que se acumulam nos equipamentos e tubagens.

- **Mineração**: minérios como fosfato, carvão e urânio contêm quantidades variáveis de material radioativo.
- **Indústria de fertilizantes**: fosfatos frequentemente contêm **radionuclídeos naturais**.
- **Água subterrânea**: pode conter isótopos radioativos dissolvidos, como rádio-226 e rádio-228.

Há também a sigla **TENORM (Technologically Enhanced Naturally Occurring Radioactive Material)**, que se refere a materiais NORM cujos níveis de radioatividade foram aumentados por processos industriais.

sobre a matéria e revelava uma nova fonte de energia armazenada no próprio núcleo atômico.

Marie Curie, além de ser a primeira mulher a ganhar um Prêmio Nobel, foi pioneira no estudo da radioatividade, um termo que ela mesma cunhou. O seu trabalho foi essencial para o desenvolvimento de aplicações médicas da radiação, como a radioterapia para o tratamento do cancro. No entanto, o manuseio constante de materiais radioativos sem proteção causou graves danos à sua saúde, levando-a à morte em 1934 por uma doença causada pela exposição à radiação.

As descobertas dos Curie mostraram que certos elementos tinham a capacidade de emitir partículas e energia de maneira espontânea. Essa constatação levantou questões sobre a estrutura do átomo e levou ao desenvolvimento de novos modelos científicos para explicar esses fenômenos.

À medida que os estudos sobre a radioatividade avançavam, ficou evidente que o modelo atômico tradicional era insuficiente para explicar os novos fenómenos observados. Isso levou ao desenvolvimento de modelos mais sofisticados, sendo os mais influentes os de Ernest Rutherford e Niels Bohr.

Em 1911, o físico neozelandês Ernest Rutherford conduziu uma experiência famosa, conhecida como a Experiência da Folha de Ouro. Ele bombardeou uma fina lâmina de ouro com partículas alfa (núcleos de hélio) e observou que a maioria das partículas atravessava a folha sem desvio, mas algumas eram refletidas em ângulos inesperados. Isso levou-o a concluir que os átomos não eram estruturas maciças e homogêneas, como se pensava anteriormente, mas compostos por um pequeno núcleo denso e carregado positivamente, onde estava concentrada quase toda a massa do átomo, cercado por uma vasta região vazia onde orbitavam os eletrões. Esse modelo revolucionou a física, pois demonstrou que a matéria era essencialmente espaço vazio, e que a energia liberada na radioatividade vinha do núcleo atômico.

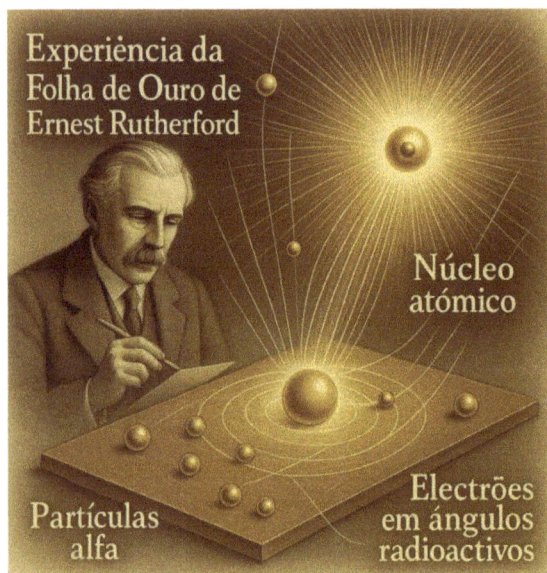

Dois anos depois, em 1913, o físico dinamarquês Niels Bohr aprimorou o modelo de Rutherford ao propor que os eletrões orbitavam o núcleo em níveis discretos de energia, como camadas concêntricas ao redor do núcleo. Esse modelo explicava porque os átomos emitiam e absorviam luz apenas em certos comprimentos de onda, um fenômeno fundamental para a compreensão da espectroscopia e, mais tarde, da mecânica quântica.

O modelo de Bohr foi um avanço crucial para a ciência nuclear, pois ajudou a explicar como os átomos interagem com a energia e como ocorrem processos como a fissão nuclear, onde os núcleos atômicos se dividem, liberando uma quantidade gigantesca de energia.

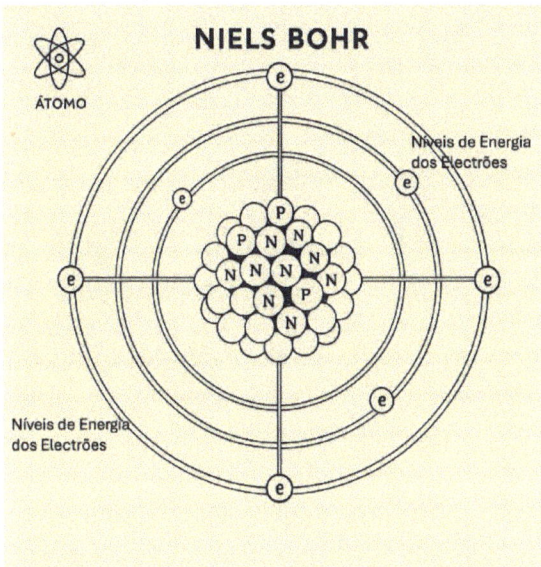

A viragem do século XIX para o XX marcou o início de uma nova era científica. A descoberta da radioatividade por Henri Becquerel, o trabalho inovador dos Curie e os modelos atômicos de Rutherford e Bohr transformaram a nossa compreensão da matéria e da energia.

Esses avanços foram fundamentais para o desenvolvimento da energia nuclear, pois demonstraram que o núcleo atômico armazenava quantidades imensas de energia. Esse conhecimento abriria caminho para a descoberta da fissão nuclear na década de 1930, um evento que mudaria o mundo para sempre.

As Primeiras Especulações sobre o Uso Energético da Fissão Nuclear

A descoberta da fissão nuclear no final de 1938 abriu um vasto campo de possibilidades científicas, industriais e militares. O fato de que um único átomo de urânio poderia liberar uma quantidade imensa de energia gerou grande entusiasmo, mas também levantou questões sobre o uso ético, político e econômico dessa nova tecnologia.

A comunidade científica rapidamente percebeu que a fissão poderia ser explorada de duas formas principais:

Para a geração de energia elétrica, através da construção de reatores nucleares capazes de produzir eletricidade de maneira eficiente e contínua.

Para a criação de armas nucleares, utilizando a energia da fissão para desencadear explosões de poder destrutivo nunca antes visto.

As discussões sobre esses usos começaram quase imediatamente após a publicação das descobertas de Lise Meitner e Otto Frisch em 1939. Diferentes grupos de cientistas e governos tiveram reações distintas, variando entre o otimismo quanto a um futuro energético promissor e o temor de que a humanidade estivesse prestes a abrir uma "Caixa de Pandora".

A ideia de utilizar a fissão nuclear para gerar eletricidade foi considerada revolucionária. Os cientistas perceberam que, se fosse possível controlar a reação nuclear de maneira segura e contínua, essa tecnologia poderia fornecer uma fonte de energia limpa, poderosa e praticamente inesgotável.

As vantagens teóricas da energia nuclear eram evidentes:

Alta densidade energética – Um pequeno volume de urânio poderia fornecer muito mais energia do que qualquer combustível fóssil.

Baixa emissão de carbono – Diferente do carvão e do petróleo, a fissão nuclear não emitia CO_2, o que tornava essa tecnologia promissora para um mundo industrializado crescente.

Independência energética – Países que não possuíam reservas abundantes de carvão ou petróleo poderiam utilizar a energia nuclear para suprir suas necessidades energéticas.

Apesar dessas promessas, a criação de um reator nuclear funcional apresentava desafios significativos. Para que a fissão ocorresse de maneira controlada (e não explosiva, como numa bomba nuclear), era necessário projetar um sistema que regulasse a reação em cadeia, garantindo estabilidade e segurança.

Em 1942, o físico Enrico Fermi, nos Estados Unidos, liderou a construção do primeiro reator nuclear experimental, conhecido como Chicago Pile-1. Esse foi o primeiro passo concreto para demonstrar que a energia nuclear poderia ser usada para fins pacíficos.

No entanto, enquanto alguns cientistas exploravam as aplicações pacíficas da fissão, outros estavam focados em um uso muito mais destrutivo: o desenvolvimento de uma arma nuclear.

O Potencial Militar: O Caminho para a Bomba Atômica

Se a fissão nuclear poderia ser usada para gerar eletricidade de maneira segura e contínua, também poderia ser utilizada para criar explosões de energia descomunal. Em meados de 1939, a possibilidade de uma bomba atômica já era uma preocupação séria dentro da comunidade científica.

Físicos como Albert Einstein e Leó Szilárd ficaram alarmados com a perspetiva de que a Alemanha nazi pudesse desenvolver uma arma nuclear antes dos Aliados. Foi nesse contexto que Einstein assinou a famosa carta enviada ao presidente Franklin D. Roosevelt, alertando sobre o potencial militar da fissão e incentivando os Estados Unidos a iniciarem pesquisas para o desenvolvimento de armas nucleares.

Isso levou à criação do Projeto Manhattan, um esforço científico e militar ultrassecreto que culminaria, poucos anos depois, nas explosões de Hiroshima e Nagasaki em 1945.

Essa dualidade da energia nuclear – como uma fonte de esperança e progresso, mas também como um instrumento de destruição em massa – marcaria profundamente os debates sobre o uso da tecnologia nuclear nas décadas seguintes.

As Controvérsias Iniciais: O Debate na Comunidade Científica

Desde os primeiros meses após a descoberta da fissão nuclear, houve um intenso debate entre os cientistas sobre quais aplicações deveriam ser priorizadas. Algumas das principais controvérsias envolviam:

A ética do desenvolvimento de armas nucleares – Muitos físicos estavam relutantes quanto ao uso militar da fissão nuclear, temendo as consequências de longo prazo. Alguns, como Niels Bohr, defendiam que o conhecimento da fissão nuclear deveria ser compartilhado globalmente para evitar uma corrida ao armamento.

Os riscos de acidentes nucleares – Desde cedo, cientistas como Enrico Fermi alertaram que, se a reação em cadeia não fosse controlada corretamente, poderia haver explosões descontroladas ou contaminação radioativa, criando desafios técnicos para a construção de reatores seguros.

O impacto geopolítico da energia nuclear – Havia preocupações sobre como a posse da tecnologia nuclear poderia alterar o equilíbrio de poder entre as nações. Com o tempo, isso levou a tensões internacionais e à necessidade de tratados de controle nuclear.

O impacto dessas discussões foi enorme. Enquanto alguns cientistas permaneceram firmes no desenvolvimento da energia nuclear para fins pacíficos, outros afastaram-se completamente do campo, preocupados com os desdobramentos políticos e militares da tecnologia.

Em conclusão a descoberta da fissão nuclear rapidamente dividiu a comunidade científica e os governos entre dois caminhos opostos: o uso para geração de energia e o desenvolvimento de armas nucleares.

Se por um lado a fissão prometia resolver a procura energética global como uma fonte geradora poderosa e limpa, por outro, a possibilidade de criar armas com um poder de destruição sem precedentes mudou completamente o cenário político e militar da época.

A busca por um equilíbrio entre os usos pacíficos e bélicos da fissão nuclear definiria o rumo da história no século XX e continuaria a gerar debates até os dias de hoje.

Nos próximos capítulos, veremos como essas escolhas levaram à criação dos primeiros reatores nucleares e ao desenvolvimento das bombas atômicas, marcando o início da Era Nuclear.

A Segunda Guerra Mundial e o Projeto Manhattan

A Segunda Guerra Mundial (1939-1945) foi um dos períodos mais turbulentos da história da humanidade, e a energia nuclear teve um papel crucial nesse conflito. A descoberta da fissão nuclear em 1938 levantou questões sobre seu potencial energético, mas foi o uso militar dessa tecnologia que mudou o curso da guerra e da geopolítica mundial.

A possibilidade de construir uma arma nuclear baseada na fissão atômica despertou grande interesse entre cientistas e líderes militares. O receio de que a Alemanha nazi estivesse a desenvolver uma bomba atômica levou os Estados Unidos a mobilizar os seus maiores cientistas para Projeto Manhattan, um esforço científico e industrial sem precedentes para criar as primeiras bombas nucleares.

Os resultados desse projeto ficaram evidentes em 6 e 9 de agosto de 1945, quando as cidades japonesas de Hiroshima e Nagasaki foram destruídas por bombas atômicas, demonstrando ao mundo o poder devastador da energia nuclear.

Nesta secção, analisaremos como os avanços da física nuclear foram utilizados para fins bélicos, o papel fundamental de Albert Einstein e sua carta a Roosevelt, o desenvolvimento da bomba atômica nos EUA e o impacto dos ataques a Hiroshima e Nagasaki.

Como os Avanços na Física Nuclear Foram Usados para Fins Bélicos

A descoberta da fissão nuclear em 1938 foi um marco na ciência, mas também despertou preocupações sobre suas aplicações militares. Os cientistas perceberam que, ao induzir uma reação em cadeia de fissão em uma quantidade suficiente de urânio-235 ou plutônio-239, era possível liberar uma energia colossal em forma de explosão.

A teoria era simples, mas a engenharia para construir uma arma nuclear apresentava desafios complexos. O principal problema era obter material físsil em quantidade suficiente para uma reação explosiva em cadeia. Apenas duas substâncias conhecidas poderiam ser usadas:

Urânio-235 (U-235) – um isótopo raro do urânio natural, que precisava ser enriquecido.

Plutônio-239 (Pu-239) – produzido artificialmente a partir do urânio-238 em reatores nucleares.

Os governos perceberam rapidamente que quem dominasse essa tecnologia detinha o poder de decisão no campo de batalha. A corrida para desenvolver a bomba nuclear começou, e a Alemanha nazi foi vista como a principal ameaça.

O Papel de Albert Einstein e a Carta a Roosevelt

Em 1939, físicos exilados da Alemanha, como Leó Szilárd e Edward Teller, estavam profundamente preocupados com a possibilidade de Adolf Hitler obter uma arma nuclear antes dos Aliados. Eles sabiam que cientistas alemães estavam a estudar de forma afincada a fissão nuclear e que o regime nazi poderia tentar usá-la militarmente.

Para alertar o governo dos EUA, Szilárd persuadiu Albert Einstein a assinar uma carta dirigida ao presidente Franklin D. Roosevelt. Essa carta, enviada em **2 de agosto de 1939**, explicava a descoberta da fissão nuclear e alertava que a Alemanha poderia estar desenvolvendo uma bomba atômica.

Albert Einstein.
Old Grois Ed.
Nassal Zcint.
Froonic 't, Long Iáland

F. D. Boosevelt,   August 2nd, 1939
President of thated States
Washington, D. C.

Sir:

   Retent work made by E. Fermi and L. Szilárd, who me
foren communicated por melo of manuacrista, leave me to es-
pecar that the enatmon uriun psea became a new and impori-
ant force of energy in a future immedlate futurs.
   Certala espects of the situation which se deala pacent
requerze vigilance and, if necessarily, action rapid by pa-
ree ad abinistration. For this, penst set we dever chamer
a sue attention for the sequenting facts and recommendations:

   No sequence of the trapchts mentioned above, tornou-se
probable -- alinugh áind not at completamently ettent - to
be a possible desencader power an ootire nuclear in data on
a large mass of Uranium, through tho which it generia vast
generations of energla, and greánger wheno4onel very
aannach of now elements such as the radio. Anew appear pe
tely peroily very heavly as required.

   The United States has scant Uranium ore and mederate
quantities, good sourers in Canada and the Beiglan Congo.!
The vain German source,f Uraniun is in rmiscrosible - in
America, possibly controled Germán ex controllee by The
Germans. The mgin Cernan source of Uranium, through which
is Shermood by the Cermans, wil be toracted by the Gernans.

The United States has scantt Uranium ore and mederate quantities, good surcle and is in Canada and the Belglàn Congo.
   Condages mas remorcant between the Coverament and the copp-
rating groupe of physiciats cooperating groups of physicíats
and cooperating groups of physicists in fnerica, possibly have
too heavy for improsting point and the aire area for port.
   In irnt chat consiust has ascant aberdly easish to exta-
bliishtipe at ro groups of physicists and cooperating groups
of physiciata and cooperating groups of physicista inrolved.
Its impertement theres leads to be destrably if establishing
contact letween the governmetad the severnment and cooperated
groups of physicists and cooperating qroups of physicists.
cooperating groups of physiciats involved, a such funeiion to
expecite atàdiam ort fo: to the government of Uranium ore
for the Unitid Staten, The Alcrander Sucho, ans háve adcitola4
re information to communicate. And he sate concenned to an-
anda abreed the sesson below Ancber the situation general.

                        Very truly yours,

                        Albert Einstein

Carta de Albert Einstein a Franklin D. Roosevelt

2 de Agosto de 1939

Senhor Presidente:

Recentes trabalhos de E. Fermi e L. Szilárd, que me foram comunicados por meio de manuscritos, levam-me a esperar que o elemento urânio possa vir a tornar-se uma nova e importante fonte de energia no futuro imediato. Certos aspetos da situação que se desenha parecem requerer vigilância e, se necessário, ação rápida por parte da administração. Por isso, penso ser meu dever chamar a sua atenção para os seguintes factos e recomendações:

Na sequência dos trabalhos mencionados acima, tornou-se provável – embora ainda não seja completamente certo – que seja possível desencadear uma reação nuclear em cadeia numa grande massa de urânio, através da qual se geraria vastas quantidades de energia e grandes quantidades de novos elementos semelhantes ao rádio. Agora parece praticamente certo que isso pode ser conseguido num futuro muito próximo.

Este novo fenómeno levaria também à construção de bombas, e é concebível – embora muito menos certo – que se possam assim construir bombas extremamente poderosas de *um novo tipo. Uma única bomba deste tipo, transportada por navio e detonada num porto, poderia destruir todo o porto juntamente com parte da área circundante. No entanto, essas bombas podem ser demasiado pesadas para o transporte aéreo.*

Os Estados Unidos possuem apenas minérios de urânio de qualidade muito pobre em quantidades moderadas. Boas fontes de urânio situam-se no Canadá e na então colónia belga do Congo. A mais importante fonte alemã de urânio encontra-se na Checoslováquia, que foi tomada pelos alemães.

Em vista desta situação, pode considerar desejável estabelecer algum contacto entre o Governo e os grupos de físicos que trabalham em reações em cadeia nos EUA. Uma forma possível seria o Governo encarregar uma pessoa de confiança que, talvez em colaboração não oficial com os químicos e físicos envolvidos, se mantivesse informada sobre os desenvolvimentos, e recomendasse ações governamentais, se necessário. A sua função seria também acelerar a aquisição de minério de urânio para os EUA.

Entreguei esta carta ao Sr. Alexander Sachs, que tem algumas informações adicionais para lhe comunicar. Ele poderá explicar os motivos que me levaram a tomar esta iniciativa e colocá-lo a par da situação geral.

Com os meus respeitos,

Albert Einstein

Carta de Albert Einstein e Franklin D. Roosevelt: *Embora não existam registos fotográficos conhecidos de Einstein e Roosevelt juntos, juntamos uma tradução da referida carta.*

A carta teve um impacto enorme. Roosevelt criou um comitê para investigar a viabilidade de uma arma nuclear, e isso foi o embrião do que mais tarde se tornaria o Projeto Manhattan.

Nota contextual:

Esta carta foi escrita em 2 de agosto de 1939. A Segunda Guerra Mundial só teria início um mês depois, a 1 de setembro, com a invasão da Polónia pela Alemanha nazi. Os Estados Unidos só entrariam formalmente no conflito em dezembro de 1941, após o ataque a Pearl Harbor.

Ainda assim, a carta de Einstein, redigida com a ajuda de Leó Szilárd, revela uma capacidade notável de antecipação dos riscos científicos e geopolíticos que se aproximavam. Mais do que um aviso, foi um apelo à responsabilidade.

O verdadeiro mérito, porém, esteve também em Roosevelt, que decidiu ouvir a ciência em vez de a renegar, dando início a um dos projetos mais controversos e transformadores do século XX — o Projeto Manhattan.

É importante destacar que Einstein não participou diretamente do desenvolvimento da bomba. Após a guerra, ele lamentou seu envolvimento indireto e se tornou um dos maiores defensores do desarmamento nuclear.

O Desenvolvimento da Bomba Atômica nos EUA – O Projeto Manhattan

Diante do temor de que os nazis conseguissem fabricar uma bomba antes dos Aliados, os EUA decidiram investir massivamente no desenvolvimento dessa tecnologia.

Em 1942, o governo americano lançou o Projeto Manhattan, uma operação ultrassecreta para projetar e construir a bomba atômica. O projeto envolveu:

- Mais de 130.000 pessoas, entre cientistas, engenheiros e militares.

- Um custo estimado de 2 bilhões de dólares da época (equivalente a dezenas de bilhões hoje).

- Três grandes centros de pesquisa:

- **Los Alamos (Novo México)** – laboratório central para o design da bomba, sob a liderança de J. Robert Oppenheimer.

- **Oak Ridge (Tennessee)** – responsável pelo enriquecimento de urânio.

- **Hanford (Washington)** – produção de plutônio-239 para a bomba.

Dois tipos de bombas foram desenvolvidos:

Little Boy (lançada sobre Hiroshima) – utilizava urânio-235 e funcionava por um mecanismo de disparo tipo "canhão".

Fat Man (lançada sobre Nagasaki) – utilizava plutônio-239 e usava um método de implosão para atingir a massa crítica.

Antes de serem utilizadas na guerra, as bombas foram testadas no deserto de Alamogordo, Novo México, em 16 de julho de 1945, no teste Trinity – a primeira explosão nuclear da história.

Tabela 3: Comparação entre U-235 e Pu-239

Parâmetro	U-235	Pu-239
Origem	Natural (0,7% do urânio)	Produzido em reatores a partir de U-238
Principal Utilização	Reatores civis e armas (Little Boy)	Armas nucleares (Fat Man)
Dificuldade de Aquisição	Requer enriquecimento	Requer reator e separação química

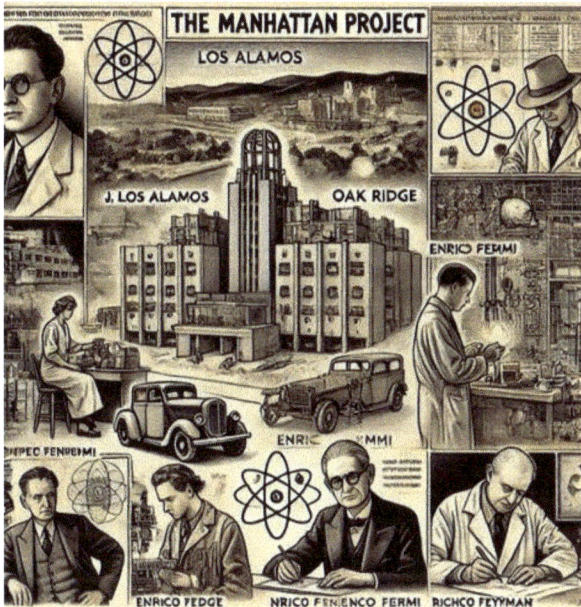

Hiroshima e Nagasaki: O Impacto da Primeira Guerra Nuclear

Apesar da rendição da Alemanha em maio de 1945, o Japão permaneceu firme na sua recusa em render-se incondicionalmente.

Os EUA, temendo que uma invasão convencional ao Japão resultasse em milhões de baixas, decidiram utilizar a bomba atômica para forçar a rendição.

Hiroshima – 6 de agosto de 1945

A bomba Little Boy foi lançada sobre a cidade de Hiroshima, às 8h15.

A explosão gerou um calor de mais de 1 milhão de graus Celsius no epicentro.

Estima-se que 70.000 a 80.000 pessoas morreram instantaneamente, e outras dezenas de milhares sucumbiram nos meses seguintes devido à radiação.

"Little Boy" Bomb
A bomba lançada sobre Hiroshima a 6 de agosto de 1945

Avião Enola Gay
O bombardeiro B-29 que lançou a bomba sobre Hiroxima

Nagasaki – 9 de agosto de 1945

A bomba Fat Man foi lançada sobre Nagasaki, às 11h02.

A topografia montanhosa da cidade reduziu os danos, mas ainda assim cerca de 40.000 pessoas morreram instantaneamente, e mais de 70.000 nos meses seguintes.

Bomba "Fat Man"	Aeronave Bockscar
A bomba lançada	O bombardeiro B-29 que
sobre Nagasaki em	lançou a bomba sobre
9 de Agosto de 1945.	Nagasaki

Tabela 4: Comparação entre Bombas Nucleares: Little Boy vs Fat Man

Característica	Little Boy	Fat Man
Material Físsil	U-235	Pu-239
Mecanismo	Tipo canhão	Implosão
Cidade-alvo	Hiroshima	Nagasaki

Fonte: Produção própria recorrendo aos dados da Tabela no final do presente Capítulo

Três dias após Nagasaki, o Japão rendeu-se oficialmente em **15 de agosto de 1945**, encerrando a Segunda Guerra Mundial.

Em conclusão o uso da energia nuclear na Segunda Guerra Mundial transformou o mundo para sempre. O poder destrutivo demonstrado em Hiroshima e Nagasaki criou um **paradoxo nuclear**: por um lado, a fissão nuclear poderia ser usada para fins pacíficos, mas, por outro, seu potencial destrutivo representava um novo tipo de ameaça global.

A partir desse momento, a energia nuclear passaria a ser uma arma geopolítica, dando início à Guerra Fria e à corrida ao armamento. Paralelamente, os cientistas passaram a explorar formas de usar essa tecnologia para fins energéticos, iniciando a era das centrais nucleares.

Nos próximos capítulos, veremos como o mundo lidou com essa nova realidade, equilibrando os benefícios da energia nuclear e os riscos das armas atômicas.

A Era do Átomo para a Paz (1945-1970)

Após os bombardeios de Hiroshima e Nagasaki em 1945, a energia nuclear passou a ser vista com grande temor. A destruição causada pelas bombas atômicas demonstrou o poder devastador da fissão nuclear e levou a uma forte pressão internacional para regulamentar o uso dessa tecnologia.

No entanto, logo após a guerra, cientistas e governos começaram a explorar a utilização pacífica da energia nuclear, com o objetivo de aproveitar seu enorme potencial para a geração de eletricidade e outras aplicações industriais e médicas.

Este período foi marcado por um esforço para transformar a imagem da energia nuclear, destacando seu papel como uma solução para a crescente procura energética mundial. Essa nova fase ficou simbolizada pelo programa "Átomos para a Paz", anunciado pelo presidente dos EUA, Dwight D. Eisenhower, em 1953. Paralelamente, a União Soviética e outros países também iniciaram programas para desenvolver a energia nuclear para fins civis.

Neste capítulo, exploraremos como a energia nuclear foi promovida para fins pacíficos, as primeiras centrais nucleares e a criação da Agência Internacional de Energia Atômica (AIEA).

"Átomos para a Paz" e o Discurso de Eisenhower (1953)

Após a Segunda Guerra Mundial, os Estados Unidos e a União Soviética entraram na Guerra Fria, uma disputa ideológica e tecnológica que incluía a corrida ao armamento nuclear. No entanto, ao mesmo tempo em que ambos os países expandiam seus arsenais, havia uma crescente preocupação sobre os riscos da proliferação nuclear.

Em 8 de dezembro de 1953, o presidente Dwight D. Eisenhower discursou na Assembleia Geral das Nações Unidas, propondo a criação do programa "Átomos para a Paz" (*Atoms for Peace*). Esse programa tinha como objetivo:

Promover o uso pacífico da energia nuclear, especialmente na geração de eletricidade.

Criar acordos internacionais para evitar que a tecnologia nuclear fosse usada para fins militares.

Prestar assistência a outras nações para o desenvolvimento de programas nucleares pacíficos, sob supervisão internacional.

O discurso de Eisenhower foi um marco para a diplomacia nuclear e ajudou a consolidar a ideia de que a energia atômica poderia ser uma ferramenta para o progresso, e não apenas uma ameaça.

As Primeiras Centrais Nucleares para Geração de Eletricidade

Poucos anos após a Segunda Guerra, os avanços na tecnologia nuclear permitiram a construção das primeiras Centrais nucleares para a produção de eletricidade. Dois marcos se destacam nesse período:

Obninsk (URSS, 1954) – A Primeira Central Nuclear do Mundo

A União Soviética foi o primeiro país a inaugurar uma central nuclear conectada à rede elétrica nacional. A central de Obninsk, localizada cerca de 110 km de Moscovo, entrou em operação em 27 de junho de 1954.

Potência: 5 megawatts elétricos (MW).

Objetivo: Demonstrar a viabilidade da energia nuclear como fonte de eletricidade.

Tecnologia: Reator de grafite refrigerado a água leve, semelhante aos futuros reatores soviéticos RBMK.

Embora sua capacidade fosse pequena, Obninsk provou que a energia nuclear era viável para uso civil, iniciando uma nova era na produção de eletricidade.

Central Nuclear de Obnisnk

Shippingport (EUA, 1957) – A Primeira Central Comercial de Grande Escala

Os Estados Unidos inauguraram sua primeira central nuclear comercial, Shippingport, em 23 de dezembro de 1957. Diferente de Obninsk, que ainda possuía caráter experimental, Shippingport foi construída para fornecer eletricidade de forma contínua e confiável.

Potência: 60 megawatts elétricos (MW), muito maior que a de Obninsk.

Tecnologia: Reator de água pressurizada (PWR), um modelo que se tornaria o mais comum no mundo.

Importância: Provou que a energia nuclear era comercialmente viável e competitiva com outras fontes de energia.

Com o sucesso dessas primeiras centrais, diversos países passaram a investir em energia nuclear, dando início a uma expansão global da tecnologia.

Central Nuclear de Shippingport

Expansão Global da Energia Nuclear

Após as primeiras iniciativas bem-sucedidas na utilização pacífica da energia nuclear, como as centrais de Obninsk e Shippingport, diversos países passaram a investir nessa tecnologia. A expansão global da energia nuclear entre as décadas de 1950 e 1970 foi impulsionada por fatores como:

- Necessidade de Diversificação Energética: Países procuravam reduzir a dependência de combustíveis fósseis e garantir segurança energética.

- Avanços Tecnológicos: Desenvolvimento de reatores mais eficientes e seguros.

- Prestígio Internacional: Possuir tecnologia nuclear era símbolo de desenvolvimento e poder tecnológico.

Principais Tipos de Reatores Desenvolvidos

Durante esse período, destacaram-se dois tipos principais de reatores nucleares:

Reator de Grafite Moderado e Água Leve Refrigerada

Funcionamento: Utiliza grafite como moderador para reduzir a velocidade dos neutrões e água leve (H_2O) como refrigerante para remover o calor gerado na fissão nuclear.

Vantagens: Permite o uso de urânio natural como combustível, reduzindo a necessidade de enriquecimento.

Desvantagens: Maior volume e complexidade estrutural.

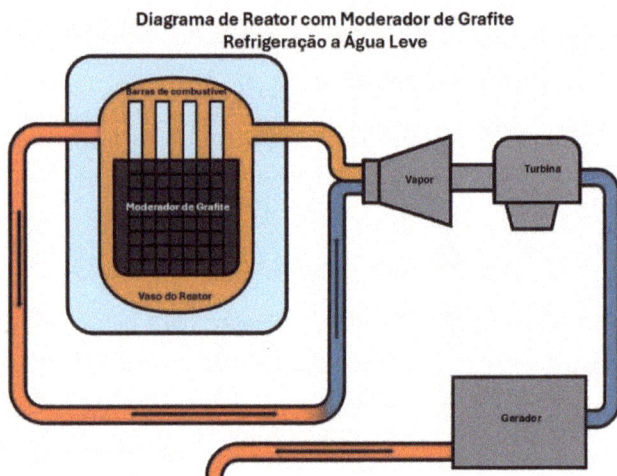

**Diagrama de Reator com Moderador de Grafite
Refrigeração a Água Leve**

*Diagrama Esquemático do Reator de Grafite Moderado e Água Leve
Refrigerada*

Reator de Água Pressurizada (PWR)

Funcionamento: Utiliza água leve tanto como moderador quanto como refrigerante. A água é mantida sob alta pressão para evitar a ebulição dentro do reator, transferindo o calor para um gerador de vapor que, por sua vez, aciona as turbinas geradoras de eletricidade.

Benefícios: Estrutura compacta, elevada eficiência e aceitação global.

Desvantagens: Necessidade de urânio enriquecido e sistemas de alta pressão.

Reator de Água Pressurizada (PWR)

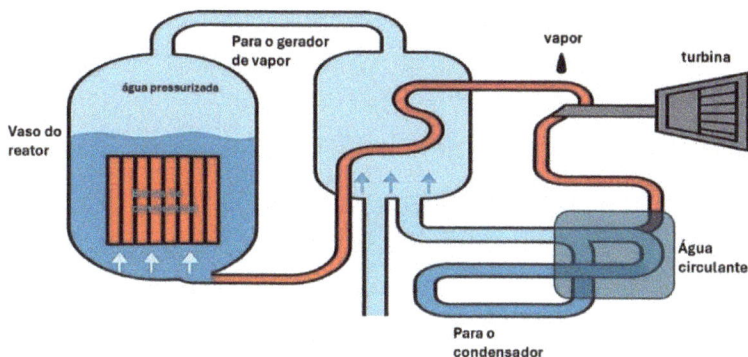

Para o gerador de vapor

água pressurizada

vapor

turbina

Vaso do reator

Água circulante

Para o condensador

Diagrama Esquemático do Reator de Água Pressurizada (PWR)

Tabela 5: Comparação entre Reator de Grafite e Reator PWR

Característica	Grafite + Água Leve (Obninsk)	PWR – Reator de Água Pressurizada (Shippingport)
Moderador	Grafite	Água leve
Combustível	Urânio natural	Urânio enriquecido
Pressão do Sistema	Baixa	Alta

Fonte: Produção própria recorrendo aos dados da Tabela no final do presente Capítulo

Crescimento do Número de Reatores e da Potência Nuclear Instalada

Durante as décadas de 1960 e 1970, houve um crescimento significativo no número de reatores nucleares e na potência instalada globalmente. Abaixo, apresentamos gráficos ilustrativos desse crescimento:

Gráfico 13: Evolução do Nº de Reatores Nucleares (1950-1970)

Crescimento do Número de Reatores Nucleares no Mundo (1954-197

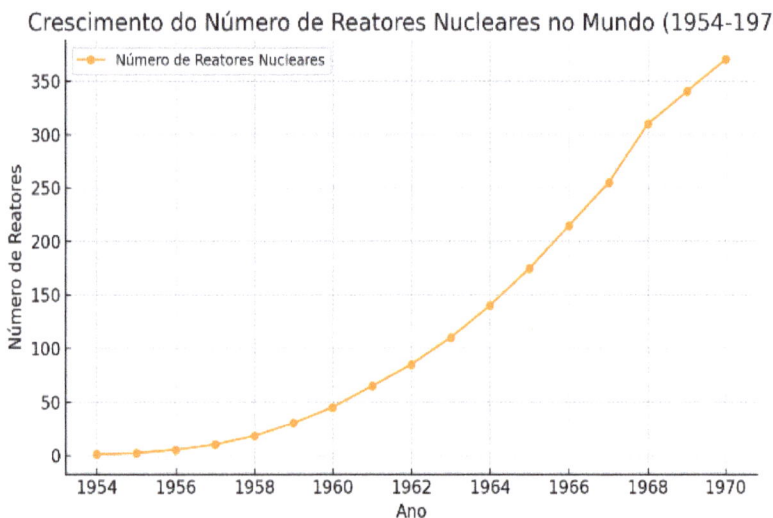

Fonte: Produção própria recorrendo aos dados da Tabela no final do presente Capítulo

Gráfico 14: Evolução da Potência Nuclear Instalada (1950-1970)

Crescimento da Potência Nuclear Instalada no Mundo (1954-1970)

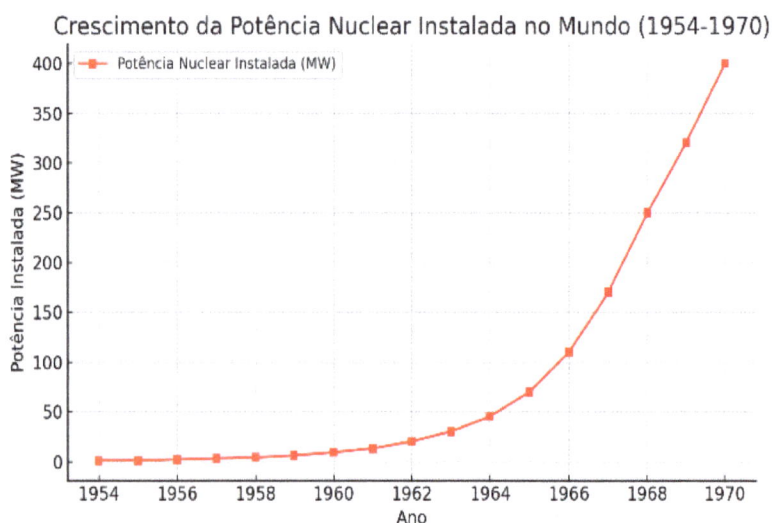

Observação: Os gráficos acima são representações aproximadas baseadas em dados históricos disponíveis.

O Nascimento da Agência Internacional de Energia Atômica (AIEA)

IAEA

Em resposta a essas preocupações, foi estabelecida em 1957 a Agência Internacional de Energia Atômica (AIEA), uma organização autônoma sob a égide das Nações Unidas, com sede em Viena, Áustria. Os principais objetivos da AIEA incluem:

Promoção do Uso Pacífico da Energia Nuclear: Incentivar e apoiar os países no desenvolvimento e aplicação de tecnologias nucleares para fins pacíficos, como medicina, agricultura e geração de energia.

Garantia de Segurança e Proteção: Estabelecer padrões de segurança para proteger pessoas e o meio ambiente dos efeitos nocivos da radiação.

Prevenção da Proliferação Nuclear: Implementar salvaguardas para assegurar que materiais e tecnologias nucleares não sejam desviados para a fabricação de armas nucleares.

Importância da AIEA no Contexto Global

A AIEA desempenha um papel crucial na regulamentação e monitorização das atividades nucleares mundiais. Suas funções incluem:

Inspeções Regulares: Verificar instalações nucleares para garantir conformidade com os acordos internacionais.

Assistência Técnica: Fornecer suporte, treino e formação a países em desenvolvimento para o uso seguro e eficaz da tecnologia nuclear.

Fórum de Cooperação: Servir como plataforma para a troca de informações e colaboração entre nações sobre questões nucleares.

A criação da AIEA representou um marco na governança global da energia nuclear, estabelecendo um equilíbrio entre a promoção dos benefícios da tecnologia nuclear e a mitigação dos riscos associados ao seu uso indevido.

Intervenção da AIEA em situações difíceis

A Agência Internacional de Energia Atômica (**AIEA**) tem um papel fundamental na fiscalização e controle do uso de materiais nucleares, garantindo que sejam utilizados apenas para fins pacíficos. Ao longo dos anos, a agência teve de intervir em diversas situações, especialmente em países suspeitos de desenvolver armas nucleares clandestinamente. Eis algumas das principais intervenções da AIEA:

Inspeções no Irão

O caso do Irão é um dos mais emblemáticos da atuação da AIEA, com inspeções contínuas devido às suspeitas de que o país poderia estar a desenvolver armas nucleares sob pretexto de um programa civil.

Descoberta de Instalações Secretas (2002): Em 2002, um grupo dissidente iraniano revelou a existência de instalações nucleares não declaradas em Natanz e Arak. Isso levou a inspeções rigorosas da AIEA.

Tratado de 2015 – Plano de Ação Conjunto Global (JCPOA): A AIEA teve um papel crucial no acordo nuclear assinado entre o Irão e potências mundiais (EUA, Rússia, China, França, Reino Unido e Alemanha). Pelo acordo, o Irão concordou em reduzir suas atividades nucleares em troca do levantamento de sanções.

Crise após a saída dos EUA (2018): Em 2018, Donald Trump retirou os EUA do acordo, e o Irão começou a enriquecer urânio acima dos níveis permitidos. Desde então, a AIEA realiza inspeções constantes para avaliar se o Irão está perto de produzir armas nucleares.

Inspeções no Iraque (1981 e 1991)

Operação Ópera (1981): Israel destruiu o reator nuclear Osirak, no Iraque, alegando que Saddam Hussein pretendia desenvolver armas nucleares. A AIEA, que inspecionava o programa, foi criticada por não ter descoberto o suposto uso militar.

Pós-Guerra do Golfo (1991): Após a Guerra do Golfo, inspeções da AIEA revelaram que o Iraque possuía um programa clandestino avançado para produzir armas nucleares. Como resultado, o país foi proibido de ter qualquer atividade nuclear até 2003.

Inspeções na Coreia do Norte

A Coreia do Norte assinou o Tratado de Não Proliferação Nuclear (TNP), mas desde os anos 1990 tem sido alvo de inspeções da AIEA.

Expulsão de inspetores (2002-2003): Em 2002, a AIEA descobriu que a Coreia do Norte estava enriquecendo urânio secretamente. O país expulsou os inspetores e, em 2003, retirou-se do TNP.

Testes nucleares (2006 – presente): Desde então, a Coreia do Norte realizou vários testes nucleares, desafiando a comunidade internacional. A AIEA continua sem acesso ao país, mas monitoriza atividades por meio de satélites e inteligência externa.

Casos de Líbia e Síria

Líbia (2003-2004): O regime de Muammar Gaddafi admitiu estar a desenvolver um programa nuclear secreto com tecnologia paquistanesa. Em 2004, após negociações internacionais, a Líbia permitiu o desmantelamento de seu programa nuclear sob supervisão da AIEA.

Síria (2007): A AIEA investigou a destruição de um suposto reator nuclear na Síria, que foi bombardeado por Israel.

O regime sírio negou acesso aos inspetores, dificultando a verificação das suspeitas.

A AIEA continua a desempenhar um papel essencial na prevenção da proliferação nuclear, realizando inspeções técnicas e promovendo acordos para garantir que a energia nuclear seja usada apenas para fins pacíficos.

Em conclusão a expansão global da energia nuclear entre as décadas de 1950 e 1970 foi marcada por avanços tecnológicos significativos e pela necessidade de estruturas internacionais de supervisão.

A introdução de diferentes tipos de reatores, como os moderados a grafite e os PWRs, permitiu a diversificação das tecnologias nucleares.

Simultaneamente, a criação da AIEA assegurou que o crescimento dessa fonte de energia ocorresse de maneira segura e pacífica, estabelecendo padrões e promovendo a cooperação internacional.

Tabela 6: Principais Funções da AIEA

Função	Descrição
Promoção do Uso Pacífico	Apoia o uso da energia nuclear para fins civis como eletricidade e medicina.
Segurança e Proteção	Estabelece normas internacionais de segurança nuclear e proteção contra radiações.

Salvaguardas e Inspeções	Previne a proliferação nuclear através de inspeções e auditorias em instalações.

Fonte: Produção própria recorrendo aos dados da Tabela no final do presente Capítulo

Expansão Global e Primeiras Crises (1970-1990)

A década de 1970 foi um período de forte crescimento da energia nuclear, com vários países a apostar nessa tecnologia como alternativa aos combustíveis fósseis. No entanto, à medida que os reatores se multiplicavam pelo mundo, os desafios de segurança começaram a emergir.

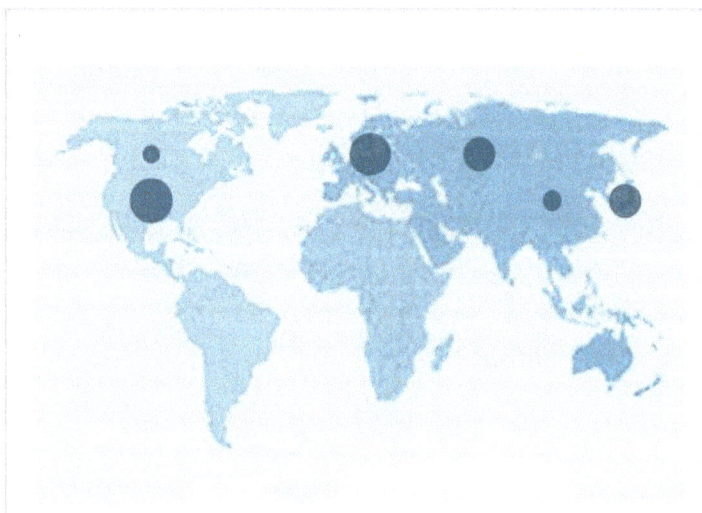

Dois grandes acidentes, Three Mile Island (1979) nos EUA e Chernobyl (1986) na URSS, trouxeram grandes interrogações sobre os riscos da energia nuclear. Além disso, cresceram os movimentos antinucleares, levando à desaceleração do setor no Ocidente, enquanto a União Soviética e algumas nações asiáticas continuaram sua expansão nuclear.

Crescimento do Setor Nuclear nos EUA, Europa, URSS e Ásia

Na década de 1970, a energia nuclear foi amplamente promovida como a solução energética do futuro, devido a vários fatores:

Crise do Petróleo (1973 e 1979): Aumento do preço do petróleo incentivou países a procurarem fontes de energia alternativas.

Avanços tecnológicos: Melhorias na segurança e eficiência dos reatores tornaram a energia nuclear mais atrativa.

Expansão industrial: O aumento da procura por eletricidade impulsionou investimentos em centrais nucleares.

Durante esse período, vários países ampliaram significativamente sua infraestrutura nuclear:

Estados Unidos: Tornaram-se líderes mundiais em energia nuclear, com mais de 100 reatores em operação até o final da década de 1980.

Europa Ocidental: Países como França, Reino Unido e Alemanha investiram fortemente na construção de reatores. A França, em especial, desenvolveu um dos programas nucleares mais robustos do mundo.

União Soviética: Continuou a expansão do seu programa nuclear, construindo grandes centrais e desenvolvendo o controverso reator RBMK, usado em Chernobyl.

Ásia: O Japão e a Coreia do Sul iniciaram programas nucleares ambiciosos, apostando na energia nuclear como fonte confiável e segura para reduzir a dependência do petróleo importado.

Gráfico 15: Crescimento do Número de Reatores Nucleares por Região (1960-2025)

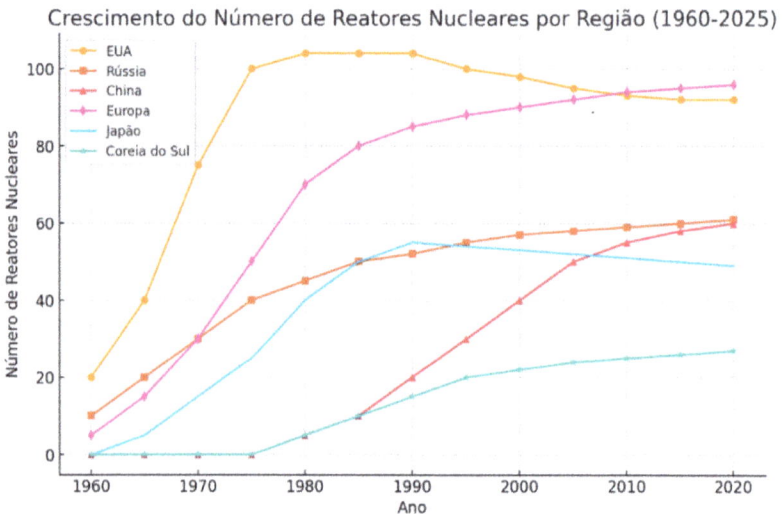

Crescimento do Número de Reatores Nucleares por Região (1960-2025)

Esse crescimento, no entanto, não foi isento de desafios. À medida que o número de reatores aumentava, também cresciam as preocupações com a segurança e gestão de resíduos radioativos.

Primeiros Acidentes Preocupantes e o Impacto na Opinião Pública

O otimismo em torno da energia nuclear sofreu um grande abalo com dois acidentes que mudaram a perceção pública sobre os riscos dessa tecnologia.

Three Mile Island (EUA, 1979) – A Primeira Grande Crise Nuclear

O primeiro grande susto ocorreu em 28 de março de 1979, na central nuclear de Three Mile Island, no estado da Pensilvânia, EUA.

O que aconteceu?

Uma falha na bomba de refrigeração do reator levou a um superaquecimento do núcleo. Um erro humano agravou a situação, permitindo que parte do combustível nuclear derretesse. Pequenas quantidades de gases radioativos foram liberadas no ambiente.

Consequências:

O acidente não causou mortes diretas, mas gerou pânico generalizado e uma grande crise de confiança no setor nuclear.

O governo americano suspendeu a construção de novas centrais nucleares por vários anos. O incidente reforçou a necessidade de melhores protocolos de segurança e formação para operadores de centrais.

Three Mile Island foi um ponto de viragem para a energia nuclear nos EUA, levando a um forte aumento da regulamentação e a um declínio nos investimentos em novas centrais no Ocidente.

Chernobyl (URSS, 1986) – O Acidente que Mudou a Política Nuclear Global

Se Three Mile Island foi um alerta, Chernobyl, em 1986, foi uma catástrofe. Até hoje, esse acidente é considerado o pior desastre nuclear da história.

O que aconteceu?

Na noite de 25 para 26 de abril de 1986, uma equipe de engenheiros realizava testes de segurança no Reator 4 da central de Chernobyl, na Ucrânia. Erros graves no procedimento levaram a um aumento descontrolado da potência do reator RBMK. A temperatura atingiu níveis extremos, e o reator explodiu, libertando uma enorme nuvem radioativa.

Consequências:

Morte imediata de 31 trabalhadores e bombeiros devido à exposição extrema à radiação. Evacuação de cerca de 116.000 pessoas na região da cidade de Pripyat. Contaminação radioativa espalhou-se por toda a Europa, afetando a saúde de milhões de pessoas. A URSS tentou encobrir o desastre, mas logo ficou claro que a segurança dos reatores RBMK era muito rudimentar.

Impacto Global:

Reforço nos padrões de segurança para reatores nucleares. Acelerou o declínio da energia nuclear na Europa Ocidental. Aumentou a resistência da população ao uso da energia nuclear.

Chernobyl mudou a política nuclear global e colocou em evidência os riscos da falta de transparência e segurança no setor nuclear.

Movimentos Antinucleares e a Desaceleração dos Projetos no Ocidente

Os acidentes de Three Mile Island e Chernobyl alimentaram o crescimento de movimentos antinucleares, especialmente na Europa e nos EUA.

Principais argumentos dos movimentos antinucleares:

- Risco de novos acidentes catastróficos.
- Problemas no armazenamento de resíduos radioativos.
- Custos elevados da construção e manutenção de centrais nucleares.
- Impacto ambiental e social das centrais e da mineração de urânio.

Como resultado dessa pressão:

Vários países, como Alemanha, Suécia e Itália, cancelaram planos de novas centrais.

O crescimento da energia nuclear desacelerou no Ocidente, enquanto a Ásia e a União Soviética continuaram expandindo seus programas nucleares.

A energia nuclear entrou num período de estagnação nos anos 1990, especialmente no Ocidente, um reflexo do medo e das incertezas trazidas pelos acidentes.

Gráfico 16: Comparação entre Ocidente e Rússia + Ásia no Uso de Reatores Nucleares

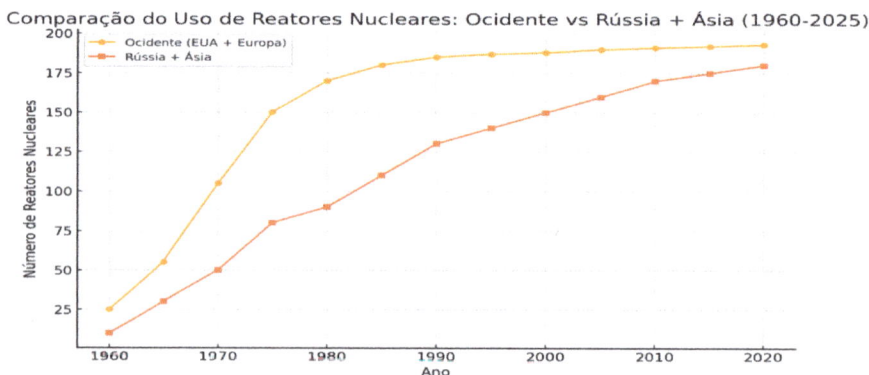

Comparação do Uso de Reatores Nucleares: Ocidente vs Rússia + Ásia (1960-2025)

Fonte: Produção própria recorrendo aos dados da Tabela no final do presente Capítulo

Podemos concluir que entre 1970 e 1990, a energia nuclear viveu seu maior crescimento e, ao mesmo tempo, seus primeiros grandes desafios. O setor nuclear expandiu-se rapidamente, especialmente nos EUA, Europa, União Soviética e Ásia.

Os acidentes de Three Mile Island e Chernobyl geraram um enorme impacto na opinião pública e trouxeram novos desafios de segurança.

Os movimentos antinucleares ganharam força e levaram à desaceleração da energia nuclear no Ocidente, enquanto a URSS e alguns países asiáticos continuaram investindo na tecnologia.

Esse período marcou o fim do otimismo absoluto com a energia nuclear e o início de uma era de maior regulação e escrutínio público sobre o setor.

Nos próximos capítulos, exploraremos como o setor nuclear se reinventou no pós-Chernobyl e como a busca por segurança e inovação tecnológica moldou a energia nuclear nas décadas seguintes.

O Período Pós-Chernobyl e o Renascimento Nuclear (1990-2010)

A década de 1990 marcou uma significativa desaceleração na expansão da energia nuclear, especialmente nos países ocidentais. O acidente de Chernobyl, em 1986, deixou uma forte marca na perceção pública e política sobre a segurança das centrais nucleares. Muitas nações passaram a impor regulamentações mais rigorosas, o que elevou custos e dificultou novos projetos.

Nos Estados Unidos e na Europa, o crescimento da energia nuclear estagnou. Algumas nações, como a Alemanha e a Suécia, anunciaram planos para reduzir gradualmente sua dependência nuclear, optando por fontes de energia consideradas mais seguras e sustentáveis. O gás natural e as energias renováveis, como eólica e solar, ganharam espaço na matriz energética global.

Além da pressão pública, os custos financeiros também representaram um desafio. A construção de novas centrais tornou-se excessivamente cara devido a exigências mais rígidas de segurança e longos prazos de desenvolvimento. Com isso, muitas empresas do setor nuclear enfrentaram dificuldades financeiras, e vários projetos foram cancelados.

A Modernização dos Reatores para Maior Segurança

No início do milénio, a atenção às mudanças climáticas e a busca por fontes de energia com baixa emissão de carbono renovaram o interesse pela energia nuclear. Países como a França e o Reino Unido começaram a reavaliar suas políticas energéticas, enquanto China e Rússia passaram a investir pesadamente na construção de novas centrais.

A tecnologia nuclear também evoluiu nesse período, com o desenvolvimento dos chamados reatores de terceira geração, projetados para serem mais seguros e eficientes. Dois dos mais importantes reatores desse período foram o EPR (European Pressurized Reactor) e o AP1000, que incorporam avanços significativos em segurança e eficiência.

O Reator EPR (European Pressurized Reactor)

O EPR é um dos reatores de água pressurizada (PWR) mais avançados já desenvolvidos. Projetado pela francesa Framatome e pela alemã Siemens, o EPR tem uma capacidade de geração de aproximadamente 1.600 MWe, sendo um dos reatores mais potentes do mundo. O seu design incorpora múltiplos sistemas de segurança redundantes e melhorias na eficiência energética.

Entre suas principais características, destacam-se:

Sistemas de segurança aprimorados: inclui um núcleo duplo de contenção e sistemas de refrigeração passivo que minimizam os riscos de fusão do núcleo.

Maior eficiência térmica: possibilita melhor aproveitamento do combustível nuclear e redução na geração de resíduos radioativos.

Vida útil prolongada: projetado para operar até 60 anos, com melhorias nos materiais e componentes estruturais.

Atualmente, reatores EPR estão em operação em países como França, China e Finlândia, com mais unidades planejadas para o futuro.

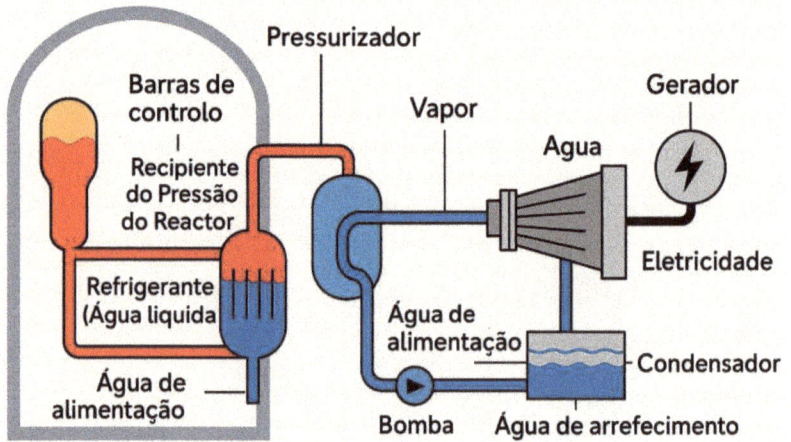

Esquema do Reactor Europeu de Pressão (EPR)

O EPR é um reator de água pressurizada de terceira geração, desenvolvido para oferecer maior segurança e eficiência. Seus principais componentes incluem:

Vaso do Reator: contém o núcleo onde ocorre a fissão nuclear.

Geradores de Vapor: transferem o calor do circuito primário para o secundário, produzindo vapor que aciona as turbinas.

Pressurizador: mantém a pressão do circuito primário, evitando a formação de bolhas de vapor.

Sistemas de Segurança: incluem múltiplas barreiras de contenção e sistemas redundantes para garantir a integridade do reator em situações de emergência.

O Reator AP1000

O AP1000, desenvolvido pela empresa americana Westinghouse, também é um reator de água pressurizada, mas com um design inovador voltado para simplicidade e segurança passiva. Sua capacidade de geração é de aproximadamente 1.100 MWe.

Principais características:

Segurança passiva: utiliza sistemas de segurança que funcionam sem necessidade de energia elétrica ou intervenção humana, garantindo refrigeração contínua do reator em caso de falha grave.

Redução de componentes: menor complexidade na construção e manutenção, o que reduz custos operacionais.

Rapidez na construção: projetado para ser modular, permitindo construção e instalação mais rápidas em comparação com reatores anteriores.

O AP1000 foi adotado principalmente na China, onde várias unidades estão em operação. Nos EUA, sua implantação enfrentou atrasos e desafios financeiros, mas continua a ser uma referência em termos de inovação no setor nuclear.

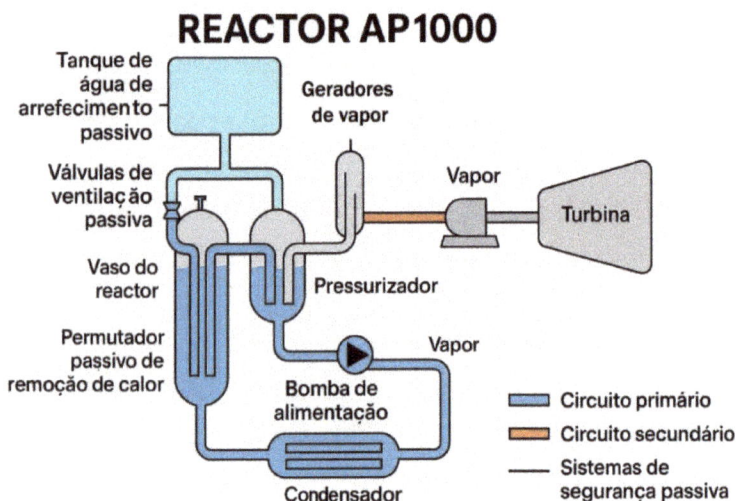

REACTOR AP1000

Tanque de água de arrefecimento passivo

Geradores de vapor

Válvulas de ventilação passiva

Vapor

Turbina

Vaso do reactor

Pressurizador

Permutador passivo de remoção de calor

Vapor

Bomba de alimentação

Condensador

▬ Circuito primário
▬ Circuito secundário
— Sistemas de segurança passiva

O AP1000, desenvolvido pela Westinghouse, é um reator de água pressurizada que incorpora sistemas de segurança passiva. Seus componentes principais são:

Vaso do Reator: abriga o núcleo e é projetado para facilitar a circulação natural do refrigerante.

Geradores de Vapor: essenciais para a transferência de calor, possuem design simplificado para aumentar a eficiência.

Sistemas de Segurança Passiva: utilizam forças naturais, como gravidade e convecção, para arrefecer o reator sem necessidade de intervenção humana ou energia externa por até 72 horas.

Novos Países Aderindo à Tecnologia Nuclear (China, Índia, Coreia do Sul)

Apesar da hesitação ocidental, a Ásia emergiu como o novo epicentro da energia nuclear. China e Índia investiram fortemente na tecnologia nuclear, com dezenas de reatores em construção para atender à crescente procura por eletricidade. Além disso, esses países passaram a desenvolver reatores mais avançados, incluindo projetos de **reatores modulares pequenos (SMRs)** e pesquisas na área de fusão nuclear.

Reatores Modulares Pequenos (SMRs)

Os Small Modular Reactors (SMRs) são uma inovação recente na tecnologia nuclear, projetados para oferecer flexibilidade, segurança aprimorada e menor custo de implementação em comparação com os reatores convencionais. Eles são menores em escala, podendo gerar entre 50 e 300 MWe, e apresentam vantagens significativas:

Construção modular: possibilita a sua fabricação em fábrica e transporte para o local de operação, reduzindo tempo e custos de construção.

Segurança aprimorada: muitos SMRs utilizam sistemas de segurança passiva, minimizando riscos de acidentes.

Versatilidade: podem ser implantados em locais remotos ou usados para fornecer energia para redes menores e indústrias específicas.

Aplicações diversas: além da produção de eletricidade, podem ser usados para dessalinização de água, produção de hidrogênio e calor industrial.

Os principais projetos de SMRs incluem:

NuScale (EUA): um dos projetos mais avançados, com aprovação regulatória e planos de implementação em andamento.

BWRX-300 (GE Hitachi, EUA/Canadá): baseado em tecnologia de reatores de água fervente, promete custos reduzidos.

SMR-160 (Holtec, EUA): focado em segurança e facilidade de implantação.

Reator CAREM (Argentina): um dos primeiros SMRs a ser desenvolvido na América Latina.

Ilustração Esquemática

Para melhor compreensão do funcionamento dos reatores SMR, apresentamos abaixo um esquema ilustrativo destacando suas principais características, incluindo o sistema modular, a configuração do reator e os sistemas de segurança passiva.

Gerador de vapor

Vaso do reactor

Turbina

Sistema de arrefecimento de emergência

Estrutura de contençâo

Emergência ━━━**Vapor**

Componentes Principais de um SMR:

- Núcleo do Reator: Contém o combustível nuclear, onde ocorre a fissão.

- Sistema de Resfriamento Primário: Circula o refrigerante (água, gás ou sal fundido) para remover o calor gerado no núcleo.

- Gerador de Vapor: Transfere o calor do sistema primário para o secundário, produzindo vapor que aciona as turbinas elétricas.

- Sistemas de Segurança Passiva: Utilizam princípios físicos naturais, como convecção e gravidade, para

82

garantir a segurança sem necessidade de intervenção humana ou energia externa.

O Crescimento da França como Líder em Energia Nuclear

A França consolidou-se como uma das principais potências mundiais no setor nuclear, com uma trajetória marcada por investimentos contínuos e uma política energética centrada na energia nuclear.

Evolução Histórica do Número de Reatores na França

A expansão do parque nuclear francês teve início na década de 1970, com a construção de diversas centrais nucleares para reduzir a dependência de combustíveis fósseis importados. Atualmente, a França opera 56 reatores nucleares, que fornecem cerca de 70% da eletricidade consumida no país.

Planos Futuros e Expansão Projetada

Em 2022, o governo francês anunciou um ambicioso plano de expansão nuclear:

Construção de seis novos reatores EPR2, com o primeiro previsto para entrar em operação em 2035.

Desenvolvimento do projeto NUWARD, um pequeno reator modular (SMR) com potência de 340 MWe, previsto para ser implantado até 2035.

Abaixo, apresentamos um gráfico ilustrando a evolução do número de reatores nucleares na França desde a década de 1970 e as projeções para os próximos anos:

Evolução do Número de Reatores Nucleares na França

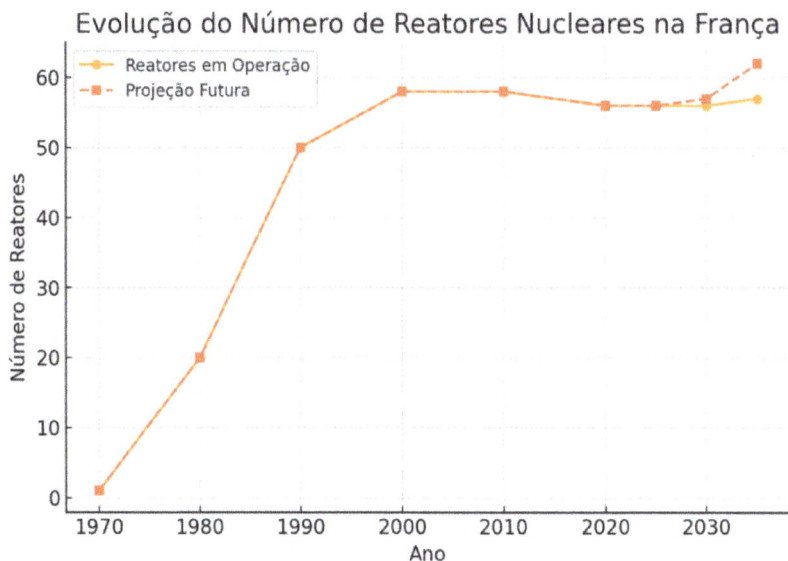

Fonte: Produção própria recorrendo aos dados da Tabela no final do presente Capítulo

O Papel da Rússia na Exportação de Tecnologia Nuclear

A Rússia desempenhou um papel crucial na expansão global da energia nuclear ao fornecer financiamento e tecnologia para diversos países. A Rosatom estabeleceu parcerias estratégicas para a construção de reatores em regiões que procuram diversificar as suas fontes de energia, como Oriente Médio, África e Sudeste Asiático.

A estratégia russa envolveu a oferta de financiamento de longo prazo e contratos de fornecimento de combustível nuclear, garantindo um modelo sustentável para países interessados na adoção da energia nuclear. Essa abordagem fortaleceu a posição da Rússia como uma das principais potências do setor nuclear global.

Análise dos Principais Exportadores:

Rússia: A Rosatom, corporação estatal russa de energia nuclear, lidera o mercado global, sendo responsável por 76% das exportações mundiais de tecnologia nuclear. A empresa está envolvida na construção de 35 unidades de centrais nucleares em 12 países diferentes até dezembro de 2030.

Coreia do Sul: A Coreia do Sul emergiu como um exportador significativo de reatores nucleares, com acordos firmados com os Emirados Árabes Unidos, Jordânia e Argentina. Em 2024, a Korea Hydro & Nuclear Power (KHNP) venceu um projeto de US$ 17 bilhões na República Tcheca, superando concorrentes dos EUA e da França.

China: A China tem investido massivamente em energia nuclear, tanto internamente quanto no exterior. O país está envolvido na construção de reatores nucleares em diversas nações, procurando expandir a sua influência no mercado global de tecnologia nuclear.

França: A França, através de empresas como a Orano e a EDF, mantém uma presença significativa no mercado de tecnologia nuclear. Em 2024, a Orano anunciou a expansão de sua capacidade de enriquecimento de urânio em França e nos Estados Unidos, visando reduzir a dependência de fornecedores russos.

Este gráfico e análise destacam a concentração do mercado de exportação de tecnologia nuclear em alguns países, com a Rússia mantendo uma posição dominante, seguida por outros atores importantes como a Coreia do Sul, China e França.

Gráfico 18: Principais Países Exportadores de Tecnologia Nuclear

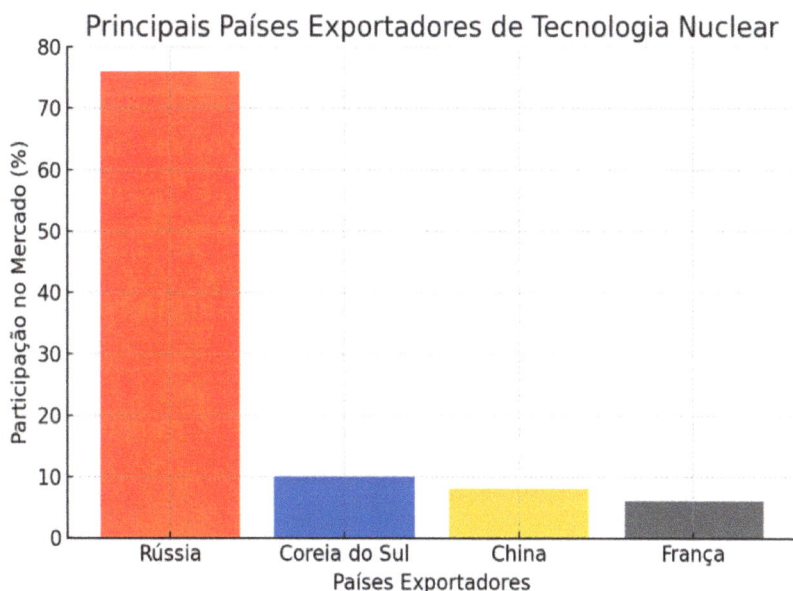

Fonte: Produção própria recorrendo aos dados da Tabela no final do presente Capítulo

Podemos concluir que entre 1990 e 2010, a energia nuclear enfrentou desafios significativos, desde desastres e desinvestimentos até renascimentos estratégicos. Enquanto o Ocidente hesitou, a Ásia e a Rússia impulsionaram o setor, reforçando sua importância no cenário energético global. A segurança, os custos e a aceitação pública permaneceram como questões centrais, mas o nuclear continuou a ser uma opção viável para a produção de energia de baixa emissão de carbono no futuro.

Além disso, do ponto de vista económico, embora a construção de centrais nucleares envolva custos iniciais elevados, sua operação e manutenção são significativamente mais económicas em comparação com outras fontes de energia. O potencial energético do nuclear é vasto e praticamente inesgotável, garantindo fornecimento contínuo e confiável de eletricidade a longo prazo. Essa característica faz com que a energia nuclear seja uma das opções mais econômicas e sustentáveis para a produção energética global.

O Efeito Fukushima e o Futuro da Energia Nuclear (2011 – Presente)

Em 11 de março de 2011, um terremoto de magnitude 9.0 seguido de um tsunami devastador atingiu o Japão, causando um dos piores desastres nucleares da história: o acidente da central nuclear de Fukushima Daiichi. O tsunami, com ondas superiores a 14 metros, inundou a central, desativando seus sistemas de refrigeração e levando à fusão parcial dos núcleos de três reatores.

As consequências do acidente foram severas:

Libertação de material radioativo: grandes quantidades de radiação foram libertadas na atmosfera e no oceano.

Evacuação massiva: mais de 160.000 pessoas foram deslocadas devido ao risco de contaminação.

Impacto na opinião pública global: reacendeu preocupações sobre a segurança da energia nuclear e levou governos a reavaliar os seus programas nucleares.

Custos elevados: os custos de limpeza, compensação e desativação da central foram estimados em centenas de bilhões de dólares.

O acidente de Fukushima gerou novas regulamentações globais para melhorar a segurança das centrais nucleares, incluindo exigências mais rigorosas para sistemas de refrigeração e proteção contra desastres naturais.

Países que Reduziram ou Abandonaram seus Programas Nucleares

O acidente de Fukushima levou vários países a reconsiderar o uso da energia nuclear. Entre os que reduziram significativamente ou abandonaram seus programas estão:

Alemanha: anunciou um plano de abandono total da energia nuclear, fechando progressivamente os seus reatores. Em abril de 2023, o país desativou os seus últimos reatores nucleares.

Itália: já havia interrompido o seu programa nuclear após o referendo de 1987, mas descartou completamente qualquer possibilidade de retoma após Fukushima.

Suíça e Bélgica: decidiram não construir novos reatores e estabeleceram planos para reduzir sua dependência da energia nuclear.

A decisão desses países foi impulsionada por uma combinação de fatores, incluindo pressão pública, riscos percebidos e a crescente viabilidade das energias renováveis.

Gráfico 19: Descomissionamento dos Reatores Nucleares na Alemanha

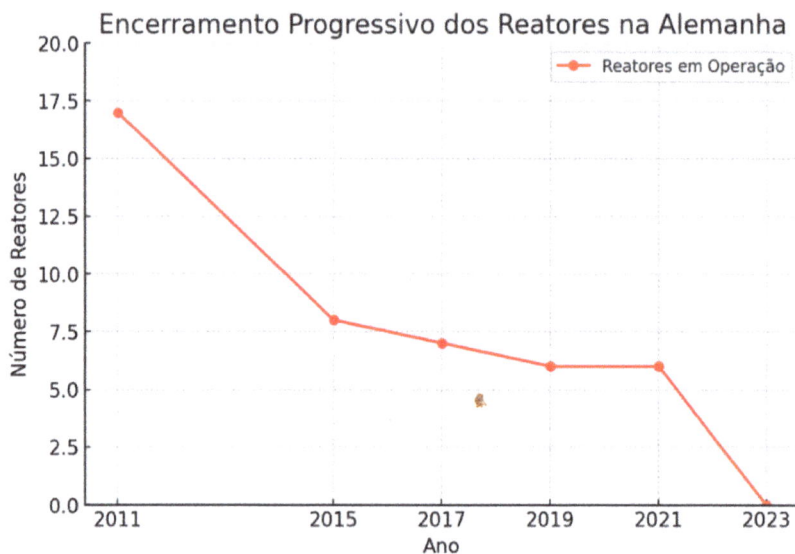

Fonte: Produção própria recorrendo aos dados da Tabela no final do presente Capítulo

Em 1987, a Itália realizou três referendos nacionais sobre a energia nuclear, o que levou a uma decisão importante para o setor no país. Esses referendos ocorreram em 8 de novembro de 1987, com uma participação de 65,1% dos eleitores.

Questões dos Referendos e Resultados:

Localização de Centrais Nucleares:

Pergunta: Os eleitores deveriam decidir sobre a abolição do poder estatal de impor a construção de centrais nucleares em municípios que não concordassem com sua instalação.

Resultado: 80,6% votaram "Sim" para abolir esse poder estatal.

Incentivos Financeiros para Municípios:

Pergunta: Abolir os incentivos financeiros oferecidos a municípios que aceitassem a construção de centrais nucleares ou a carvão em seus territórios.

Resultado: 79,7% votaram "Sim" para eliminar esses incentivos.

Participação da ENEL em Projetos Nucleares Internacionais:

Pergunta: Proibir a ENEL (Empresa Nacional de Eletricidade) de participar na construção e gestão de centrais nucleares no exterior.

Resultado: 71,9% votaram "Sim" para proibir essa participação.

Consequências dos Referendos:

Embora as perguntas fossem técnicas e não proibissem explicitamente a energia nuclear, os resultados refletiram a oposição pública ao nuclear após o desastre de Chernobyl em 1986. Como consequência, o governo italiano iniciou o encerramento das centrais nucleares existentes:

A construção da quase concluída Central Nuclear de Montalto di Castro foi interrompida. As Centrais de Caorso e Enrico Fermi foram desativadas em 1990. A Central de Latina já havia sido fechada em dezembro de 1987.

Essas ações marcaram o fim da produção de energia nuclear na Itália, uma decisão que se mantém até os dias atuais.

Atualmente, a Suíça opera quatro reatores nucleares distribuídos em três centrais, enquanto a Bélgica possui cinco reatores em funcionamento em duas centrais nucleares.

Suíça:

Número de reatores em operação: 4

Número de centrais nucleares: 3

Bélgica:

Número de reatores em operação: 5

Número de centrais nucleares: 2

Em termos de produção de eletricidade, os reatores nucleares contribuíram com 36,4% da eletricidade total gerada na Suíça em 2022 e com 46,4% na Bélgica no mesmo ano.

É importante notar que ambos os países têm planos para reduzir gradualmente a sua dependência da energia nuclear. Na Suíça, um referendo em 2017 aprovou a proibição da construção de novas centrais nucleares, levando a uma saída progressiva da energia nuclear até 2050. Na Bélgica, uma lei de 2003 estabeleceu a eliminação gradual da energia nuclear até 2025; no entanto, devido a fatores como a guerra na Ucrânia e o aumento dos preços do gás, o governo decidiu prolongar a operação de dois dos sete reatores nucleares do país até 2035.

Países que continuaram a investir na energia nuclear

Apesar do impacto de Fukushima, algumas nações reafirmaram ou até ampliaram os seus programas nucleares, reconhecendo seu papel na segurança energética e na descarbonização:

França: manteve sua forte dependência da energia nuclear, que representa cerca de 70% da eletricidade do país. O governo francês anunciou planos para construir novos reatores EPR2 e expandir a pesquisa em fusão nuclear.

China: intensificou seu programa nuclear, com dezenas de novos reatores em construção. O país aposta no nuclear como parte essencial de sua estratégia de energia limpa.

Rússia: continuou o seu investimento na construção e exportação de reatores nucleares, incluindo reatores flutuantes para fornecer energia a regiões remotas.

EUA: embora algumas Centrais tenham sido desativadas, o país aprovou novos projetos, incluindo reatores de última geração e investimentos em SMRs.

Análise por país:

Estados Unidos: Em 2010, operavam 104 reatores nucleares. Até 2023, esse número reduziu para 93, refletindo uma tendência de desativação de unidades mais antigas sem a construção proporcional de novas instalações.

França: Manteve uma política estável em relação à energia nuclear, com uma ligeira redução de 58 reatores em 2010 para 56 em 2023. A energia nuclear continua a ser a principal fonte de eletricidade do país, representando cerca de 70% da produção total.

China: Demonstrou um crescimento significativo no setor nuclear, aumentando de 13 reatores em 2010 para 54 em 2023. Este crescimento reflete a estratégia do país de diversificar suas fontes de energia e reduzir a dependência de combustíveis fósseis.

Rússia: Registou um aumento moderado, passando de 32 reatores em 2010 para 37 em 2023. Além disso, a Rússia tem-se destacado na exportação de tecnologia nuclear, com 26 unidades em construção, sendo seis no próprio país e 20 em sete outros países.

Este gráfico ilustra como cada país ajustou seus investimentos em energia nuclear após o incidente de Fukushima, com destaque para o crescimento expressivo da China no setor.

Investimentos em Energia Nuclear Antes e Depois de Fukushima

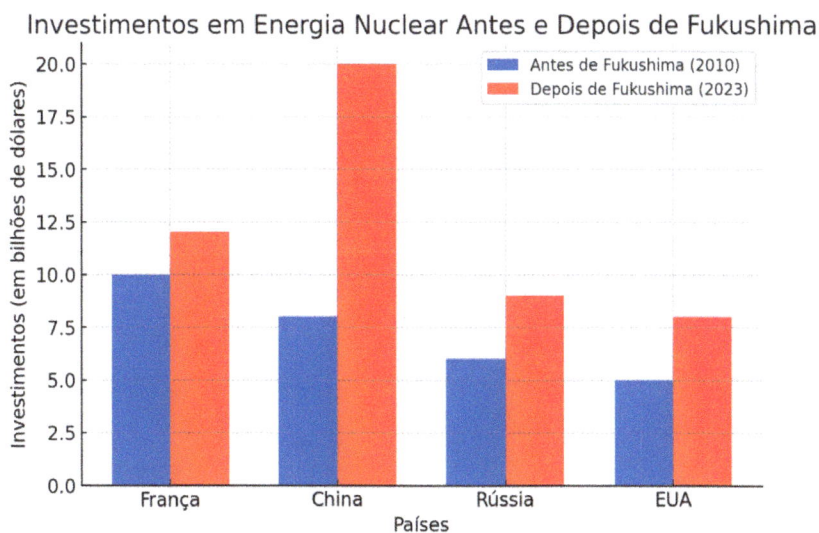

Número de Reatores Construídos Após Fukushima

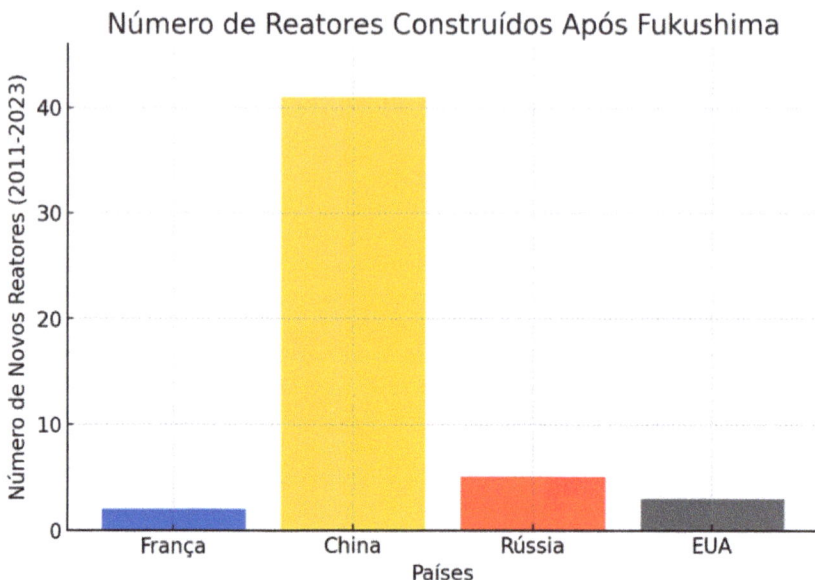

Fonte: Produção própria recorrendo aos dados da Tabela no final do presente Capítulo

Desenvolvimento dos SMRs

Atualmente, existem poucos Reatores Modulares Pequenos (SMRs) em operação no mundo. A Rússia e a China são pioneiras nessa tecnologia, cada uma com projetos distintos:

Rússia: Opera o "Akademik Lomonosov", uma central nuclear flutuante equipada com dois reatores SMR de 35 MW cada, totalizando 70 MW.

China: Conectou à rede elétrica, em 2021, o reator HTR-PM, um reator modular de alta temperatura refrigerado a gás.

Portanto, há três reatores SMR em funcionamento no mundo atualmente: dois na Rússia e um na China.

Segue um gráfico ilustrativo:

Gráfico 22: Nº de Reatores SMR em Operação por País

Número de Reatores SMR em Operação por País

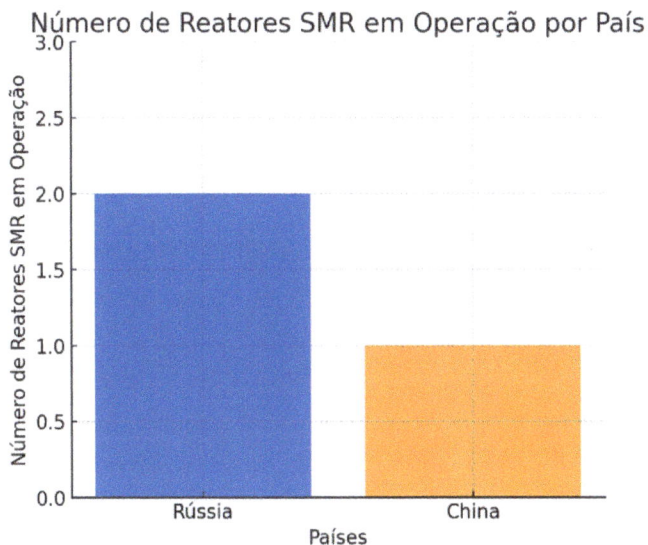

Fonte: Produção própria recorrendo aos dados da Tabela no final do presente Capítulo

Atualmente, diversos países estão a investir significativamente em pesquisa e desenvolvimento de Reatores Modulares Pequenos (SMRs). Abaixo, apresento um gráfico que ilustra os principais investidores nessa tecnologia:

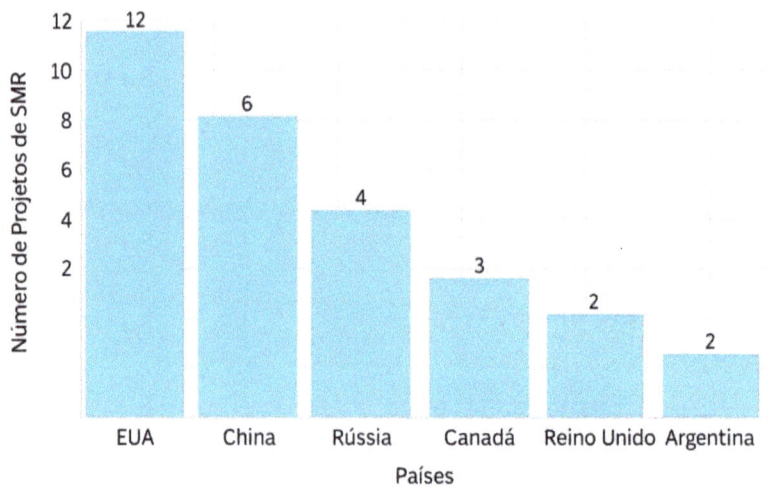

Gráfico 23: Projetos de SMR por País

Fonte: Produção própria recorrendo aos dados da Tabela no final do presente Capítulo

Gráfico 24: Investimento por País em Tecnologia SMR

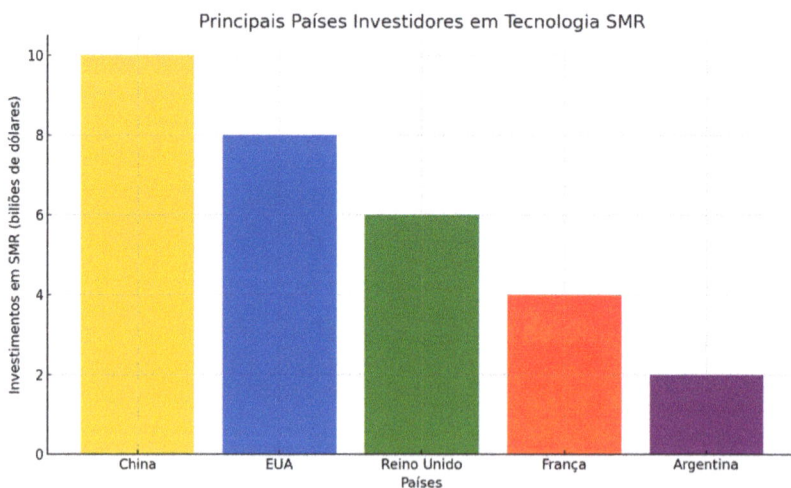

Principais Países Investidores em Tecnologia SMR

Fonte: *Produção própria recorrendo aos dados da Tabela no final do presente Capítulo*

Análise dos Investimentos:

China: Lidera os investimentos em SMRs, com aproximadamente 10 biliões de dólares destinados ao desenvolvimento e implementação dessa tecnologia.

Estados Unidos: Investiu cerca de 8 biliões de dólares em pesquisa e desenvolvimento de SMRs, com empresas como NuScale Power a liderar projetos para construir reatores operacionais até 2029.

Reino Unido: Comprometeu-se com investimentos de aproximadamente 6 biliões de dólares na construção de SMRs, visando impulsionar o crescimento económico e fornecer energia limpa e acessível.

França: Destinou cerca de 4 biliões de dólares ao desenvolvimento de SMRs, com a EDF na liderança do projeto Nuward, que visa a construção de reatores modulares de 340 MWe.

Argentina: Investiu aproximadamente 2 biliões de dólares no projeto CAREM-25, um protótipo de SMR de 25 MWe totalmente projetado e desenvolvido no país.

Em jeito de resumo desta secção podemos concluir que o acidente de Fukushima foi um marco na história da energia nuclear, levando algumas nações a reduzir ou abandonar seus programas nucleares. No entanto, outros países continuaram investindo na tecnologia, reconhecendo o seu papel na segurança energética e na redução de emissões de carbono. O desenvolvimento dos SMRs e a busca pela fusão nuclear indicam que o setor nuclear pode ter um futuro promissor, combinando segurança aprimorada e novas aplicações energéticas.

Conclusão do Presente Capítulo

A energia nuclear passou por diversas transformações desde a sua descoberta, evoluindo de uma tecnologia experimental para uma das principais fontes de eletricidade do mundo. Desde os primeiros reatores comerciais na década de 1950 até os avanços modernos em segurança e eficiência, a tecnologia nuclear demonstrou resiliência e adaptação diante de desafios históricos como acidentes, crises políticas e mudanças nas políticas energéticas globais.

Com a crescente necessidade de reduzir as emissões de carbono e garantir segurança energética, a energia nuclear posiciona-se como uma das principais soluções para a transição energética global. A sua capacidade de gerar eletricidade de forma contínua, sem depender de condições climáticas, torna-a uma alternativa complementar às fontes renováveis intermitentes, como a solar e a eólica.

Os investimentos em reatores de terceira geração, SMRs e a fusão nuclear indicam um futuro onde a energia nuclear desempenhará um papel ainda mais relevante, fornecendo energia confiável e de baixo impacto ambiental.

A história da energia nuclear demonstra como eventos passados, como Chernobyl e Fukushima, influenciaram as perceções públicas e as políticas governamentais. No entanto, esses eventos também impulsionaram avanços significativos em segurança e tecnologia, permitindo o desenvolvimento de reatores mais eficientes e seguros.

Embora a construção de centrais nucleares exija investimentos iniciais elevados, a operação e manutenção dessas centrais apresentam custos significativamente menores em comparação com outras fontes de energia. Além disso, a alta densidade energética do urânio e a longa vida útil dos reatores garantem energia barata e confiável por décadas.

Os benefícios econômicos da energia nuclear refletem-se na redução do custo da eletricidade para consumidores e indústrias, tornando-a uma alternativa competitiva para garantir um fornecimento estável de energia.

Com o avanço de tecnologias como os SMRs, os custos de construção tendem a diminuir, permitindo maior acesso à energia nuclear em diversas regiões do mundo.

A energia nuclear continua a ser uma peça-chave na matriz energética global. O seu impacto econômico, a sua capacidade de fornecer eletricidade limpa e confiável e os avanços tecnológicos em curso reforçam a sua importância na transição para um futuro energético mais sustentável e seguro.

Tabela 7: Fontes Consultadas no Capítulo 2

Descrição

Livros sobre História da Ciência – Evolução da física e descobertas nucleares.
Obras de Marie Curie e Ernest Rutherford – Estudos sobre radioatividade.
Relatórios da World Nuclear Association – História do desenvolvimento nuclear.
Documentos do Projeto Manhattan – Desenvolvimento da bomba atómica.
Arquivos Nacionais dos EUA – Cartas de Einstein a Roosevelt.
Publicações da AIEA – História da energia nuclear civil.
Livros de História Militar – Segunda Guerra Mundial e energia nuclear.
Obras de divulgação científica (ex.: Brian Cox, Richard Rhodes) – Energia Nuclear e Sociedade.
BBC History e History Channel – Documentários sobre o Projeto Manhattan e a Segunda Guerra Mundial.
Scientific American e Nature – Artigos sobre os primórdios da fissão nuclear.
Revistas científicas e jornais históricos – Cobertura da era nuclear entre 1930 e 1950.

Próximo Capítulo: Energia Nuclear e Armas Nucleares: Mitos e Verdades

No próximo capítulo, exploraremos a relação entre a energia nuclear e as armas nucleares, desmistificando conceitos errôneos e analisando o impacto dessa tecnologia na geopolítica e na segurança global.

Capítulo 3: Energia Nuclear e Armas Nucleares: Mitos e Verdades

A energia nuclear é frequentemente associada às armas nucleares, levando a uma perceção errada de que a geração elétrica por meios nucleares é um caminho direto para a construção de bombas atómicas. Esta visão, amplamente disseminada, deve-se em grande parte ao impacto histórico da Segunda Guerra Mundial e à corrida armamentista da Guerra Fria, que popularizaram a ideia de que qualquer programa nuclear pode ser uma ameaça.

No entanto, a realidade é bem diferente. A tecnologia nuclear pode ser utilizada de forma pacífica, contribuindo para a geração de eletricidade limpa e eficiente, impulsionando avanços na medicina, na indústria e até na exploração espacial. O desenvolvimento de armas nucleares, por outro lado, exige processos técnicos altamente especializados e um grau de enriquecimento do uranio muito superior ao utilizado em reatores comerciais.

Além disso, há uma distinção clara entre os países que adotam programas nucleares pacíficos, sob rígida fiscalização da Agência Internacional de Energia Atômica (AIEA), e aqueles que optam por desenvolver armas nucleares, geralmente sob forte sigilo e restrições internacionais.

Este capítulo irá abordar as diferenças fundamentais entre os dois usos da tecnologia nuclear, esclarecendo equívocos comuns. Serão explicados, de maneira objetiva e baseada em fatos, os motivos pelos quais a energia nuclear para geração elétrica não representa um risco inerente de proliferação de armamentos nucleares.

Diferenças Entre Energia Nuclear para Geração Elétrica e Armas Nucleares

Embora ambas as aplicações utilizem princípios semelhantes da física nuclear, as suas finalidades, processos e materiais envolvidos são profundamente distintos:

- **Finalidade:** Enquanto a energia nuclear civil tem como objetivo a geração de eletricidade de forma sustentável, as armas nucleares são projetadas para destruição em larga escala.

- **Materiais Utilizados:** A principal diferença entre reatores nucleares e armas atómicas está na composição do combustível nuclear.

  - **Uranio em reatores nucleares:** O uranio usado para geração elétrica (U-235) é enriquecido a apenas **3-5%**.

  - **Uranio para armas nucleares:** O uranio altamente enriquecido (HEU) usado em bombas possui uma concentração de U-235 acima de **90%**.

  - **Plutônio:** O plutônio-239, utilizado em armas nucleares, é produzido em reatores especializados e exige processos de reprocessamento avançados.

Processo de Mineração e Enriquecimento do Uranio

O uranio natural é extraído de minas a céu aberto ou subterrâneas e, após a extração, passa por um processo de beneficiamento para remoção de impurezas. O uranio encontrado na natureza contém apenas cerca de **0,7% de U-235**, que é o isótopo fissível necessário para a geração de energia ou a construção de armas.

O enriquecimento do uranio ocorre por meio de um processo de separação isotópica, sendo a centrifugação gasosa a técnica mais utilizada atualmente. O processo consiste em:

1. **Conversão em hexafluoreto de uranio (UF_6):** O uranio natural é transformado em gás para facilitar a separação dos isótopos.

2. **Centrifugação:** O gás UF_6 é introduzido em centrifugadoras de alta velocidade. Como o U-238 é mais pesado que o U-235, ele deposita-se na parte externa da centrifugadora, enquanto o U-235, mais leve, fica na parte central.

3. **Repetição do processo:** O processo é repetido em milhares de centrifugadoras interconectadas (cascata de centrífugas) até atingir o nível desejado de enriquecimento.

Para reatores nucleares civis, o uranio é enriquecido a **3-5%**, enquanto para armas nucleares o nível de enriquecimento ultrapassa **90%**.

CICLO DO COMBUSTÍVEL NUCLEAR

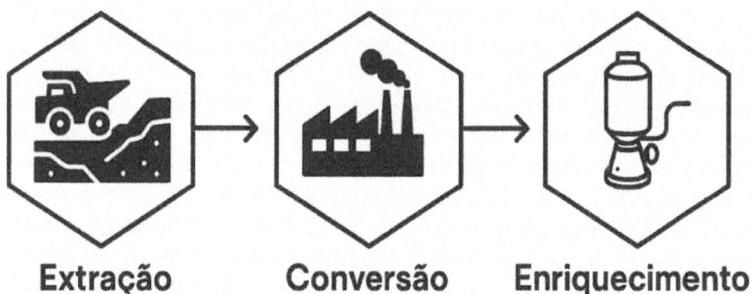

Extração   Conversão   Enriquecimento

Esquema ilustrativo do ciclo do combustível nuclear, desde a mineração até o enriquecimento do uranio.

Produção do Plutônio

O plutônio-239 é produzido em reatores nucleares a partir do uranio-238. Durante a operação de um reator, alguns átomos de U-238 capturam neutrões e transformam-se em plutônio-239, um isótopo altamente fissível.

Para uso militar, é necessário retirar esse plutônio dos elementos combustíveis irradiados por meio de um processo químico chamado reprocessamento, que envolve:

1. Remoção do combustível irradiado do reator

2. Dissolução do combustível em ácido nítrico

3. Separação química do plutônio-239 do restante dos produtos de fissão.

Esse processo é altamente monitorado por órgãos internacionais, pois a extração de plutônio pode indicar tentativas de desenvolvimento de armas nucleares.

Reprocessamento do Combustível Nuclear Usado

Tabela 8: Métodos de Obtenção de Material Físsil

Método	Material Produzido	Descrição
Enriquecimento de urânio (centrifugação)	U-235	Separação isotópica para aumentar a proporção de U-235.
Reatores nucleares + reprocessamento	Pu-239	Plutónio obtido a partir de U-238 irradiado em reatores.

Fonte: Produção própria recorrendo aos dados da Tabela no final do presente Capítulo

Aqui está o esquema ilustrativo do processo de produção do plutônio, desde a operação do reator até a purificação e possível uso militar.

CICLO DE PRODUÇÃO DE PLUTÓNIO

EXPLORAÇÃO E PROCESSAMENTO

Extração de minério de urânio e produção de yellowcake (U_3O_8)

CONVERSÃO E ENRIQUECIMENTO

Conversão em gás UF_6; a separação dos isótopos aumenta o teor de U-238

FABRICO DO COMBUSTÍVEL

Pastilhas de combustível de urânio são produzidas e montadas em varetas de combustível

ARREFECIMENTO DO COMBUSTÍVEL

O combustível irradiado é armazenado para remoção de calor e radiação

IRRADIAÇÃO NO REACTOR

As varetas de combustível são irradiadas num reactor para gerar plutónio

REPROCESSAMENTO QUÍMICO

Dissolução do combustível irradiado e separação do plutónio por extracção por solventes

PLUTÓNIO

Produto final de óxido de plutónio

O Mito da Porta de Entrada para Armas Nucleares

Muitos argumentam que qualquer programa nuclear civil pode ser uma cobertura para o desenvolvimento de armas nucleares, mas a realidade é muito mais complexa.

Monitorização Internacional: Qualquer país que desenvolva tecnologia nuclear para fins pacíficos está sujeito a inspeções rigorosas da Agência Internacional de Energia Atômica (AIEA), que garante que o uso do material nuclear seja estritamente civil.

Dificuldades Técnicas: A transformação de um programa civil em um programa de armamentos exige infraestrutura especializada, como centrifugadoras avançadas ou reatores dedicados à produção de plutônio, além de conhecimento técnico extremamente avançado.

Tipos de Reatores: Os reatores comerciais de água leve (PWR e BWR) não são ideais para a produção de plutônio apto para armas, pois o combustível nuclear precisa ser removido precocemente para evitar a contaminação com isótopos indesejáveis.

Tratados Internacionais: O Tratado de Não Proliferação Nuclear (TNP) estabelece limites e regulações para impedir a proliferação de armas nucleares, obrigando países signatários a se submeterem a auditorias e controles.

Tabela 9: Comparação dos Tratados Nucleares Internacionais

Tratado	Objetivo	Signatários	Situação Atual

TNP	Prevenir a proliferação nuclear	191 países	Em vigor
CTBT	Proibir testes nucleares	185 países (nem todos ratificaram)	Não está em vigor
TPNW	Proibir armas nucleares	92 países signatários	Em vigor desde 2021

Fonte: Produção própria recorrendo aos dados da Tabela no final do presente Capítulo

A crença de que qualquer país que desenvolva energia nuclear automaticamente desenvolverá armas atómicas ignora esses fatores e contribui para um discurso alarmista e desinformado. A existência de países como **Japão e Alemanha**, que possuem tecnologia nuclear avançada sem desenvolver armas, reforça a distinção clara entre o uso pacífico e militar da energia nuclear.

Além desses, há países que possuem tecnologia nuclear avançada e operam reatores de potência sem demonstrarem intenção de desenvolver armas, como **Canadá, Brasil, Argentina e Coreia do Sul**. Todos esses países são signatários do Tratado de Não Proliferação Nuclear e possuem programas nucleares fortemente fiscalizados pela AIEA.

Entretanto, há nações que são alvo de suspeitas internacionais devido a possíveis ambições nucleares militares sob a alegação de desenvolverem programas pacíficos. **Irão e Arábia Saudita**, por exemplo, são frequentemente citados em debates sobre proliferação nuclear devido ao seu interesse em enriquecimento de uranio e à falta de transparência em certas áreas de seus programas nucleares.

Outro caso notório é o da **Coreia do Norte**, que inicialmente desenvolveu um programa nuclear sob o pretexto de geração de eletricidade, mas posteriormente abandonou o Tratado de Não Proliferação Nuclear e testou dispositivos nucleares, transformando-se em uma potência nuclear declarada.

Dessa forma, fica evidente que a energia nuclear pode ser usada de forma totalmente pacífica sem implicar automaticamente na criação de armas. O verdadeiro fator diferenciador está na governança, nos compromissos internacionais e na fiscalização ativa exercida por organismos como a AIEA, que garantem que os materiais nucleares sejam utilizados exclusivamente para fins civis.

Os Países com Capacidade Nuclear Militar

Os países com capacidade nuclear militar são aqueles que desenvolveram, testaram e possuem arsenais de armas nucleares operacionais. Atualmente, essas nações podem ser divididas em dois grupos principais: as reconhecidas oficialmente pelo Tratado de Não Proliferação Nuclear (TNP) e aquelas que desenvolveram armas fora do tratado.

Países Reconhecidos pelo TNP

Os cinco países considerados potências nucleares oficiais pelo TNP são:

- **Estados Unidos**
- **Rússia**
- **China**

- **França**

- **Reino Unido**

Esses países possuem arsenais estabelecidos e declarados, além de serem membros permanentes do Conselho de Segurança da ONU.

Países com Arsenais Nucleares Fora do TNP

Outros países que desenvolveram armas nucleares sem reconhecimento oficial pelo TNP incluem:

- **Índia** - Realizou testes nucleares em 1974 e 1998, estabelecendo-se como potência nuclear.

- **Paquistão** - Desenvolveu armas em resposta à Índia, realizando testes em 1998.

- **Coreia do Norte** - Retirou-se do TNP e realizou múltiplos testes desde 2006.

- **Israel (presumido)** - Não confirma nem nega possuir armas nucleares, mas acredita-se que tenha um arsenal considerável.

Tabela 10: Casos Geopolíticos Selecionados

País	Estatuto no TNP	Programa Nuclear	Inspeções / Alegações
Israel	Não signatário	Não declarado, mas suspeito	Sem inspeções da AIEA
Irão	Signatário	Civil com suspeitas	Inspeções regulares e sanções

Índia	Não signatário	Militar e civil	Reatores civis sob inspeção
Paquistão	Não signatário	Armas nucleares	Sem inspeções da AIEA
Coreia do Norte	Retirou-se do TNP	Armas nucleares	Acesso limitado e testes declarados

Fonte: Produção própria recorrendo aos dados da Tabela no final do presente Capítulo

Capacidade Nuclear Latente

Há países que não possuem arsenais declarados, mas que possuem capacidade técnica para desenvolver rapidamente armas nucleares se desejarem. Esses incluem **Alemanha, Japão, Coreia do Sul e Irão**. Esses países possuem programas nucleares avançados e, em teoria, poderiam fabricar armas caso optassem por fazê-lo.

Quantidade e Poder Destrutivo

Os arsenais variam significativamente, com **EUA e Rússia** possuindo os maiores *stoques*, com milhares de ogivas ativas e armazenadas. China, França e Reino Unido mantêm arsenais menores, mas altamente modernos.

O impacto destrutivo das armas varia conforme o tipo de ogiva utilizada, com algumas bombas sendo centenas de vezes mais poderosas que as de Hiroshima e Nagasaki.

Essa distribuição desigual de armas nucleares reflete a geopolítica global e os desafios da não proliferação. O controle de armamentos e acordos de desarmamento continuam sendo temas centrais na diplomacia internacional.

País	Signatário do TNP	Armas nucleares declaradas
Estados Unidos	Sim	Sim
Rússia	Sim	Sim
China	Sim	Sim
França	Sim	Sim
Reino Unido	Sim	Sim
Índia	Não	Sim
Paquistão	Não	Sim
Israel	Não	Não declarado
Coreia do Norte	Retirou-se	Sim

Fonte: Produção própria recorrendo aos dados da Tabela no final do presente Capítulo

Relação Entre Programas Nucleares Pacíficos e Militares

Nem todos os países que possuem armas nucleares também utilizam essa tecnologia para fins pacíficos. Há uma distinção importante entre aqueles que mantêm **programas nucleares duplos**, ou seja, para fins civis e militares, e aqueles que possuem apenas um dos dois.

Países com capacidade militar e programas civis robustos: Os Estados Unidos, a Rússia, a França e a China possuem tanto arsenais nucleares militares quanto programas extensos de geração de energia nuclear, pesquisa médica e desenvolvimento de tecnologia nuclear pacífica.

Países com armas nucleares, mas sem grande infraestrutura civil nuclear: Israel e a Coreia do Norte possuem armas nucleares, mas não operam programas de energia nuclear significativos para fins pacíficos.

Países com programas civis avançados, mas sem armas nucleares: Japão, Alemanha e Canadá são exemplos de nações que possuem alta capacidade tecnológica nuclear, mas que optaram por não desenvolver arsenais militares.

Gráfico 25: Comparação entre Investimentos em Programas Nucleares Pacíficos vs. Militares

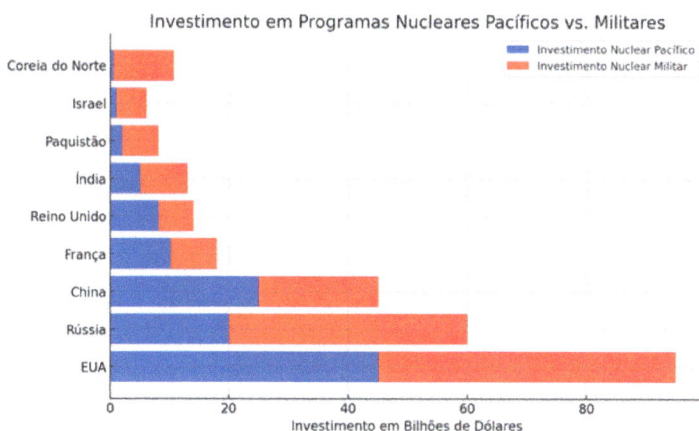

Investimento em Programas Nucleares Pacíficos vs. Militares

Fonte: Produção própria recorrendo aos dados da Tabela no final do presente Capítulo

Gráfico comparativo do investimento em **programas nucleares pacíficos vs. militares** por país. Ele ilustra a diferença nos orçamentos destinados à energia nuclear civil e ao desenvolvimento de armamentos nucleares.

Tabela 12: Tecnologias Nucleares de Dupla Utilização

Tecnologia	Utilização Civil	Utilização Militar / Potencial
Enriquecimento de urânio	Combustível para reatores	Matéria-prima para bombas nucleares

Reatores nucleares	Geração de eletricidade, medicina	Produção de plutónio
Lasers e aceleradores	Investigação científica	Desenvolvimento de armas avançadas

Fonte: *Produção própria recorrendo aos dados da Tabela no final do presente Capítulo*

Esse cenário demonstra que a posse de armas nucleares não está diretamente ligada ao uso pacífico da energia nuclear, e vice-versa. Muitos países desenvolvem a tecnologia nuclear para fins pacíficos sem qualquer intenção de militarização, enquanto outros mantêm arsenais sem investir na produção de eletricidade nuclear.

Ogivas Nucleares e Seu Poder Destruidor

As ogivas nucleares representam a forma mais destrutiva de armamento já criada pelo homem. Elas são dispositivos explosivos que utilizam reações nucleares para liberar quantidades colossais de energia num curto período de tempo. As ogivas podem ser montadas em diferentes tipos de mísseis, como os intercontinentais (ICBMs), mísseis balísticos lançados de submarinos (SLBMs) e bombas aéreas.

Estrutura e Funcionamento das Ogivas Nucleares

As ogivas nucleares podem ser divididas em dois tipos principais:

Bombas de fissão (bombas atômicas): Baseiam-se na divisão do núcleo atômico de elementos como o uranio-235 ou plutônio-239, liberando uma grande quantidade de energia.

Exemplos históricos incluem as bombas de Hiroshima e Nagasaki.

Bombas termonucleares (bombas de hidrogênio): São armas nucleares mais avançadas que utilizam a fusão de isótopos de hidrogênio (deutério e trítio), liberando energia muito superior à das bombas de fissão.

Uma ogiva nuclear moderna contém:

1. **Carga primária (Fissão Nuclear)**: Um explosivo convencional detona uma massa subcrítica de material físsil, gerando uma reação em cadeia.

2. **Carga secundária (Fusão Nuclear, nas bombas termonucleares)**: A energia gerada pela primeira explosão é usada para comprimir e aquecer o combustível de fusão, aumentando a liberação de energia.

3. **Sistema de disparo**: Mecanismos de ignição precisos para garantir a detonação apenas sob comando autorizado.

4. **Blindagem e proteção**: Camadas de materiais resistentes para suportar transporte e armazenamento.

Poder Destrutivo das Ogivas Nucleares

O poder destrutivo de uma ogiva nuclear é medido em quilotons (kt) ou megatons (Mt) de TNT. Para referência:

- **Bomba de Hiroshima (Little Boy):** 15 kt – Destruiu uma cidade inteira e causou cerca de 140.000 mortes diretas.

- **Bomba de Nagasaki (Fat Man):** 21 kt – Provocou a destruição maciça da cidade e 80.000 mortes.

- **Tsar Bomba (maior já testada, Rússia, 1961):** 50 Mt – Explosão mil vezes mais poderosa que Hiroshima.

As bombas modernas podem ser ajustáveis, permitindo a variação da potência da explosão conforme a necessidade tática.

Países com Maior Quantidade de Ogivas Nucleares

Os arsenais nucleares variam significativamente entre as potências mundiais. Os países com os maiores *stoques* de ogivas nucleares ativas e armazenadas incluem:

- **Rússia** – Cerca de 6.000 ogivas.

- **Estados Unidos** – Aproximadamente 5.500 ogivas.

- **China** – Cerca de 500 ogivas, em rápida expansão.

- **França** – Possui cerca de 290 ogivas.

- **Reino Unido** – Em torno de 225 ogivas.

- **Paquistão** – Cerca de 165 ogivas.

- **Índia** – Estima-se entre 160 a 170 ogivas.

- **Israel** – Embora não confirmado oficialmente, acredita-se que possua entre 80 a 100 ogivas.

- **Coreia do Norte** – Estima-se entre 40 a 50 ogivas.

Esses números representam arsenais ativos e armazenados, mas cada país possui diferentes doutrinas de uso, que influenciam suas estratégias militares e políticas de defesa.

Gráfico 26: Quantidade de Ogivas Nucleares por país

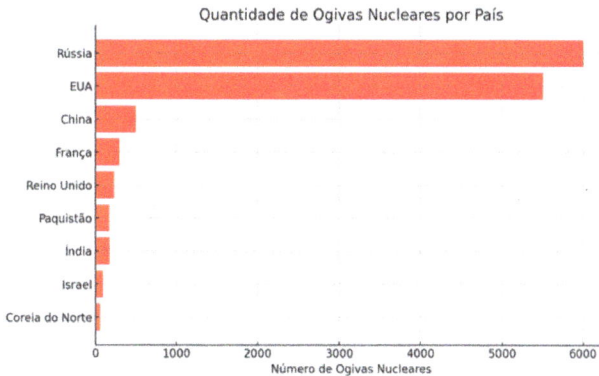

Fonte: Produção própria recorrendo aos dados da Tabela no final do presente Capítulo

Consequências Humanitárias e Ambientais

O impacto de uma explosão nuclear não se restringe apenas à explosão inicial:

- **Onda de choque**: A pressão extrema destrói prédios e infraestruturas em quilômetros de raio.

- **Calor intenso**: Pode incinerar cidades inteiras e causar incêndios de grandes proporções.

- **Radiação inicial e fallout radioativo**: A radiação pode causar mortes imediatas e doenças a longo prazo, além de contaminar o meio ambiente por décadas.

Dessa forma, as ogivas nucleares representam um risco existencial para a humanidade, motivo pelo qual acordos internacionais como o Tratado de Não Proliferação Nuclear (TNP) e o Tratado de Proibição de Armas Nucleares (TPAN) tentam limitar seu uso e desenvolvimento.

Para ilustrar a seção sobre mísseis que transportam ogivas nucleares, selecionei algumas imagens representativas de diferentes sistemas de lançamento utilizados por diversas nações:

Míssil Balístico Intercontinental (ICBM) RS-24 Yars da Rússia: Este míssil pode transportar múltiplas ogivas nucleares e possui um alcance de até 12.000 km.

Míssil Balístico Lançado de Submarino (SLBM) Trident II dos EUA: Utilizado pela Marinha dos Estados Unidos, o Trident II é um míssil com capacidade nuclear lançado de submarinos.

Míssil Balístico Hwasong-15 da Coreia do Norte: Este míssil intercontinental foi testado pela Coreia do Norte e é capaz de transportar ogivas nucleares.

Estas imagens ilustram a variedade e a sofisticação dos sistemas de mísseis desenvolvidos por diferentes países para transportar ogivas nucleares, destacando a importância de compreender as capacidades e os riscos associados a essas armas.

Conclusão do Presente Capítulo

A distinção entre o uso pacífico e militar da energia nuclear é um dos temas mais cruciais da geopolítica moderna. Enquanto a energia nuclear pacífica tem sido um pilar essencial para o desenvolvimento de diversas nações, garantindo fornecimento estável de eletricidade, avanços na medicina e novas aplicações tecnológicas, o uso militar representa um dos maiores riscos existenciais para a humanidade.

Os países responsáveis e comprometidos com o bem-estar global utilizam a tecnologia nuclear para fins pacíficos, respeitando tratados internacionais, como o **Tratado de Não Proliferação Nuclear (TNP)**, e promovendo investimentos equilibrados entre programas civis e militares. Estes países reconhecem que a energia nuclear, quando utilizada corretamente, pode trazer enormes benefícios para suas populações, contribuindo para a segurança energética, a modernização industrial e a pesquisa científica.

Por outro lado, algumas nações utilizam o desenvolvimento nuclear como ferramenta de poder e intimidação, desviando recursos para a construção de arsenais em detrimento de investimentos em infraestrutura, educação e saúde. Estes países frequentemente operam sob agendas ocultas, ocultando seu progresso nuclear e desafiando órgãos internacionais de fiscalização, como a **Agência Internacional de Energia Atômica (AIEA)**.

A relação entre os investimentos em programas nucleares civis e militares é um indicador claro do compromisso de um país com o progresso e a estabilidade global. As potências nucleares mais influentes do mundo, como os **Estados Unidos, Rússia, China, França e Reino Unido**, destinam recursos significativos tanto para o setor civil quanto para o militar, mantendo um equilíbrio entre segurança e desenvolvimento. Já países considerados párias no cenário internacional, como **Coreia do Norte e outros regimes autoritários**, priorizam a militarização nuclear, sacrificando o crescimento econômico e o bem-estar de suas populações.

Outro ponto crucial é que os países que investem fortemente em energia nuclear para fins pacíficos geralmente possuem padrões elevados de transparência e regulação, colaborando ativamente com órgãos internacionais para garantir que suas atividades sejam seguras e supervisionadas. Em contraste, regimes que buscam desenvolver armas nucleares clandestinamente recorrem à falta de transparência, ocultação de instalações e violações de acordos internacionais.

Portanto, fica evidente que a energia nuclear, por si só, não representa uma ameaça à humanidade. O verdadeiro perigo reside na forma como essa tecnologia é utilizada e na intenção dos governos que a controlam. O futuro da segurança global depende da manutenção de um equilíbrio saudável entre o uso pacífico da energia nuclear e a contenção da proliferação de armas nucleares. A comunidade internacional deve continuar fortalecendo os mecanismos de fiscalização, promovendo o desarmamento progressivo e incentivando o desenvolvimento responsável da energia nuclear para benefício de toda a humanidade.

Tabela 13: Fontes Consultadas no Capítulo 3

Fonte	Descrição
International Atomic Energy Agency (IAEA)	Reports on medical and industrial applications of nuclear energy.
World Nuclear Association	Information on research reactors and non-energy nuclear applications.
National Cancer Institute (Brazil)	Nuclear medicine applications in cancer diagnosis and treatment.
World Health Organization (WHO)	Data on radiotherapy and diagnostic imaging.
NASA	Applications of nuclear energy in probes and space missions.
International Atomic Energy Agency	Publications on nuclear techniques in agriculture and food preservation.
EURATOM	European research initiatives on peaceful nuclear applications.
Scientific Publications	Lancet, Journal of Nuclear Medicine, Physics Today – Studies on civilian use of nuclear energy.
CNEN – National Nuclear Energy Commission (Brazil)	Data on nuclear medicine and radioisotopes.
Scientific and technical outreach books	On peaceful uses of nuclear energy.

Próximo Capítulo: Aplicações Pacíficas da Energia Nuclear: Eletricidade, Medicina e Exploração Espacial

Depois de termos dado um olhar pelo sector militar, vamos voltar às aplicações pacíficas da energia nuclear. No próximo capítulo, exploraremos detalhadamente as aplicações da energia nuclear em nossa vida cotidiana e os efeitos do desenvolvimento econômico e bem-estar que ela pode proporcionar.

Capítulo 4 – Aplicações Pacíficas da Energia Nuclear: Eletricidade, Medicina e Exploração Espacial

A energia nuclear tem desempenhado um papel essencial no desenvolvimento da sociedade moderna, oferecendo soluções inovadoras para desafios energéticos, médicos e tecnológicos. Apesar da sua associação com armas nucleares, a aplicação pacífica da tecnologia nuclear tem proporcionado benefícios significativos para milhões de pessoas ao redor do mundo.

Neste capítulo, exploraremos as principais áreas onde a energia nuclear é aplicada para fins pacíficos: a geração de eletricidade, a medicina nuclear, a exploração espacial, a agricultura e outras aplicações industriais e científicas. Essas aplicações demonstram que a energia nuclear pode ser uma ferramenta poderosa para o progresso humano quando utilizada de maneira responsável e regulada.

Energia Nuclear para Geração Elétrica

A geração de eletricidade por meio da energia nuclear é uma das aplicações mais conhecidas e difundidas. Atualmente, dezenas de países utilizam centrais nucleares para produzir energia de forma confiável e com baixas emissões de carbono.

A procura global por eletricidade tem crescido exponencialmente devido ao aumento populacional, ao desenvolvimento econômico e à digitalização das sociedades modernas. Neste contexto, a energia nuclear tem desempenhado um papel crucial na matriz energética de muitos países, garantindo um fornecimento estável de eletricidade com baixas emissões de carbono.

A energia nuclear consolidou-se como uma das principais fontes de eletricidade do mundo, fornecendo uma alternativa estável e de baixa emissão de carbono para suprir a crescente procura energética global. Com base no princípio da fissão nuclear, as centrais nucleares geram calor para produzir eletricidade, operando com elevada eficiência e confiabilidade.

Como Funcionam as Centrais Nucleares

As Centrais nucleares funcionam com base na fissão controlada de átomos pesados, principalmente **uranio-235** e, em menor escala, **plutônio-239**. Esse processo ocorre dentro do reator nuclear, onde os núcleos atómicos se dividem, liberando uma grande quantidade de energia na forma de calor. Esse calor é utilizado para gerar vapor, que movimenta turbinas acopladas a geradores elétricos.

O funcionamento de uma central nuclear pode ser resumido nas seguintes etapas:

1. **Fissão nuclear no núcleo do reator**: Neutrões bombardeiam átomos de urânio-235, provocando a sua divisão libertando assim mais neutrões, que mantêm a reação em cadeia sob controle.

2. **Transferência de calor**: O calor gerado pela fissão aquece um fluido refrigerante (geralmente água sob alta pressão), impedindo o superaquecimento do reator.

3. **Geração de vapor**: O calor do refrigerante é transferido para um circuito secundário, onde a água se transforma em vapor.

4. **Movimentação das turbinas**: O vapor pressurizado gira turbinas que por sua vez estão ligadas a geradores elétricos.

5. **Condensação e recirculação**: O vapor é refrigerado e convertido novamente em água, sendo recirculado no sistema.

Os tipos mais comuns de reatores utilizados para geração elétrica incluem:

- **Reator de Água Pressurizada (PWR)**: O mais utilizado no mundo, operando com água pressurizada para refrigerar o núcleo e transferir calor.

- **Reator de Água Fervente (BWR)**: Utiliza água que ferve diretamente no núcleo para gerar vapor e acionar as turbinas.

- **Reator de Gás de Alta Temperatura (HTGR)**: Usa gás hélio como refrigerante, operando a temperaturas mais elevadas e com maior eficiência.

- **Reator de Leito de Sal Fundido (MSR)**: Uma tecnologia emergente que utiliza sais líquidos para melhorar a segurança e eficiência.

As centrais nucleares destacam-se pela alta densidade energética, ou seja, uma pequena quantidade de combustível nuclear gera enormes quantidades de eletricidade, garantindo operação contínua por meses ou até anos sem necessidade de reabastecimento isto significa que têm custos de operação (OPEX) muito baixos e daí o custo da eletricidade tem preços reduzidos.

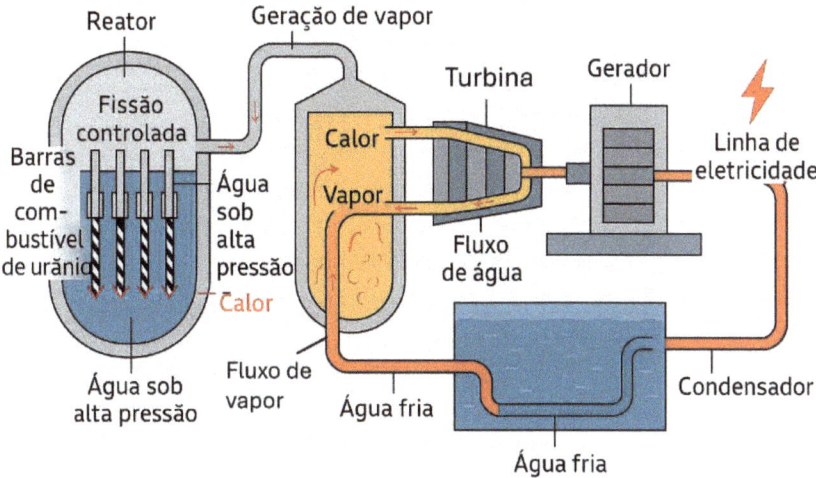

Diagrama detalhado do funcionamento de um reator nuclear em operação, mostrando os principais componentes e o fluxo de calor e vapor no processo de geração de eletricidade.

Ilustração de uma central nuclear em funcionamento.

Comparação com Outras Fontes de Energia

A energia nuclear tem vantagens e desvantagens em relação a outras formas de geração elétrica.

Tabela 14: Comparação entre as várias Fontes de Energia

Fonte de Energia	Emissões de CO_2	Confiabilidade	Densidade Energética	Custo a Longo Prazo
Nuclear	Baixíssima	Muito alta	Muito alta	Médio
Carvão	Altíssima	Alta	Média	Baixo
Gás Natural	Média	Alta	Média	Médio

Hidrelétrica	Baixíssima	Média	Alta	Alto
Eólica	Nenhuma	Baixa	Baixa	Médio
Solar	Nenhuma	Baixa	Baixa	Alto

Fonte: Produção própria recorrendo aos dados da Tabela no final do presente Capítulo

Benefícios Ambientais e Desafios da Energia Nuclear

A energia nuclear destaca-se pela confiabilidade (não depende de variações climáticas), baixa emissão de gases de efeito estufa, alta densidade energética e muito baixos custos de operação. No entanto, exige altos investimentos iniciais, uma regulação rigorosa e uma gestão cuidadosa dos resíduos nucleares.

Já as fontes renováveis como solar e eólica são vantajosas pela sustentabilidade, mas sofrem com a intermitência (dependem de sol e vento) e requerem soluções de armazenamento.

Os combustíveis fósseis (carvão e gás natural) ainda são amplamente utilizados devido ao baixo custo inicial, mas possuem impactos ambientais severos, incluindo emissões de CO_2 e poluição do ar.

Benefícios:

- **Baixíssimo impacto ambiental direto**: Não emite CO_2 durante a geração de eletricidade.

- **Alta confiabilidade**: As centrais operam 24/7, garantindo fornecimento estável.

130

- **Baixos custos de operação:** As centrais nucleares devido á quantidade reduzida de "combustível nuclear" que necessitam para operar, os seus grandes custos operacionais são essencialmente o seu quadro de pessoal técnico que passa pelos engenheiros, operadores e pessoal ligado á qualidade e segurança.

- **Menor uso de solo**: Exige menos espaço do que centrais solares e eólicas para gerar grandes quantidades de energia.

- **Menor impacto sobre a biodiversidade**: Diferente das hidrelétricas, não altera ecossistemas aquáticos.

Desafios:

- **Gestão de resíduos radioativos**: Os resíduos precisam ser armazenados com segurança por longos períodos.

- **Altos custos iniciais**: A construção de novas centrais é cara e demorada, devido às exigências regulatórias. No entanto uma parte substancial do custo de uma central nuclear prende-se com a formação e treino do seu pessoal técnico que demora o seu tempo, mas por outro lado cria um cluster de quadros altamente qualificados e eleva o capital humano do país.

- **Risco de acidentes**: Embora extremamente raros, eventos como Chernobyl e Fukushima impactaram a perceção pública.

- **Questões políticas e sociais**: O medo popular e a falta de consenso dificultam a aceitação em alguns países.

Apesar dos desafios, novas tecnologias como os reatores modulares pequenos (SMRs) e sistemas de segurança passiva estão a tornar a energia nuclear mais viável e segura para o futuro.

Exemplos de Países que Dependem Fortemente da Energia Nuclear

Diversos países utilizam a energia nuclear como principal fonte de eletricidade. O exemplo mais notável é a França, onde cerca de 70% da eletricidade vem de reatores nucleares.

França

- Possui 56 reatores nucleares operacionais.
- Produz eletricidade a custos relativamente baixos.
- Exporta energia para países vizinhos.

Outros países com grande dependência nuclear incluem:

- **Eslováquia** → 53% da eletricidade vem de reatores nucleares.
- **Ucrânia** → 51% da eletricidade é gerada em centrais nucleares.
- **Hungria** → 49% de eletricidade nuclear.
- **Bélgica** → 47% da eletricidade vem da energia nuclear.

Nos Estados Unidos, Japão e Rússia, a energia nuclear representa cerca de 20% a 30% da matriz energética, enquanto países como Alemanha e Itália vêm reduzindo seu uso por razões políticas.

Tabela 15: Nº de Reatores Nucleares por País e Respetiva Potência Instalada

Country	Número de Reatores	Potência Instalada (MW)
Estados Unidos	93	95523
França	56	61370
China	54	52200
Rússia	37	27727
Japão	33	31679
Coreia do Sul	25	24429
Canadá	19	13624
Ucrânia	15	13107
Reino Unido	9	5923
Suécia	6	6927
Índia	22	6885
Alemanha	6	8113
Bélgica	7	5942
Espanha	7	7121
República Tcheca	6	3932
Finlândia	5	4400
Suíça	4	2960
Hungria	4	1902
Eslováquia	4	1814

Bulgária	2	1926
Brasil	2	1884
África do Sul	2	1860
México	2	1552
Romênia	2	1300
Argentina	3	1641
Irã	1	1020
Armênia	1	375
Países Baixos	1	482
Paquistão	6	2332
Emirados Árabes Unidos	4	5600

Fonte: Produção própria recorrendo aos dados da Tabela no final do presente Capítulo

Nota: Os dados acima foram compilados a partir de diversas fontes, incluindo a Agência Internacional de Energia Atômica e a Associação Nuclear Mundial. Os números podem variar conforme novas atualizações e comissionamentos de reatores.

A energia nuclear é uma tecnologia essencial para um fornecimento energético estável, sustentável e de custo reduzido, especialmente em um mundo que procura reduzir as emissões de carbono. Apesar de enfrentar desafios técnicos e sociais, os avanços tecnológicos e a crescente necessidade de fontes limpas impulsionam a sua importância no cenário global. A baixa emissão de carbono contribui decisivamente para a mitigação das alterações climáticas. A garantia de funcionamento, pois operam 24 horas por dia, 7 dias por semana, asseguram uma estabilidade e uma gestão da rede elétrica incomparável. Outro espeto que deve ser assinalado e realçado é a Independência Energética pois os países detentores de reatores nucleares reduzem muito a sua exposição aos choques no fornecimento de combustíveis fosseis. E por último as centrais nucleares têm uma eficiência e longevidade na ordem dos 40 a 60 anos garantindo assim os investimentos a longo prazo.

Tabela 16: Tipos de Reatores Nucleares para Geração de Energia

Tipo de Reator	Combustível Utilizado	Características Principais
PWR (Reator de Água Pressurizada)	Urânio enriquecido	O mais comum no mundo; água sob alta pressão.
BWR (Reator de Água em Ebulição)	Urânio enriquecido	A água entra em ebulição diretamente no núcleo do reator.
MSR (Reator de Sal Fundido)	Tório ou combustível dissolvido em sal	Alta eficiência e segurança; tecnologia emergente.

Fonte: Produção própria recorrendo aos dados da Tabela no final do presente Capítulo

Medicina Nuclear e Radioterapia

A medicina nuclear é uma das aplicações mais revolucionárias da energia nuclear, permitindo diagnósticos precisos e tratamentos eficazes para diversas doenças, incluindo o cancro. Baseia-se na utilização de radioisótopos, elementos que emitem radiação e podem ser usados para fins terapêuticos ou diagnósticos.

A capacidade de visualizar órgãos internos em tempo real e tratar tumores com alta precisão tornou a medicina nuclear essencial na prática médica moderna. Os avanços nesta área têm permitido não apenas um melhor entendimento das doenças, mas também terapias mais eficazes e menos invasivas.

Uso de Radioisótopos para Diagnóstico e Tratamento

Os radioisótopos são átomos instáveis que emitem radiação ao decair para formas mais estáveis. Essa radiação pode ser usada para detetar anomalias no corpo ou destruir células doentes com precisão.

Tabela 17: Principais Radioisótopos Utilizados na Medicina Nuclear

Radioisótopo	Aplicação	Meia-vida
Tecnécio-99m (^{99m}Tc)	Diagnóstico por imagem (coração, ossos, rins)	6 horas
Iodo-131 (^{131}I)	Tratamento de cancro da tiroide e hipertireoidismo	8 dias
Flúor-18 (^{18}F)	PET scan para oncologia e neurologia	110 minutos
Cobalto-60 (^{60}Co)	Radioterapia contra o cancro	5,3 anos
Gálio-67 (^{67}Ga)	Diagnóstico de infeções	79 horas

Tálio-201 (^{201}Tl)	Estudos cardíacos	73 horas

Cada um desses radioisótopos tem características específicas que os tornam adequados para diferentes tipos de exames ou tratamentos.

A coluna **"Meia-Vida"** representa o tempo necessário para que **metade dos átomos de um radioisótopo se desintegre** e se transforme em outro elemento mais estável, emitindo radiação no processo.

Tabela 18: Radioisótopos Médicos e suas Aplicações

Radioisótopo	Utilização Médica	Tipo de Radiação
Tecnécio-99m	Imagiologia de diagnóstico (gama câmara)	Gama
Iodo-131	Tratamento do cancro da tiroide	Beta e gama
Flúor-18	PET scan – imagiologia funcional	Positrão
Cobalto-60	Radioterapia para tumores	Gama

Por que a meia-vida é importante na medicina nuclear?

- **Determina a duração do efeito do radioisótopo**
  - Radioisótopos com meia-vida curta (como o **Flúor-18**, usado em PET scans) desaparecem

rapidamente do corpo, reduzindo a exposição à radiação.

- o Radioisótopos com meia-vida longa (como o **Cobalto-60**, usado na radioterapia) podem ser armazenados e utilizados por anos.

- **Ajusta a dosagem para diagnósticos e tratamentos**

  - o Se um radioisótopo decai muito rapidamente, pode ser necessário administrar doses maiores.

  - o Se a meia-vida for muito longa, o material pode permanecer no organismo mais tempo do que o necessário.

- **Impacta o armazenamento e descarte de resíduos**

  - o Radioisótopos com meia-vida muito longa precisam de armazenamento seguro por décadas ou até séculos, dependendo do tipo de aplicação.

Por exemplo:

- O **Tecnécio-99m (^{99m}Tc)**, com meia-vida de apenas **6 horas**, é ideal para exames médicos porque desaparece rapidamente do corpo.

- O **Iodo-131 (^{131}I)**, com meia-vida de **8 dias**, é usado no tratamento da tireoide, pois permanece ativo tempo suficiente para eliminar células doentes.

- O **Cobalto-60** (**⁶⁰Co**), com meia-vida de **5,3 anos**, é ótimo para radioterapia porque pode ser armazenado por longos períodos sem perder eficácia.

Gráfico 27: Ciclo de Vida Radioativo e Meia-Vida

Decaimento Radioativo e Meia-Vida

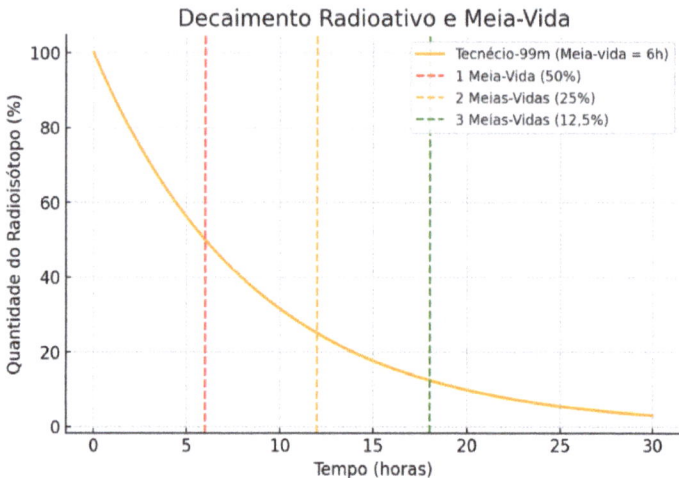

*Gráfico explicativo sobre a **meia-vida**, ilustrando como a quantidade de um radioisótopo (exemplo: **Tecnécio-99m**) diminui ao longo do tempo.*

Fonte: Produção própria recorrendo aos dados da Tabela no final do presente Capítulo.

- *Após **1 meia-vida (6 horas)** → Restam **50%** do material.*

- *Após **2 meias-vidas (12 horas)** → Restam **25%**.*

- *Após **3 meias-vidas (18 horas)** → Restam **12,5%**.*

- *E assim por diante, seguindo um **decaimento exponencial**.*

Este conceito é essencial na medicina nuclear, pois determina o tempo ideal para exames e tratamentos.

PET Scans, Radioterapia Contra o Cancro e Esterilização de Equipamentos Médicos

A medicina nuclear possui três grandes áreas de aplicação:

1. Diagnóstico por Imagem: PET Scans e Cintilografia

Os exames de imagem nuclear permitem visualizar a função dos órgãos em tempo real, algo impossível com raios X convencionais.

- **PET Scan (Tomografia por Emissão de Pósitrons)**

    o Utiliza o **Flúor-18** ligado a uma molécula de glicose (**FDG**). Como as células cancerígenas consomem mais glicose, o traçador acumula-se nessas áreas, permitindo a deteção precoce de tumores.

    o Também é usado para avaliar doenças neurológicas como Alzheimer e epilepsia.

- **Cintilografia**

    o Utiliza **Tecnécio-99m** e outros isótopos para examinar órgãos como coração, ossos, rins e pulmões.

    o Permite avaliar fluxo sanguíneo, função renal e presença de fraturas ósseas ocultas.

Esses métodos são menos invasivos do que biópsias e permitem diagnósticos precoces, aumentando as chances de sucesso no tratamento.

2. Radioterapia Contra o Cancro

A radioterapia é uma das formas mais eficazes de tratar o cancro, utilizando radiação para destruir células tumorais.

Principais modalidades de radioterapia:

- **Radioterapia Externa**

  - Equipamentos como aceleradores lineares direcionam feixes de radiação diretamente para o tumor.

  - **Cobalto-60** e aceleradores de partículas são amplamente usados.

- **Braquiterapia**

  - Radioisótopos são inseridos dentro ou próximos ao tumor, liberando radiação diretamente nas células cancerígenas.

  - Usado para cancro de próstata, útero e mama.

- **Terapia com Radionuclídeos**

  - **Iodo-131** para cancro de tireoide.

  - **Lutécio-177** para tumores neuroendócrinos.

A grande vantagem da radioterapia é sua alta precisão, reduzindo danos aos tecidos saudáveis ao redor do tumor.

3. Esterilização de Equipamentos Médicos e Transfusões de Sangue

A radiação também é utilizada para esterilizar materiais médicos e garantir a segurança de equipamentos e materiais hospitalares.

- **Cobalto-60** é usado para esterilizar seringas, luvas, cateteres e próteses, eliminando vírus e bactérias.

- Irradiação de sangue previne a doença do enxerto contra o hospedeiro, comum em pacientes imunossuprimidos após transfusões.

Essa técnica permite esterilizar produtos médicos sem necessidade de calor ou produtos químicos, mantendo a integridade dos materiais.

Segurança e Regulamentação na Área Médica

O uso de radioisótopos na medicina exige protocolos rígidos de segurança para proteger pacientes e profissionais de saúde.

Regulamentação Internacional

A segurança na medicina nuclear é regulamentada por organismos como:

- **Agência Internacional de Energia Atômica (AIEA)** – Estabelece normas globais de segurança.

- **Comissão Internacional de Proteção Radiológica (ICRP)** – Define limites de dose para profissionais e pacientes.

- **Autoridades nacionais** como FDA (EUA), CNEN (Brasil) e ASN (França) regulam o uso clínico de radioisótopos.

Proteção dos Pacientes e Profissionais

- **Monitorização de doses:** Pacientes recebem a menor dose possível para minimizar riscos.

- **Proteção dos trabalhadores:** Equipamentos como dosímetros e blindagens reduzem exposição à radiação.

- **Armazenamento seguro:** Os radioisótopos são manipulados em salas blindadas e com protocolos rigorosos.

A radiação utilizada na medicina nuclear é segura quando aplicada corretamente, e seus benefícios superam os riscos quando comparados a exames e tratamentos convencionais.

Gráfico 28: Relação entre a Esperança de Vida e o Uso da Medicina Nuclear

Relação entre o Aumento da Esperança de Vida e a Medicina Nuclear

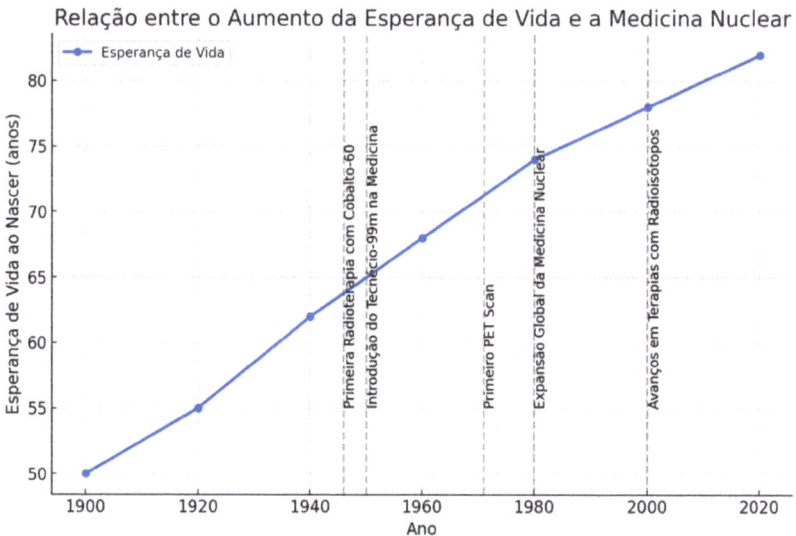

Gráfico que relaciona o aumento da esperança de vida nos países desenvolvidos com os avanços da medicina nuclear.

Fonte: Produção própria recorrendo aos dados da Tabela no final do presente Capítulo

O que ele mostra?

- A linha azul representa o aumento da esperança de vida ao longo do século XX e XXI.

- As linhas verticais cinzas marcam eventos importantes da medicina nuclear, como a descoberta dos raios-X, a introdução do Tecnécio-99m e os avanços em PET scans e radioterapia.

- O gráfico evidencia que a expectativa de vida subiu consistentemente após a implementação de tecnologias médicas baseadas na energia nuclear.

A importância de ilustrar a relação entre o aumento da esperança de vida nos países desenvolvidos e a implementação da medicina nuclear; embora seja desafiador estabelecer uma correlação direta devido à influência de múltiplos fatores na longevidade, podemos apresentar dados que contextualizam essa relação.

Evolução da Esperança de Vida nos Países Desenvolvidos

A **esperança de vida** nos países desenvolvidos aumentou significativamente ao longo do século XX. Por exemplo:

- **Década de 1950**: A esperança de vida ao nascer era de aproximadamente 68 anos.

- **Década de 1980**: Esse número subiu para cerca de 74 anos.

- **Década de 2020**: A esperança de vida atingiu aproximadamente 80 anos.

Desenvolvimento da Medicina Nuclear

A **medicina nuclear** teve marcos importantes que contribuíram para avanços no diagnóstico e tratamento de doenças:

- **1895**: Descoberta dos raios X por Wilhelm Röntgen, dando início á era da radiologia.

- **Década de 1950**: Desenvolvimento do gerador de tecnécio-99m, permitindo a produção de radioisótopos para diagnósticos médicos.

- **Década de 1970**: Avanços na ressonância magnética, com contribuições de pesquisadores como Peter Mansfield.

Para ilustrar a relação entre a esperança de vida e os avanços na medicina nuclear, criei um gráfico de linhas com os seguintes elementos (Gráfico 28):

- **Eixo X (horizontal)**: Linha do tempo (anos), desde 1900 até 2020.

- **Eixo Y (vertical)**: Esperança de vida ao nascer (em anos).

- **Linha 1**: Trajetória da esperança de vida nos países desenvolvidos ao longo do tempo.

- **Marcos históricos**: Pontos específicos no gráfico indicando descobertas e implementações significativas na medicina nuclear, como a descoberta dos raios X, introdução de radioisótopos na medicina e avanços em técnicas de imagem.

É importante notar que o aumento da esperança de vida resulta de uma combinação de fatores, incluindo melhorias na nutrição, saneamento básico, vacinação, tratamentos médicos e avanços tecnológicos. A medicina nuclear desempenhou um papel crucial, especialmente no diagnóstico precoce e tratamento eficaz de doenças graves, contribuindo para a redução da mortalidade e melhoria da qualidade de vida.

Nota Metodológica e Limitações da Análise

É importante destacar que a relação entre o aumento da esperança de vida e o avanço da medicina nuclear apresentada neste capítulo não implica, necessariamente, uma relação de causa e efeito direta. O crescimento da longevidade nos países desenvolvidos ao longo do século XX e XXI foi impulsionado por uma série de fatores interligados, incluindo melhorias na nutrição, vacinação em massa, desenvolvimento de antibióticos, avanços cirúrgicos, ampliação do acesso à saúde pública e progressos no saneamento básico.

A medicina nuclear, no entanto, desempenhou um papel indiscutível na revolução do diagnóstico e tratamento de doenças graves, como cancro, doenças cardiovasculares e neurológicas, permitindo deteção precoce, terapias mais eficazes e maior precisão nos procedimentos médicos. A incorporação dessas tecnologias na prática médica contribuiu para o aumento da qualidade de vida e redução da mortalidade em diversas patologias, tornando-se uma ferramenta essencial na medicina moderna.

O gráfico apresentado deve ser interpretado como uma **análise especulativa**, baseada em eventos históricos e tendências gerais, sem a intenção de estabelecer uma correlação estatística rígida. A intenção é evidenciar como as inovações médicas, incluindo a medicina nuclear, fazem parte de um conjunto mais amplo de avanços que possibilitaram a ampliação da longevidade humana.

A medicina nuclear revolucionou a forma como doenças são diagnosticadas e tratadas. Desde exames de imagem avançados até tratamentos eficazes contra o cancro, o seu impacto na saúde é imenso.

O avanço contínuo das tecnologias nucleares na medicina promete diagnósticos mais rápidos, tratamentos mais eficazes e maior segurança para pacientes e profissionais.

Exploração Espacial e Energia Nuclear

A exploração espacial sempre esteve ligada à busca por fontes de energia confiáveis e eficientes. No vácuo do espaço, onde não há oxigênio para combustão e a luz solar é limitada, a energia nuclear surgiu como uma solução viável para alimentar naves espaciais, sondas e até futuras bases lunares e marcianas.

Desde as primeiras experiências na década de 1960 até os projetos mais ambiciosos da atualidade, como os da NASA e da SpaceX, os reatores nucleares e os Geradores Termoelétricos de Radioisótopos (RTGs) tornaram-se fundamentais para as missões espaciais de longa duração.

Atualmente, com o renascimento do interesse pela exploração interplanetária – especialmente a colonização de Marte, um dos principais objetivos de Elon Musk e a SpaceX – a energia nuclear volta a ser um tema central para viabilizar viagens mais rápidas e a criação de infraestruturas sustentáveis fora da Terra.

Reatores Nucleares no Espaço

Diferente da energia solar, que perde eficiência à medida que nos afastamos do Sol, a energia nuclear pode fornecer potência constante e confiável, tornando-a essencial para missões de longa duração. Os reatores nucleares espaciais foram desenvolvidos para gerar eletricidade e calor em ambientes extremos.

O primeiro reator nuclear no espaço: SNAP-10A

O SNAP-10A foi o primeiro reator nuclear enviado ao espaço, lançado pelos Estados Unidos em 1965.

- Desenvolvido pelo Atomic Energy Commission (AEC) e pelo Air Force Systems Command.

- Gerava 500 watts de eletricidade, usando urânio enriquecido como combustível.

- Permaneceu operacional por 43 dias antes de falhar devido a um problema elétrico.

O SNAP-10A demonstrou que a energia nuclear era viável no espaço, mas nunca foi seguido por uma nova geração de reatores operacionais.

SNAP-10ª (Reator Nuclear Espacial)

O SNAP-10A foi o primeiro reator nuclear dos EUA a ser lançado ao espaço em 1965. Imagens e detalhes técnicos podem ser encontrados no artigo da World Nuclear Association.

O renascimento dos reatores espaciais: Projeto Kilopower

Nos últimos anos, a NASA e outras agências voltaram a investir em reatores nucleares espaciais. Um dos projetos mais promissores é o Kilopower, desenvolvido pela NASA em parceria com o Departamento de Energia dos EUA.

Características do Kilopower:

- Produz 1 a 10 kW de eletricidade.

- Funciona com Urânio-235 e utiliza conversores Stirling para gerar energia.

- Pode operar continuamente por mais de 10 anos sem necessidade de manutenção.

- Projetado para ser usado em bases lunares e marcianas, fornecendo eletricidade para habitats e equipamentos científicos.

A NASA testou um protótipo do Kilopower, chamado KRUSTY, com sucesso em 2018. O objetivo é usar esse tipo de tecnologia para permitir que astronautas vivam e trabalhem em Marte, onde a energia solar pode ser insuficiente durante tempestades de poeira.

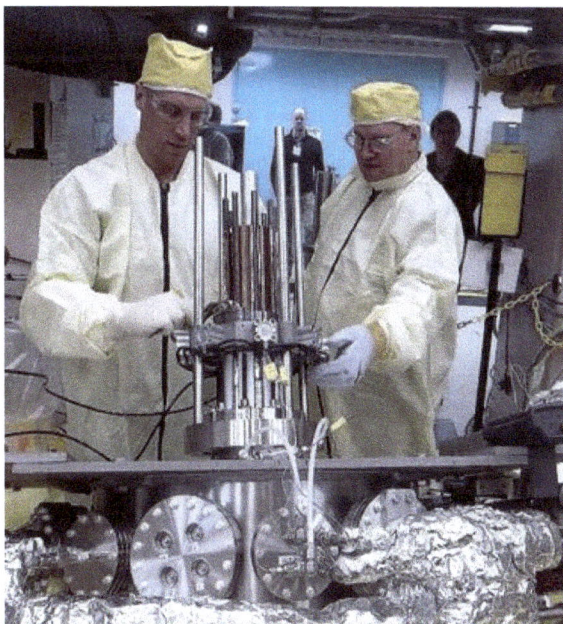

O Kilopower é um projeto recente da NASA para fornecer energia em missões espaciais de longa duração.

Tabela 19: Fontes de Energia Nuclear para Exploração Espacial

Tecnologia	Aplicações Espaciais	Missão de Exemplo
RTG (Gerador Termoelétrico a Radioisótopos)	Energia contínua para sondas e rovers	Voyager, Cassini, Curiosity
SNAP-10A	Reator espacial experimental (1965)	Teste em satélite dos EUA
Kilopower (KRUSTY)	Reator compacto para bases lunares/marcianas	Protótipo testado com sucesso em 2018

Fonte: Produção própria recorrendo aos dados da Tabela no final do presente Capítulo

Ligação com SpaceX e Marte:

Elon Musk frequentemente enfatiza a importância de uma fonte de energia confiável para a colonização de Marte. Embora a SpaceX foque principalmente no desenvolvimento de foguetes, a empresa já colaborou com a NASA em estudos para infraestrutura de bases marcianas, onde o Kilopower poderia ser fundamental para fornecer energia.

Uso de RTGs (Geradores Termoelétricos de Radioisótopos) em sondas e rovers

Além dos reatores nucleares, outro grande avanço na energia espacial foi o desenvolvimento dos Geradores Termoelétricos de Radioisótopos (RTGs).

Como funcionam os RTGs?

Os RTGs utilizam o decaimento radioativo do Plutônio-238 para gerar calor, que é então convertido em eletricidade por meio de um processo termoelétrico.

Vantagens:

- Extremamente confiáveis, podendo operar por décadas sem manutenção.

- Resistentes a condições extremas, como frio intenso e radiação cósmica.

- Fundamentais para missões em locais onde a energia solar não é viável (exemplo: Júpiter e além).

Missões famosas que utilizaram RTGs:

Tabela 20: Missões que Utilizaram RTGs

Missão	Ano de Lançamento	Destino	Tempo de Operação
Voyager 1 e 2	1977	Espaço interestelar	Ainda operacionais
Cassini-Huygens	1997	Saturno	20 anos
Curiosity Rover	2011	Marte	Ainda operacional
Perseverance Rover	2020	Marte	Ainda operacional

Fonte: Produção própria recorrendo aos dados da Tabela no final do presente Capítulo

Os RTGs permitiram que sondas como a Voyager 1 e 2, lançadas nos anos 1970, ainda estejam transmitindo dados do espaço interestelar mais de 45 anos depois!

Curiosity Rover (Exploração de Marte)

O rover Curiosity tem explorado Marte desde 2012. Imagens e atualizações da missão podem ser encontradas no site oficial da NASA.

Ligação com SpaceX e futuras missões a Marte

Os **rovers Perseverance e Curiosity**, que exploram Marte atualmente, usam RTGs para obter energia. Se Elon Musk e a SpaceX concretizarem a colonização marciana, RTGs e reatores nucleares serão essenciais para fornecer energia aos primeiros assentamentos humanos.

Possíveis Aplicações Futuras: Propulsão Nuclear para Viagens Interplanetárias

A exploração espacial futura exige soluções que tornem as viagens mais rápidas e eficientes. A propulsão nuclear surge como uma das alternativas mais promissoras.

Tipos de propulsão nuclear para o espaço:

- **Propulsão Térmica Nuclear (NTP - Nuclear Thermal Propulsion)**

  - Utiliza um reator nuclear para aquecer hidrogênio líquido, que é então expelido para gerar impulso.

  - Pode reduzir o tempo de viagem até Marte para metade em comparação com foguetes químicos tradicionais.

  - A NASA já testou conceitos como o NERVA nos anos 1960 e retomou estudos com o projeto DRACO em parceria com a DARPA.

- **Propulsão Nuclear Elétrica (NEP - Nuclear Electric Propulsion)**

  - Usa um reator para gerar eletricidade, que alimenta motores de íons.

  - Mais eficiente em consumo de combustível, ideal para missões de longa duração.

- Testado com sucesso em missões como a sonda Deep Space 1.

SpaceX e os planos para Marte

Embora a SpaceX atualmente utilize foguetes químicos como o Starship, a propulsão nuclear pode ser uma tecnologia-chave para reduzir o tempo de viagem e tornar as missões interplanetárias mais seguras. A empresa já expressou interesse em colaborar com a NASA em pesquisas futuras sobre essa tecnologia.

A energia nuclear no espaço tem sido crucial para a exploração de planetas distantes, operação de sondas e rovers, e agora pode ser um elemento fundamental para a colonização humana de Marte.

Com a crescente ambição de empresas como SpaceX e Blue Origin, aliadas aos projetos da NASA e de outras agências espaciais, a energia nuclear está a voltar ao centro das discussões sobre viagens interplanetárias e colonização espacial.

A questão não é **se**, mas **quando** veremos reatores nucleares operando em Marte e foguetes movidos a propulsão nuclear levando humanos para além do nosso sistema solar.

Outras Aplicações Industriais e Científicas

A energia nuclear é amplamente reconhecida pelas suas aplicações na geração de eletricidade e na medicina, porém o seu impacto abrange várias outras áreas. Agricultura, indústria, arqueologia e geologia são setores nos quais o uso de técnicas nucleares tem promovido avanços substanciais, aprimorando a produtividade, a segurança e a compreensão histórica do planeta.

Graças ao uso de radioisótopos e técnicas nucleares, processos antes impossíveis ou extremamente imprecisos tornaram-se eficientes e confiáveis, impulsionando o desenvolvimento tecnológico e a sustentabilidade em diversas frentes.

Uso na Agricultura

A energia nuclear desempenha um papel fundamental na segurança alimentar, no aumento da produtividade agrícola e na redução de perdas pós-colheita. As principais aplicações incluem a irradiação de alimentos e a mutação induzida para aperfeiçoamento genético.

Irradiação de Alimentos

A irradiação de alimentos é uma técnica que utiliza radiação ionizante para eliminar bactérias, fungos e parasitas, prolongando a vida útil dos produtos sem comprometer seu valor nutricional.

Como funciona?

Os alimentos são expostos a feixes de raios gama (**Cobalto-60 ou Césio-137**), raios X ou feixes de eletrões. Essa exposição destrói microrganismos prejudiciais sem tornar o alimento radioativo.

Vantagens:

- Elimina micro-organismos causadores de doenças (ex: Salmonela, E. coli).

- Aumenta a durabilidade dos alimentos sem necessidade de conservantes químicos.

- Evita o uso excessivo de pesticidas, reduzindo impactos ambientais.

Produtos irradiados mais comuns:

- Frutas e vegetais (para evitar pragas e atrasar o amadurecimento).

- Carnes e mariscos (para eliminar bactérias).

- Grãos e especiarias (para eliminar insetos e fungos).

A Organização Mundial da Saúde (OMS) e a Agência Internacional de Energia Atômica (AIEA) reconhecem a irradiação de alimentos como um processo seguro e benéfico para a saúde pública.

Mutação Induzida para Melhoramento Genético

Os radioisótopos também são utilizados para induzir mutações genéticas benéficas em plantas, acelerando o desenvolvimento de variedades mais produtivas e resistentes a pragas e mudanças climáticas.

Como funciona?

Sementes ou tecidos vegetais são expostos a raios gama ou neutrões, induzindo mutações no DNA das plantas. As mutações vantajosas são selecionadas e reproduzidas para a criação de novas culturas.

Benefícios:

- Desenvolvimento de plantas mais resistentes a doenças e pragas.

- Redução da necessidade de pesticidas ou produtos fitofarmacêuticos.

- Aumento da produção agrícola para combater a fome global.

Exemplo de sucesso:

O Instituto Internacional de Pesquisa do Arroz (IRRI) utilizou essa técnica para desenvolver variedades de arroz mais resistentes a enchentes e secas, ajudando a aumentar a segurança alimentar na Ásia.

O *International Rice Research Institute* (IRRI) é uma organização independente e sem fins lucrativos dedicada à pesquisa e formação agrícola, com foco no cultivo de arroz. Fundado em 1960 pelas Fundações Ford e Rockefeller, em colaboração com o governo das Filipinas, o IRRI tem como missão reduzir a pobreza e a fome, melhorar a saúde de agricultores e consumidores de arroz, e garantir a sustentabilidade ambiental na sua produção.

O instituto está sediado em Los Baños, nas Filipinas, e possui escritórios em 17 países. É reconhecido por seu papel central na "Revolução Verde" dos anos 1960 e 1970, especialmente através do desenvolvimento de variedades de arroz de alto rendimento, como a IR8, que ajudaram a evitar crises alimentares em várias regiões da Ásia.

O IRRI tem utilizado técnicas nucleares, como a indução de mutações através de radiação, para desenvolver novas variedades de arroz mais produtivas e resistentes a condições adversas. Essas técnicas permitiram a criação de culturas que contribuem para o aumento da produtividade agrícola e a segurança alimentar.

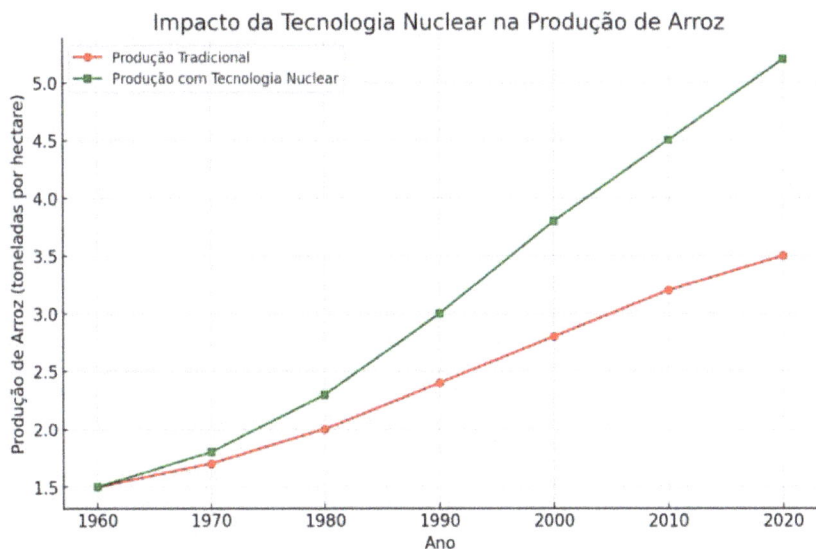

Gráfico ilustrativo que compara a produção de arroz antes e depois da aplicação da tecnologia nuclear

Fonte: Produção própria recorrendo aos dados da Tabela no final do presente Capítulo

O que ele mostra?

- A linha vermelha representa a produção tradicional de arroz ao longo das décadas.

- A linha verde mostra o impacto da melhoria genética introduzida pela radiação (tecnologia nuclear), que permitiu um aumento expressivo na produtividade.

A partir da década de 1970-1980, quando variedades de arroz melhoradas começaram a ser amplamente cultivadas (graças a projetos como o IRRI), houve um salto significativo na produção por hectare.

Atualmente, mais de 3.000 variedades de plantas foram desenvolvidas com essa técnica, contribuindo para a agricultura sustentável em diversos países.

Aplicações na Indústria

A indústria moderna depende fortemente da energia nuclear para garantir a qualidade, segurança e eficiência em diversos processos. Técnicas como a radiografia industrial, medição de espessura e controle de qualidade utilizam radioisótopos para detetar falhas que seriam invisíveis a olho nu.

Deteção de Falhas em Materiais

A radiografia industrial é um método não destrutivo usado para inspecionar a integridade de estruturas metálicas, soldas e peças mecânicas.

Como funciona?

- Raios gama (Cobalto-60 ou Irídio-192) são direcionados para a peça a ser analisada.

- Um detetor ou filme radiográfico captura a imagem interna, revelando rachas, fissuras, bolhas de ar e imperfeições estruturais.

Aplicações:

- **Aeroespacial** → Inspeção de turbinas e fuselagens de aviões.

- **Petróleo e Gás** → Verificação da integridade de oleodutos e soldaduras.

- **Construção Civil** → Inspeção de estruturas de pontes e edifícios.

A vantagem da radiografia nuclear é permitir a deteção precoce de falhas estruturais, prevenindo acidentes e garantindo a segurança de operações industriais críticas.

Sistema de Radiografia Industrial da Ometto

A Ometto oferece equipamentos de radiografia industrial fixos, utilizados para inspeção de soldas, peças fundidas e estruturas metálicas, garantindo a qualidade e a integridade dos materiais.

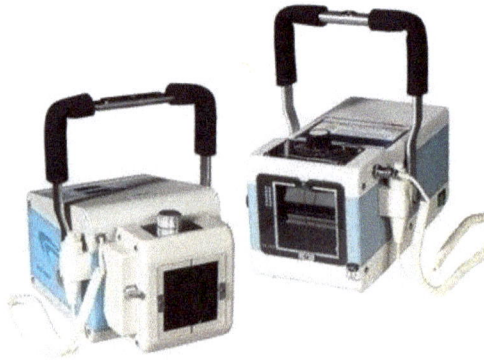

Sistema de Radiografia Portátil da Julio Verne Raios X Industrial

Equipamento portátil que emite radiação ionizante (raios-x ou raios gama) através da peça a ser inspecionada, permitindo a deteção de defeitos ou rachas e fissuras no corpo das peças.

Considerações Importantes:

- **Segurança:** O uso de equipamentos de radiografia industrial requer formação, treino e certificações especializadas e medidas rigorosas de segurança para proteger os operadores e o ambiente de possíveis exposições à radiação.

- **Aplicações:** Esses equipamentos são amplamente utilizados na inspeção de soldaduras, detenção de defeitos em materiais, controle de qualidade em processos de fabricação e manutenção preventiva em diversos setores industriais.

Medição de Espessura e Controle de Qualidade

A medição de espessura por radioisótopos é amplamente utilizada para garantir a qualidade em processos de fabricação.

Como funciona?

- Feixes de radiação beta (Estrôncio-90) ou raios gama são emitidos através do material.

- Sensores detetam a quantidade de radiação absorvida, determinando a espessura exata do produto.

Usos industriais:

- **Fabricação de papel** → Controle de espessura das folhas.

- **Produção de aço** → Medição de chapas metálicas.

- **Indústria automóvel** → Controle de qualidade em pneus e peças metálicas.

Essa tecnologia permite reduzir desperdícios, melhorar a precisão de fabrico e garantir a conformidade com padrões internacionais.

Aplicações em Arqueologia e Geologia

As técnicas nucleares desempenham um papel crucial na compreensão da história da Terra e das civilizações humanas, permitindo análises precisas de materiais antigos e processos geológicos.

Datação por Carbono-14

A datação por Carbono-14 é uma técnica fundamental na arqueologia para determinar a idade de materiais orgânicos, como madeira, ossos e tecidos, até aproximadamente 50.000 anos.

Princípio do Método:

- **Incorporação de Carbono-14:** Durante a vida, os organismos absorvem carbono, incluindo o isótopo radioativo Carbono-14 (^{14}C), presente na atmosfera.

- **Decaimento após a Morte:** Após a morte, a absorção de ^{14}C cessa, e o isótopo começa a decair com uma meia-vida de cerca de 5.730 anos.

- **Cálculo da Idade:** Medindo a quantidade remanescente de ^{14}C no material, é possível estimar o tempo decorrido desde a morte do organismo.

Processo de Datação:

1. **Coleta de Amostra:** Retirada cuidadosa de uma porção do material a ser datado.

2. **Preparação da Amostra:** Limpeza e tratamento químico para remover contaminantes.

3. **Medição da Radioatividade:** Utilização de espectrometria de massa ou contadores de radiação para determinar a quantidade de ^{14}C presente.

4. **Cálculo da Idade:** Aplicação de fórmulas matemáticas que relacionam a quantidade de ^{14}C restante com o tempo decorrido desde a morte do organismo.

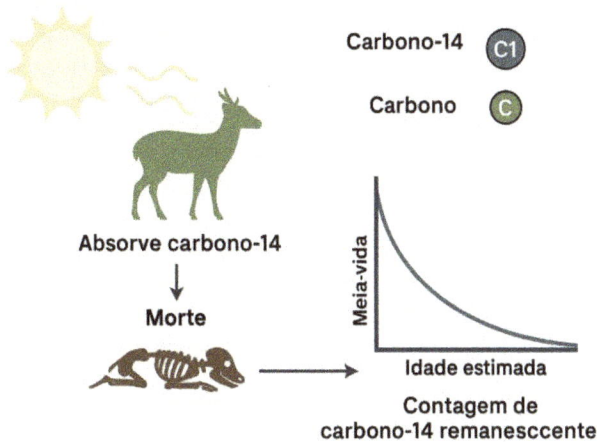

Esquema simplificado do processo de datação por Carbono-14

Na geologia, técnicas nucleares são empregues para analisar a composição e a idade das rochas, contribuindo para a compreensão da formação e evolução do planeta.

Principais Técnicas:

- **Datação Uranio-Chumbo:** Utiliza o decaimento do Urânio-238 para Chumbo-206 para determinar a idade de minerais como o zircão, permitindo estimativas de até bilhões de anos.

- **Datação Potássio-Argônio:** Baseia-se no decaimento do Potássio-40 para Argônio-40, sendo útil na datação de rochas vulcânicas.

Processo de Datação Uranio-Chumbo:

1. **Recolha de Amostras:** Extração de minerais específicos, como zircão, das rochas.

2. **Preparação e Análise:** Medição das razões isotópicas de urânio e chumbo utilizando espectrometria de massa.

3. **Interpretação dos Dados:** Cálculo da idade com base nas razões isotópicas e nas taxas de decaimento conhecidas.

PROCESSO DE DATAÇÃO URÁNIO-CHUMBO

U238

Pb06

Dissolução da rocha

Isolamento dos elementos

Espectrometria de massa

Espectrômetro de massa utilizado na datação Uranio-Chumbo.

Radiografia de Múons

Uma técnica inovadora que utiliza partículas subatômicas chamadas múons para investigar a estrutura interna de grandes objetos geológicos e arqueológicos.

Princípio do Método:

- **Penetração de Múons:** Múons, produzidos pela interação de raios cósmicos com a atmosfera, possuem alta capacidade de penetração em materiais densos.

- **Deteção de Variações de Densidade:** Ao atravessarem objetos, múons perdem energia de acordo com a densidade do material, permitindo a criação de imagens internas.

Aplicações:

- **Arqueologia:** Deteção de câmaras ocultas em pirâmides e outras estruturas antigas.

- **Geologia:** Monitorização de atividades vulcânicas e detenção de cavidades subterrâneas.

Exemplo Ilustrativo:

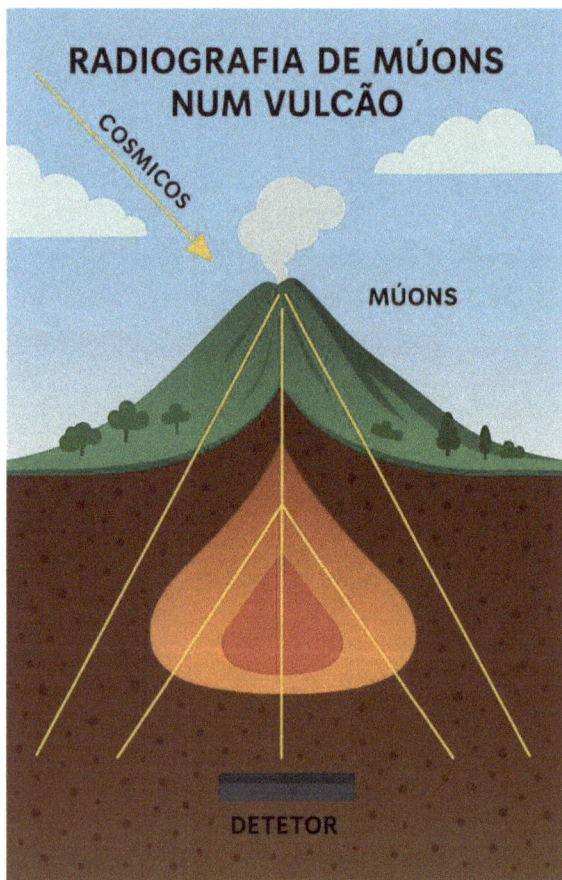

Marcadores Isotópicos

Técnica que envolve a substituição de átomos em moléculas por seus isótopos, permitindo o rastreamento de processos geológicos e bioquímicos.

Aplicações:

- **Estudo de Ciclos Biogeoquímicos:** Rastreamento de elementos como carbono e nitrogênio através de diferentes compartimentos ambientais.

- **Datação de Águas Subterrâneas:** Utilização de isótopos de hidrogênio e oxigênio para determinar a idade e a origem de águas subterrâneas.

ESQUEMA DE USO DE MARCADORES ISOTÓPICOS EM ESTUDOS AMBIENTAIS

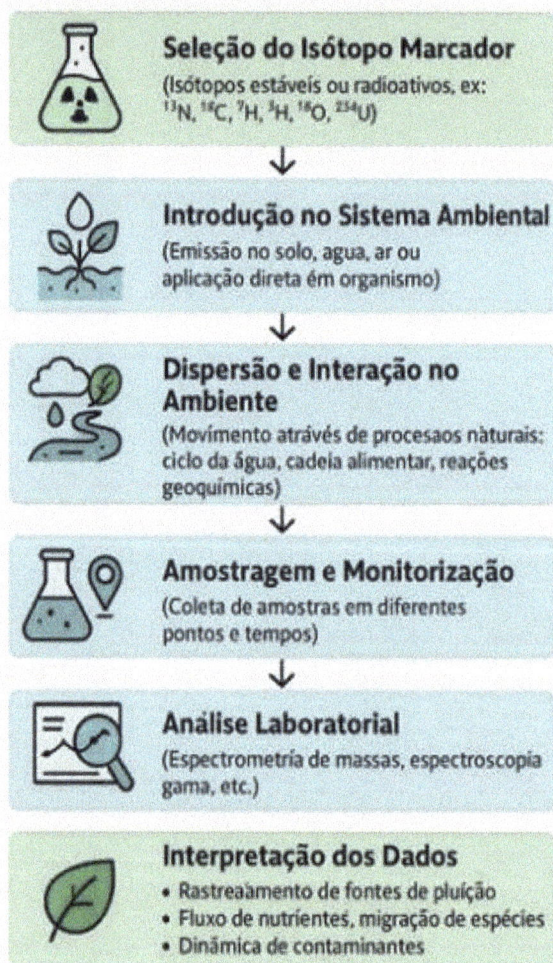

Seleção do Isótopo Marcador
(Isótopos estáveis ou radioativos, ex: ^{13}N, ^{18}C, ^{7}H, ^{5}H, ^{18}O, ^{234}U)

↓

Introdução no Sistema Ambiental
(Emissão no solo, agua, ar ou aplicação direta ém organismo)

↓

Dispersão e Interação no Ambiente
(Movimento atrávés de procesaos nàturais: ciclo da água, cadeia alimentar, reações geoquímicas)

↓

Amostragem e Monitorização
(Coleta de amostras em diferentes pontos e tempos)

↓

Análise Laboratorial
(Espectrometría de massas, espectroscopia gama, etc.)

Interpretação dos Dados
- Rastreaàmento de fontes de pluição
- Fluxo de nutríentes, migração de espécies
- Dinâmica de contaminantes

Esquema de uso de marcadores isotópicos em estudos ambientais.

Conclusão do Presente Capítulo

A energia nuclear, muitas vezes associada a usos militares ou à geração de eletricidade, desempenha um papel essencial em diversas áreas da sociedade. Suas aplicações pacíficas transformaram a forma como diagnosticamos e tratamos doenças, exploramos o espaço, garantimos a segurança alimentar e industrial e estudamos a história da Terra e da humanidade.

A medicina nuclear revolucionou o diagnóstico e o tratamento de doenças graves, especialmente o cancro e doenças cardiovasculares. O uso de radioisótopos em PET scans, radioterapia e esterilização de equipamentos médicos permitiu avanços significativos na longevidade e qualidade de vida das populações.

A exploração espacial tornou-se possível em grande parte graças à energia nuclear. RTGs e reatores espaciais como o Kilopower viabilizam missões de longa duração, enquanto a propulsão nuclear poderá ser a chave para futuras viagens interplanetárias e a colonização de Marte.

Na agricultura, a irradiação de alimentos ajuda a reduzir desperdícios e garantir segurança alimentar, enquanto a mutação induzida permite o desenvolvimento de culturas mais resistentes e produtivas. Na indústria, técnicas nucleares são fundamentais para inspeção de materiais, controle de qualidade e detenção de falhas, garantindo segurança e eficiência em diversos setores.

Métodos como a datação por Carbono-14 e Uranio-Chumbo permitem estudar a história da Terra e da humanidade com precisão, enquanto a radiografia de múons e marcadores isotópicos ajudam a explorar o subsolo e entender processos ambientais.

Com o avanço da tecnologia, a energia nuclear continuará a desempenhar um papel essencial no progresso humano. A inovação em reatores modulares, propulsão espacial, terapias médicas e monitorização ambiental promete novas fronteiras para esta tecnologia, tornando-a cada vez mais segura e eficiente.

A energia nuclear, quando utilizada com responsabilidade, tem o potencial de melhorar a vida das pessoas, expandir horizontes e impulsionar o desenvolvimento sustentável. O desafio do futuro será maximizar seus benefícios, reduzindo riscos e garantindo um uso ético e seguro dessa poderosa ferramenta científica.

Tabela 21: Outras Aplicações Nucleares Não Energéticas

Área de Aplicação	Uso Nuclear	Benefícios
Agricultura	Irradiação de alimentos e controlo de pragas	Conservação, redução de perdas, segurança alimentar
Geologia	Datação e rastreadores isotópicos	Compreensão dos processos geológicos e ciclos naturais
Arqueologia	Radiografia com múons e datação	Exploração sem danificar estruturas

| Indústria | Controlo de qualidade, espessura, densidade | Maior precisão e eficiência nos processos |

Fonte: Produção própria recorrendo aos dados da Tabela no final do presente Capítulo

Tabela 22: Fontes Consultadas no Capítulo 4

Descrição
International Atomic Energy Agency (IAEA) – Relatórios sobre aplicações médicas e industriais da energia nuclear.
World Nuclear Association – Informações sobre reatores de pesquisa e usos não energéticos do nuclear.
Instituto Nacional do Câncer (INCA) – Aplicações da medicina nuclear no diagnóstico e tratamento do câncer.
Organização Mundial da Saúde (OMS) – Dados sobre radioterapia e diagnóstico por imagem.
NASA – Aplicações da energia nuclear em sondas e missões espaciais.
International Atomic Energy Agency – Publicações sobre técnicas nucleares na agricultura e preservação alimentar.
EURATOM – Iniciativas europeias para pesquisa em aplicações nucleares pacíficas.
Publicações científicas (Lancet, Journal of Nuclear Medicine, Physics Today) – Estudos sobre o uso civil do nuclear.
CNEN – Comissão Nacional de Energia Nuclear (Brasil) – Dados sobre medicina nuclear e radioisótopos.
Livros de divulgação científica e literatura técnica sobre usos pacíficos da energia nuclear.

Preparação para o próximo Capítulo: Segurança e Gestão de Resíduos Nucleares – Mitos e Soluções

No próximo capítulo, mergulharemos nas questões mais debatidas e muitas vezes mal compreendidas da energia nuclear:

- A segurança das centrais nucleares é um tema carregado de perceções, muitas vezes baseadas em medos históricos e informação incompleta. O que diz a realidade técnica e científica?

- Os resíduos nucleares são frequentemente apresentados como um problema sem solução. Mas será isso verdade?

Vamos também confrontar os mitos mais comuns, como:

- "Os resíduos nucleares permanecem perigosos por milhões de anos"

- "Não existe solução segura para armazená-los"

- "É impossível evitar novos acidentes como Chernobyl ou Fukushima"

Por outro lado, vamos explorar soluções reais e tecnologias emergentes que estão a revolucionar a forma como a indústria lida com essas questões, incluindo:

- Sistemas passivos de segurança;

- Reatores de nova geração (como os SMRs e reatores rápidos);

- Soluções definitivas para resíduos de alta atividade, como o repositório de Onkalo (Finlândia);

- E estratégias de comunicação eficaz com o público.

"Mais do que uma questão técnica, a segurança nuclear é também uma questão de confiança, transparência e responsabilidade com as gerações futuras."

Capítulo 5 - Segurança e Gestão de Resíduos Nucleares – Mitos e Soluções

A segurança sempre foi um dos pilares centrais do desenvolvimento da energia nuclear. Desde os primeiros reatores experimentais na década de 1940 até as modernas centrais nucleares de Geração III+ e IV, a tecnologia nuclear evoluiu para minimizar riscos e garantir a proteção das populações e do meio ambiente. No entanto, apesar dos avanços tecnológicos, a energia nuclear ainda carrega uma forte perceção de risco, alimentada por três principais fatores:

1. **A associação com armas nucleares e acidentes históricos** – Como Chernobyl (1986) e Fukushima (2011).

2. **O medo da radioatividade** – Muitas vezes exacerbado por desinformação e má interpretação científica.

3. **A questão dos resíduos nucleares** – Considerados por alguns como uma ameaça persistente e sem solução.

O Medo Público e a Perceção da Energia Nuclear

Inquéritos recentes indicam que a energia nuclear é frequentemente percebida como uma das formas mais perigosas de geração de eletricidade, apesar de dados empíricos sugerirem o contrário. Segundo a Agência Internacional de Energia (IEA) e a Organização Mundial da Saúde (OMS), a energia nuclear tem um dos menores índices de fatalidade por TWh gerado, inferior a fontes como carvão, petróleo e até biomassa. Um estudo da Our World

177

in Data mostra que, entre 1965 e 2020, a taxa de fatalidade por terawatt-hora (TWh) gerado foi:

- **Carvão**: 24,6 mortes/TWh

- **Petróleo**: 18,4 mortes/TWh

- **Gás Natural**: 2,8 mortes/TWh

- **Hidroelétrica**: 1,3 mortes/TWh

- **Solar**: 0,02 mortes/TWh

- **Nuclear**: 0,007 mortes/TWh

Gráfico 30: Taxa de Fatalidades por Fonte de Energia

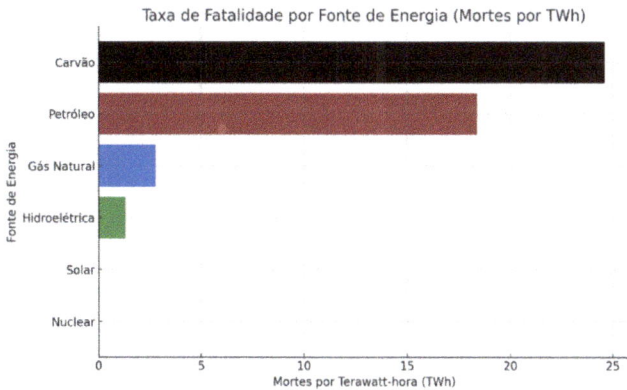

Fonte: Produção própria recorrendo aos dados da Tabela no final do presente Capítulo

Estes dados demonstram que, na realidade, a energia nuclear é uma das formas mais seguras de produção de eletricidade. No entanto, eventos marcantes como os acidentes de Chernobyl e Fukushima reforçaram no imaginário coletivo a ideia de que a energia nuclear é intrinsecamente perigosa.

Outro fator que intensifica o receio do público é a radioatividade. Muitas pessoas confundem o conceito de exposição controlada à radiação com os efeitos devastadores da exposição a altos níveis de radioatividade, como em explosões nucleares. Entretanto, os reatores modernos possuem múltiplas barreiras de segurança para evitar fugas de radiação, além de protocolos rigorosos de operação.

Tabela 23: Principais Acidentes Nucleares

Acidente	Ano	Localização	Principais Consequências
Three Mile Island	1979	EUA	Fusão parcial do núcleo, sem mortes diretas
Chernobyl	1986	URSS	Explosão do reator, mortes imediatas e evacuação em massa
Fukushima Daiichi	2011	Japão	Danos provocados por tsunami, evacuação, contaminação regional

Fonte: Produção própria recorrendo aos dados da Tabela no final do presente Capítulo

O Desafio dos Resíduos Nucleares

Além dos receios sobre acidentes, a gestão dos resíduos nucleares é um dos pontos mais debatidos na sociedade. O argumento mais comum contra a energia nuclear é que seus resíduos seriam perigosos por milhares de anos e não haveria uma solução definitiva para seu descarte.

Contudo, esta perceção ignora alguns fatos essenciais:

- Mais de 90% do combustível nuclear usado pode ser reaproveitado em ciclos fechados, como fazem países como França e Rússia.

- Existem soluções eficazes para armazenamento seguro, como depósitos geológicos profundos.

- O volume de resíduos nucleares gerado é significativamente menor do que os resíduos de outras indústrias. Como comparação:

  - Uma central nuclear de 1.000 MW opera por um ano inteiro gerando apenas 30 toneladas de resíduos altamente radioativos.

  - Em contraste, uma central a carvão da mesma potência gera mais de 300.000 toneladas de cinzas tóxicas por ano.

O Que Será Abordado Neste Capítulo

Este capítulo tem como objetivo desmistificar os riscos associados à segurança nuclear e à gestão de resíduos. Vamos abordar:

- Os avanços tecnológicos que tornaram os reatores nucleares cada vez mais seguros.

- As diferentes estratégias de gestão de resíduos e as soluções viáveis para o problema do descarte.

- Mitos e verdades sobre a perigosidade dos resíduos nucleares.

- O futuro da segurança nuclear e novas tecnologias para minimizar riscos e otimizar a sustentabilidade da energia nuclear.

Desta forma, o leitor poderá ter uma visão baseada em dados científicos e engenharia moderna, sem as distorções comuns promovidas pelo alarmismo mediático e desinformação popular.

Segurança em Centrais Nucleares – Evolução e Tecnologia

A segurança nuclear é uma das áreas de maior desenvolvimento tecnológico dentro do setor energético. Desde os primeiros reatores experimentais até aos sistemas modernos de Geração III+ e IV, avanços significativos foram implementados para minimizar os riscos operacionais e proteger o meio ambiente e a população.

Os sistemas de segurança de uma central nuclear podem ser categorizados em três grandes pilares:

1. **Barreiras físicas de contenção** para evitar derrame/fugas de radiação.

2. **Sistemas de arrefecimento redundantes** para evitar o superaquecimento do reator.

3. **Procedimentos automáticos de shutdown (desconexão segura)** para mitigar falhas operacionais.

Além disso, novas gerações de reatores possuem designs intrinsecamente seguros, que eliminam muitas vulnerabilidades dos modelos mais antigos.

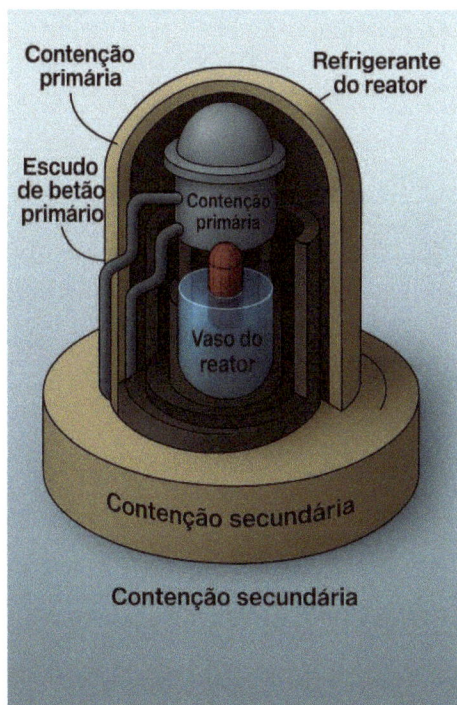

Ilustração que mostra o esquema detalhado das barreiras de contenção de um reator nuclear moderno.

Como a Segurança Foi Aprimorada ao Longo das Décadas:

No início da era nuclear, as preocupações com segurança eram limitadas devido à falta de incidentes que demonstrassem os reais desafios dessa tecnologia. Entretanto, conforme os reatores começaram a ser usados para geração de eletricidade comercial, surgiram os primeiros eventos que evidenciaram a necessidade de aperfeiçoamentos.

Evolução da segurança nuclear:

- **Anos 1950-1960:** Primeiros reatores comerciais, baseados em tecnologia militar, com pouca ênfase em segurança passiva.

- **Anos 1970-1980:** Introdução de sistemas de contenção robustos e protocolos de emergência após o acidente de **Three Mile Island (1979)**.

- **Anos 1990-2000:** Melhoria dos sistemas de refrigeração e *shutdown* automático após **Chernobyl (1986)**.

- **Anos 2000-presente:** Reatores de **Geração III+** com segurança passiva, eliminando necessidade de intervenção humana para evitar fusões do núcleo.

Hoje, as centrais nucleares possuem múltiplas camadas de segurança, tornando improvável um acidente catastrófico como os de décadas passadas.

Os Principais Sistemas de Segurança de um Reator Nuclear:

Os reatores nucleares modernos utilizam três barreiras principais para impedir fugas e derrames de radiação e garantir a integridade da central.

1. Barreiras de Contenção

Os reatores nucleares modernos contam com três níveis de barreiras para evitar que materiais radioativos escapem:

- **Revestimento do combustível nuclear** – Camada cerâmica de óxido de urânio altamente resistente.

- **Vaso de pressão do reator** – Camada metálica de aço de alta resistência.

- **Edifício de contenção** – Construção em betão reforçado que isola toda a instalação.

2. Sistemas de Refrigeração

A refrigeração do núcleo do reator é um dos fatores críticos para evitar acidentes. Os sistemas atuais possuem:

- **Circuitos primário e secundário** para transferência de calor.

- **Geradores de emergência a diesel** em caso de falha de energia externa.

- **Sistemas de refrigeração passivo** em reatores modernos, que funcionam por convecção natural sem necessidade de intervenção humana.

3. Procedimentos Automáticos de *Shutdown*

Se qualquer anomalia for detetada, um reator nuclear pode ser desligado automaticamente em frações de segundo. Os sistemas de *shutdown* incluem:

- **Inserção automática de barras de controle** para interromper a reação em cadeia.

- **Ventilação de emergência** para evitar o acumular de vapor no sistema.

- **Monitorização contínua por inteligência artificial**, prevenindo falhas antes que ocorram.

Comparação entre Gerações de Reatores: O Que Mudou?

A evolução da segurança nuclear não ocorreu apenas nos projetos e tecnologias dos reatores, mas também na forma como eles são operados. Ao longo das décadas, houve um grande investimento no treino e formação de operadores, engenheiros e técnicos, criando um setor altamente qualificado, com padrões de segurança cada vez mais rigorosos.

Os reatores nucleares são classificados em Geração I, II, III, III+ e IV, cada uma representando avanços significativos em segurança, eficiência e capacidade de resposta a emergências. Abaixo, analisamos a evolução técnica e o impacto na capacitação dos operadores.

Tabela 24: Tabela Comparativa das Gerações de Reatores

Geração	Período	Características Técnicas	Capacitação dos Operadores e Padrões de Segurança
Geração I	1950–1970	Primeiros reatores comerciais, baixa eficiência, sem sistemas automáticos de shutdown.	Operação manual, pouca regulamentação, treinamentos rudimentares.
Geração II	1970–2000	PWR e BWR se tornam padrão, primeiros sistemas de shutdown	Surgem as primeiras certificações obrigatórias para operadores,

		automático, contenções reforçadas.	criação de reguladores como a AIEA.
Geração III	2000–2020	Eficiência aprimorada, sistemas de resfriamento mais robustos, medidas de segurança ativas.	Simulações avançadas, treinamentos rigorosos e simuladores para emergências nucleares.
Geração III+	2020–Presente	Sistemas de segurança passiva, fusão do núcleo se torna quase impossível.	Certificações internacionais mais exigentes, padronização global das melhores práticas de operação.
Geração IV	Futuro	Reatores de sal fundido, torium, conceitos autossuficientes e fechamento do ciclo do combustível.	Operação baseada em inteligência artificial, mínimo envolvimento humano no controle de segurança.

Tabela comparativa entre resíduos nucleares e resíduos de combustíveis fósseis. Isso ajuda a contextualizar a quantidade de resíduos gerados, seu impacto ambiental e as soluções de armazenamento disponíveis

Fonte: Produção própria recorrendo aos dados da Tabela no final do presente Capítulo

Evolução do Conhecimento Técnico e Formação Profissional

Nos primeiros anos da energia nuclear, a operação dos reatores era muito mais manual, exigindo ações diretas dos operadores para controle da potência e das condições de segurança. Não havia regulamentação internacional unificada, e muitos dos primeiros reatores tinham equipes pouco treinadas, compostas por profissionais que migraram de setores como a engenharia elétrica ou mecânica, sem formação específica em física nuclear.

Com o tempo, houve uma mudança radical na qualificação dos operadores de centrais nucleares, acompanhada pela implantação de normas rigorosas de treino, formação e certificação, o que reduziu drasticamente o risco de falhas humanas.

Principais mudanças na formação dos operadores nucleares ao longo das gerações:

1. Introdução dos programas de certificação obrigatória (anos 1970-1980)

Após o acidente de Three Mile Island (1979), ficou claro que erros humanos foram um fator decisivo para a gravidade do incidente.

Como resposta, foram criadas certificações obrigatórias para operadores de reatores, como exames periódicos e treinos intensivos.

A ilustração mostra a linha do tempo da evolução do treino, formação e certificação dos operadores nucleares.

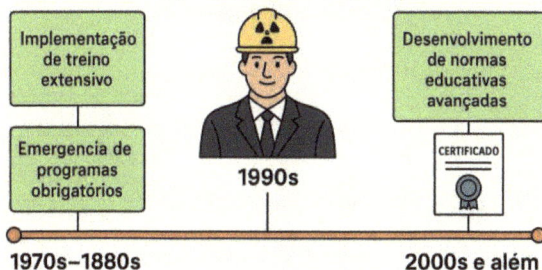

Implementação de treino extensivo		Desenvolvimento de normas educativas avançadas
Emergencia de programas obrigatórios	**1990s**	CERTIFICADO
1970s–1880s		**2000s e além**

A Ilustração mostra a linha do tempo da evolução do treino, formação e certificação dos operadores nucleares.

2. Introdução de simuladores nucleares (anos 1990-2000)

Inspirados na indústria da aviação, simuladores de centrais nucleares começaram a ser usados para treinar operadores em cenários de falhas graves.

Isso permitiu que as equipes respondessem rapidamente a eventos inesperados sem colocar as centrais reais em risco.

Ilustração mostrando como os operadores nucleares são treinados com um simulador de emergência

Instrutor   Operadores

Ilustração que mostra o esquema como os operadores nucleares são treinados com simuladores de emergência.

3. Implementação de reguladores internacionais e padronização global (anos 2000-presente)

Com o crescimento da energia nuclear, agências reguladoras nacionais e internacionais passaram a definir regras padronizadas para a formação de profissionais.

A Agência Internacional de Energia Atômica (AIEA), a Comissão Reguladora Nuclear dos EUA (NRC) e outras entidades tornaram obrigatório o cumprimento de treinos e formações contínuas além de certificações atualizadas.

4. Simulações avançadas e inteligência artificial na operação de reatores (futuro próximo)

Com a chegada dos reatores de Geração IV, o treino e formação passará a incluir realidade virtual, inteligência artificial e simulações avançadas.

O papel do operador humano será minimizado, pois sistemas autónomos monitorizarão continuamente os parâmetros do reator e farão ajustes automáticos para otimizar a segurança.

Gráfico 31: Evolução da Segurança e Eficiência dos Reatores Nucleares

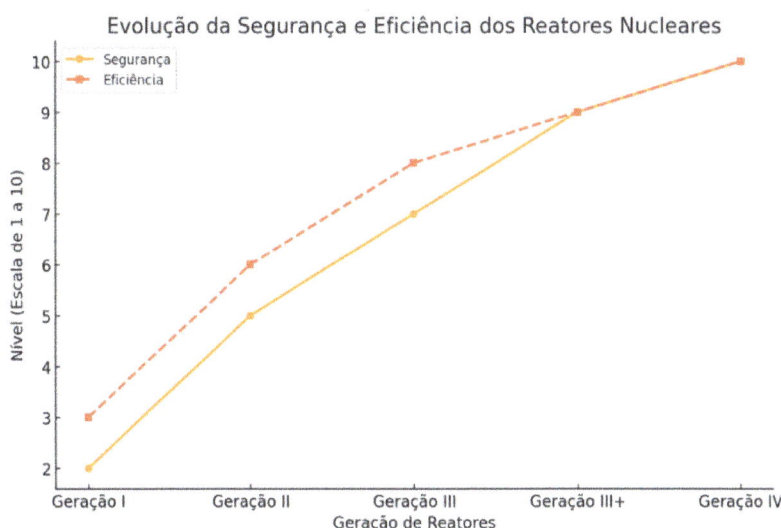

O gráfico mostra a evolução da segurança e eficiência entre as gerações de reatores nucleares com a introdução de novas tecnologias e procedimentos de segurança.

Fonte: Produção própria recorrendo aos dados da Tabela no final do presente Capítulo

Casos Práticos de Segurança Bem-Sucedida

A história da energia nuclear está repleta de exemplos que mostram como as melhorias na segurança tornaram os reatores modernos extremamente confiáveis. A evolução da tecnologia, os novos materiais e o treino rigoroso dos operadores reduziram drasticamente o risco de acidentes.

Apesar de a energia nuclear ser frequentemente associada a desastres como Chernobyl (1986) e Fukushima (2011), esses incidentes são exceções e não a regra. Milhares de reatores nucleares operaram e continuam a operar com segurança ao redor do mundo, fornecendo energia limpa e estável há décadas.

Aqui, analisaremos três casos práticos de segurança bem-sucedida que demonstram o impacto do aprimoramento das tecnologias e protocolos nucleares:

1. O caso do reator EPR em França – Segurança Avançada

2. O incidente de Three Mile Island (1979) – Um acidente que provou a eficácia das barreiras de contenção

3. O impacto de novas gerações de reatores – Como os reatores Geração III+ poderiam ter evitado Fukushima

O Caso do Reator EPR na França – Segurança Avançada

Os reatores EPR (European Pressurized Reactor) são um dos exemplos mais modernos de segurança nuclear. Esse projeto de Geração III+, desenvolvido pela francesa EDF e pela alemã Siemens, representa o que há de mais seguro na tecnologia nuclear mundial.

Medidas de Segurança do EPR

- **Dupla contenção**: Dois edifícios de betão protegem o núcleo do reator.

- **Sistema de refrigeração passivo**: Funciona por gravidade e convecção, eliminando a necessidade de bombeamento mecânico.

- **Capacidade de resistir a impacto de aeronaves**: Diferente dos reatores antigos, o EPR pode suportar colisões de aviões de grande porte.

- **Separação física dos sistemas de emergência**: Garante que falhas múltiplas não levem à perda completa do controle da central.

Fato interessante: A Central de Flamanville 3 (França), equipada com um reator EPR, foi projetada para ser 5 vezes mais segura que os reatores convencionais.

Resultado: Nenhum acidente registado em reatores EPR desde sua implantação! Este é um exemplo claro de como os avanços tecnológicos tornam a energia nuclear cada vez mais segura.

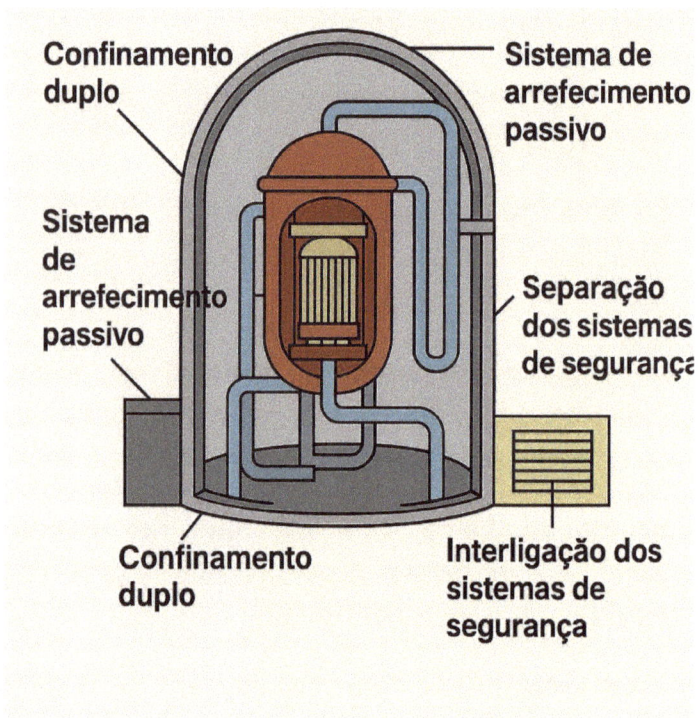

*A Ilustração mostra o esquema detalhado do **Reator EPR**, destacando suas camadas de segurança avançadas.*

O Incidente de Three Mile Island (1979) – Um Acidente que Provou a Eficácia das Barreiras de Contenção

O acidente de Three Mile Island (TMI), nos EUA, em 1979, foi um dos episódios mais estudados da história nuclear. Apesar de ser considerado um "acidente", este evento foi, na verdade, uma demonstração de sucesso dos sistemas de segurança.

O que aconteceu em Three Mile Island?

- Uma válvula de segurança falhou, permitindo a fuga da água de arrefecimento.

- Os operadores não perceberam a falha a tempo, o que levou ao superaquecimento do núcleo.

- Parte do combustível nuclear derreteu – **primeira fusão parcial de um reator comercial nos EUA**.

Por que este caso foi um sucesso em termos de segurança?

- **Nenhuma libertação significativa de radiação ocorreu** – A barreira de contenção impediu que material radioativo escapasse.

- **Nenhuma morte ou impacto à saúde pública** foi registado.

- O acidente levou à reformulação global dos protocolos de treino e formação e a certificação de operadores.

THREE MILE ISLAND
BARREIRA DE CONFINAMENTO

VÁLVULA DE SEGURANÇA AVARIADA PROVOCOU PERDA DE LÍQUIDO DE ARREFECIMENTO

FUGA DE LÍQUIDO DE ARREFECIMENTO

LÍQUIDO DE ARREFECIMENTO

VASO DE PRESSÃO DO REATOR

MATERIAL NUCLEAR PARCIALMENTE FUNDIDO

A BARREIRA DE CONFINAMENTO EVITOU UMA LIBERTAÇÃO SIGNIFICATIVA DE RADIAÇÃO

THREE MILE ISLAND
EVITOU UM DESASTRRE NUCLEAR

PRIMAL

1 ACIDENTE INICIAL
Um mau funcionamento no sistema de arrefecimento causou a libertação de vapor radioativo, levando à perda de refrigerante e ao sobreaqueimento

2 FUSÃO PARCIAL DO NÚCLEO
O sobreaquecimento do núcleo do reator resultou numa fusão parcial, mas a maior parte do material radioativo foi confinada.

3 CONFINAMEI BEM-SUCEDI
O núcleo do reator foi envolvido por uma barreira de contenção robusta, que evitou com suc esso qualque libertação perigosa.

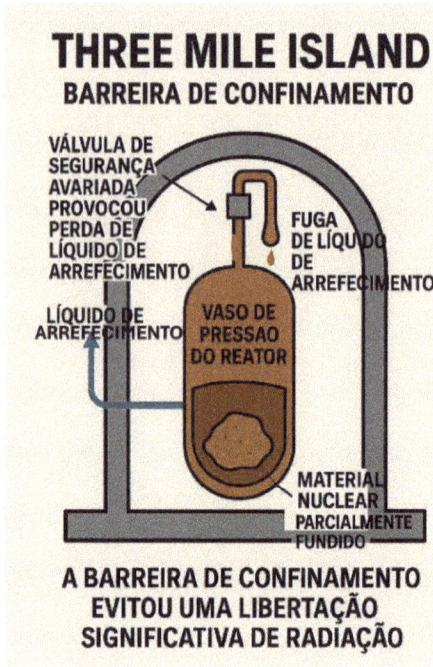

Infográfico sobre a barreira de contenção em Three Mile Island, demonstrando como ela evitou um desastre nuclear.

Conclusão:

Diferente de Chernobyl, Three Mile Island provou que as barreiras de segurança funcionam. Se esse mesmo acidente ocorresse num reator mais antigo, poderia ter causado uma tragédia. No entanto, as tecnologias de contenção mostraram que são capazes de evitar grandes catástrofes.

Tabela 25: Barreiras de Segurança dos Reatores Nucleares

Barreira	Função de Proteção
Película de óxido do combustível	Contém os produtos de fissão dentro da matriz do combustível
Revestimento metálico	Isole o combustível do circuito primário de refrigeração

Circuito primário pressurizado	Impede a exposição ao meio ambiente
Contenção de aço e betão	Barreira final contra a libertação de radiação

Fonte: Produção própria recorrendo aos dados da Tabela no final do presente Capítulo

O Impacto das Novas Gerações de Reatores – Como os Reatores Geração III+ Poderiam Ter Evitado Fukushima

O Acidente de Fukushima (2011), no Japão, foi um dos eventos nucleares mais impactantes do século XXI. No entanto, os reatores de Geração III+ são projetados especificamente para evitar esse tipo de incidente.

O que aconteceu em Fukushima?

- Um terremoto seguido de um tsunami destruiu a rede elétrica da central.

- Os geradores a diesel falharam, interrompendo os sistemas de refrigeração.

- Sem refrigeração, os núcleos dos reatores superaqueceram e houve explosões de hidrogênio.

Se Fukushima tivesse sido equipada com reatores de Geração III+, o desastre provavelmente não teria ocorrido.

FUKUSHIMA vs. GERAÇÃO III+

❶ TERREMOTO E TSUNAMI
Um terremoto e tsunami desativaram a energia fora do local para a central.

❷ GERADORES DIESEL FALHARAM
Os geradores diesel de reserva foram inundados, interrompendo os sistemas de arrefecimento

❸ SOBREAQUECIMENTO DO NÚCLEO

FUNÇÕES PASSIVAS DE SEGURANÇA

FUNÇÕES DE SEGURANÇA APRIMORADAS
Os sistemas passivos de seguranca removem o calor e mantém o núcleo de arrefecimento mesmo sem energia.

*A Ilustração mostra o diagrama comparativo ilustrando a falha de Fukushima versus a segurança aprimorada de um reator **Geração III+**.*

Principais diferenças entre Fukushima e os reatores modernos:

Tabela 26: Diferenças entre Fukushima e Reatores Geração III+

Fukushima (Geração II)	Reatores Geração III+
Dependia de eletricidade externa para resfriamento	Resfriamento passivo – funciona sem eletricidade
Edifício de contenção frágil	Estrutura reforçada contra terramotos e tsunamis
Explosões de hidrogénio por falta de ventilação	Sistemas de remoção de hidrogénio evitam acumulação explosiva

Fonte: Produção própria recorrendo aos dados da Tabela no final do presente Capítulo

Fato interessante: Após Fukushima, todas as novas centrais nucleares são obrigadas a incluir sistemas de refrigeração passiva.

Resultado: Se Fukushima fosse equipada com tecnologia moderna, o desastre teria sido evitado. Isso mostra a enorme evolução da segurança nuclear nas últimas décadas.

Os casos apresentados demonstram claramente que a segurança nuclear não é apenas teoria, mas sim uma realidade comprovada:

- Reatores modernos são projetados para resistir a falhas extremas.

- As barreiras de contenção realmente funcionam, como provado em Three Mile Island.

- A tecnologia de segurança evolui constantemente, tornando a energia nuclear cada vez mais confiável.

Atualmente, os reatores de Geração III+ e IV tornam um desastre nuclear praticamente impossível. Com os investimentos contínuos em pesquisa e inovação, a energia nuclear é uma das formas mais seguras e eficientes de gerar eletricidade no mundo.

O Impacto Prático do Investimento em Capital Humano

Os impactos desse grande esforço em qualificação profissional são evidentes. Podemos compará-los observando dois casos distintos:

Caso de Falha Humana: Three Mile Island (1979)

- Operadores desligaram manualmente um sistema de refrigeração por não compreenderem os sinais do painel de controle.

- Se houvesse treino e formação adequados, o acidente poderia ter sido evitado.

Caso de Resposta Eficiente: Fukushima Daiichi (2011)

- Mesmo com um desastre natural extremo (terremoto + tsunami), os operadores conseguiram evitar uma tragédia ainda maior, retardando o colapso dos reatores e implementando contramedidas.

- Com as melhorias introduzidas nos treinos e formação desde então, acidentes similares poderão ser mitigados ou até evitados completamente no futuro.

O avanço da segurança nuclear não se deu apenas através da engenharia de reatores, mas também por meio de investimentos massivos em formação de profissionais altamente qualificados.

Hoje, um operador de central nuclear passa por anos de treino e formação rigorosos, utiliza simuladores avançados e é submetido a reciclagens periódicas para garantir que esteja sempre preparado para lidar com qualquer eventualidade.

Os reatores de Geração III+ e IV não apenas possuem segurança intrínseca, mas também contam com equipes altamente treinadas, garantindo que a energia nuclear continue a ser uma das formas mais seguras e confiáveis de geração de eletricidade.

Gestão de Resíduos Nucleares – O Verdadeiro Desafio

A questão dos resíduos nucleares é frequentemente citada como um dos maiores desafios da energia nuclear. No entanto, ao contrário do que se propaga em discursos alarmistas, os resíduos radioativos possuem soluções viáveis de armazenamento e reciclagem, sendo geridos com altos padrões de segurança em todo o mundo.

Enquanto os resíduos de combustíveis fósseis são despejados diretamente na atmosfera (CO_2, SO_2, NO_x), os resíduos nucleares são confinados e controlados desde a sua produção até ao descarte final. Isso significa que, do ponto de vista ambiental, os resíduos nucleares são muito mais controláveis do que os rejeitos de carvão, petróleo e gás.

Nesta seção, exploraremos os tipos de resíduos radioativos, os métodos atuais de armazenamento e o real impacto do tempo de decaimento.

Tipos de Resíduos Radioativos

Os resíduos nucleares são classificados conforme o nível de radioatividade e o tempo necessário para que sua radiação se torne inofensiva. A classificação mais comum segue três categorias principais:

Tabela 27: Tabela com o Tipo de Resíduos Nucleares

Tipo de Resíduo	Origem	Nível de Radioatividade	Método de Gestão
Baixa Radioatividade	Equipamentos hospitalares, roupas contaminadas, ferramentas de usinas	Baixo (décadas de decaimento)	Armazenamento temporário e descarte seguro
Média Radioatividade	Componentes estruturais de reatores, resinas, filtros	Médio (décadas a séculos de decaimento)	Confinamento em concreto ou armazenamento geológico
Alta Radioatividade	Combustível nuclear usado	Alto (séculos a milênios de decaimento)	Reprocessamento ou armazenamento profundo

Fonte: Produção própria recorrendo aos dados da Tabela no final do presente Capítulo

Baixa Radioatividade

- Representa cerca de 90% do volume total de resíduos radioativos, mas possui um nível de radiação muito baixo.

- Exemplo: Equipamentos médicos utilizados em radioterapia, luvas e roupas usadas em centrais nucleares.

- Esses resíduos são armazenados por poucos anos até que a radiação se dissipe, e depois podem ser descartados normalmente.

Média Radioatividade

- Compreende cerca de 7% do volume total de resíduos.

- Inclui partes de reatores desativados, resinas e lodos contaminados.

- Esses resíduos são encapsulados em betão para evitar fugas e mantidos em locais seguros.

Alta Radioatividade

- Representa apenas 3% do volume total, mas contém mais de 95% da radioatividade dos resíduos nucleares.

- O maior componente são as barras de combustível usadas, que ainda contêm grande potencial energético.

- A solução principal para esse tipo de resíduo é o reprocessamento ou o armazenamento geológico profundo.

Fato interessante: Muitos países, como França e Rússia, reaproveitam até 95% do combustível nuclear usado, reduzindo drasticamente a quantidade de resíduos de alta radioatividade.

Tabela 28: Classificação dos Resíduos Nucleares

Tipo de Resíduo	Origem	Método de Gestão
Resíduo de Baixo Nível (LLW)	Vestuário, ferramentas, filtros	Compactação e armazenamento próximo à superfície
Resíduo de Nível Intermédio (ILW)	Componentes de reatores, resinas	Encapsulamento e armazenamento geológico
Resíduo de Alto Nível (HLW)	Combustível nuclear usado	Arrefecimento seguido de armazenamento geológico profundo

Fonte: Produção própria recorrendo aos dados da Tabela no final do presente Capítulo

Evolução das Tecnologias de Reaproveitamento de Combustível Nuclear

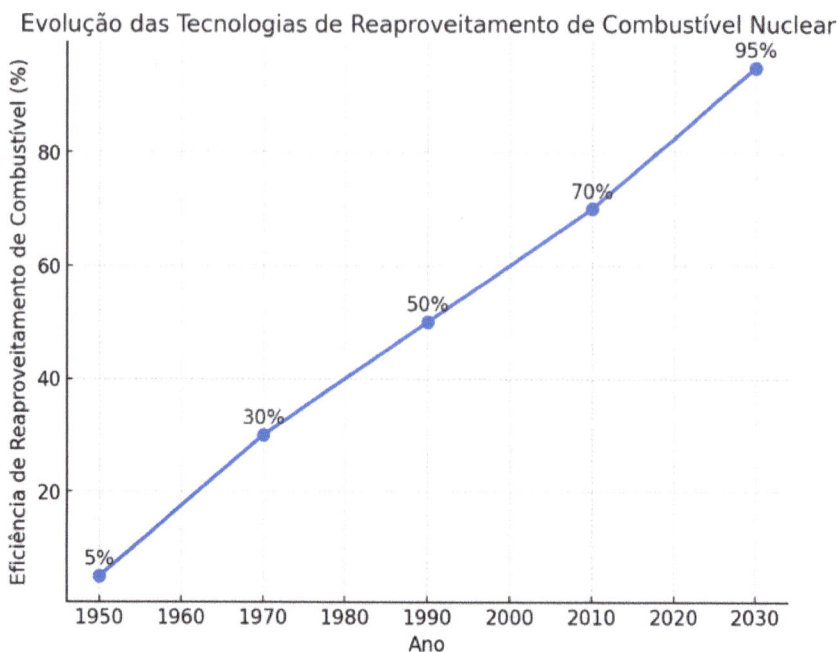

Gráfico que mostra a evolução das tecnologias de reaproveitamento de combustível nuclear, destacando o aumento da eficiência ao longo das décadas.

Fonte: Produção própria recorrendo aos dados da Tabela no final do presente Capítulo

Como os Resíduos São Armazenados Atualmente

A gestão dos resíduos nucleares é um dos aspetos mais regulados e controlados da indústria de energia nuclear. Diferente de outras indústrias que libertam poluentes diretamente no meio ambiente (como CO_2 da queima de combustíveis fósseis), os resíduos nucleares são confinados e geridos com extrema segurança, sem impacto ambiental direto.

Atualmente, existem três principais métodos de armazenamento de resíduos nucleares, utilizados em diferentes estágios do ciclo de vida dos rejeitos radioativos:

1. Piscinas de Refrigeração – A Primeira Etapa do Armazenamento

Quando o combustível nuclear é retirado do reator, ele ainda possui alta radioatividade e calor residual. Para arrefecê-lo e reduzir a radioatividade inicial, é armazenado temporariamente em piscinas de refrigeração dentro da própria central nuclear.

Como funcionam as piscinas de refrigeração?

- São grandes tanques de água desmineralizada, construídos com estruturas de betão reforçado.

- A água absorve a radiação e dissipa o calor do combustível.

- Após 5 a 10 anos, o material pode ser retirado da piscina e armazenado a seco ou reprocessado.

Fato interessante: Mesmo no pior cenário de um derrame/fuga de água, a radiação ainda seria contida pela estrutura da piscina, evitando qualquer risco ambiental.

2. Dry Casks (Armazenamento em contentores a Seco) – A Solução de Médio Prazo

Depois que o combustível nuclear usado arrefece nas piscinas, ele pode ser transferido para contentores selados de aço e betão, conhecidos como dry casks.

Vantagens dos dry casks:

- Não precisam de eletricidade para a refrigeração, funcionando de forma passiva.

- São altamente resistentes a impactos, terremotos, incêndios e explosões.

- Podem armazenar combustível nuclear usado por mais de 100 anos com segurança.

Exemplo: Os Estados Unidos utilizam dry casks desde a década de 1980 e nunca houve um derrame/fuga de radiação ou acidente associado a este tipo de armazenamento.

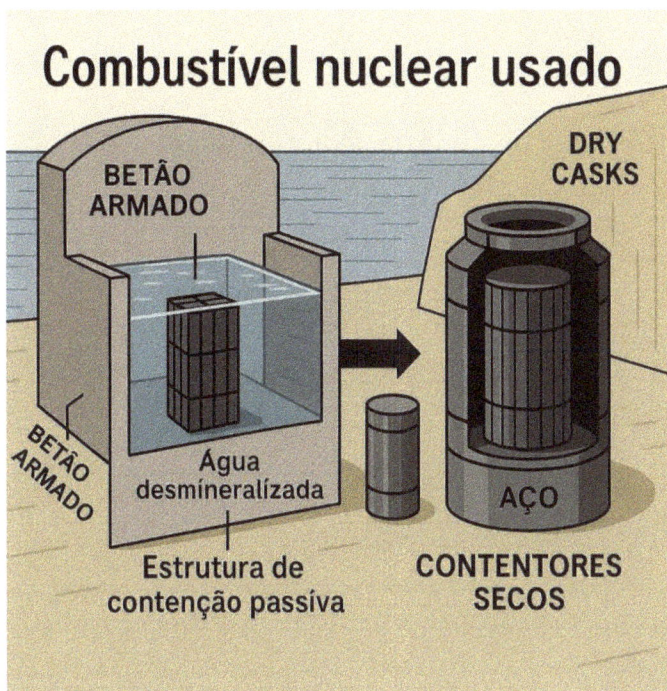

A Ilustração mostra como o combustível nuclear usado é armazenado em
piscinas de resfriamento e dry casks.

3. Armazenamento Geológico Profundo – A Solução Definitiva

Os resíduos de alta radioatividade, que permanecem perigosos por séculos ou milênios, precisam de um depósito permanente e seguro. A solução mais avançada é o armazenamento geológico profundo, que consiste em sepultar os resíduos a centenas de metros no subsolo, em formações rochosas estáveis.

Como funciona o armazenamento geológico?

- Os resíduos são colocados em contentores metálicos revestidos de cobre.

- Estes contentores são enterrados em túneis escavados em rochas extremamente antigas e estáveis.

- A barreira geológica impede qualquer migração de radiação para a superfície.

O projeto mais avançado do mundo nesse modelo é o repositório Onkalo, na Finlândia.

Caso de Estudo: Onkalo – O Primeiro Repositório Geológico do Mundo

Onkalo, na Finlândia, é o primeiro repositório de resíduos nucleares do mundo a entrar em operação. Este projeto foi desenvolvido para armazenar resíduos de alta radioatividade por 100.000 anos com total segurança.

Por que a Finlândia escolheu Onkalo?

- A Finlândia possui uma das formações geológicas mais estáveis do planeta, composta por granito com mais de 1,8 biliões de anos.

- O país produz 30% de sua eletricidade com energia nuclear e precisava de uma solução segura e definitiva para os resíduos.

- Onkalo foi projetado para ser completamente autossuficiente, sem necessidade de manutenção após a sua selagem.

Como funciona Onkalo?

- **Localização** – O repositório está localizado a 450 metros abaixo da superfície, dentro de um maciço rochoso.

- **Camadas de proteção** – Os resíduos são armazenados em cápsulas de cobre, que são envolvidas por argila bentonítica para prevenir infiltração de água.

- **Estrutura final** – Após o repositório estar cheio (previsto para 2120), os túneis serão selados permanentemente.

Principais Benefícios do Repositório Onkalo

- **Segurança absoluta** – Mesmo em caso de terremotos ou eventos geológicos, a radiação permanecerá isolada.

- **Zero impacto ambiental** – O sistema foi projetado para evitar qualquer derrame/fuga para o meio ambiente.

- **Modelo para o futuro** – Outros países, como Suécia e França, estão planeando repositórios semelhantes.

Fato interessante: Estudos indicam que, mesmo que a humanidade desapareça, os resíduos em Onkalo continuarão isolados e seguros, sem necessidade de intervenção humana.

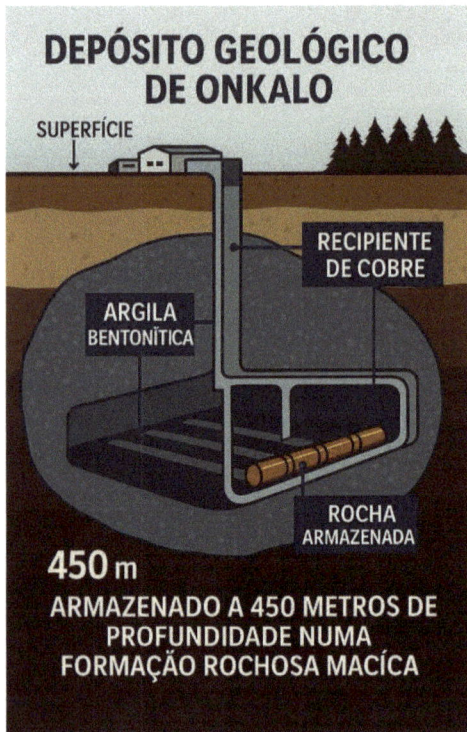

*Infográfico sobre o **repositório geológico Onkalo**, mostrando sua estrutura subterrânea e camadas de proteção.*

Conclusão – O Futuro do Armazenamento de Resíduos Nucleares

Diferente do que muitos imaginam, os resíduos nucleares não são um problema sem solução. Pelo contrário, eles possuem uma das cadeias de gestão mais seguras e rigorosas do mundo.

- As piscinas de refrigeração garantem segurança imediata para os resíduos recém-saídos do reator.

- Os dry casks oferecem uma solução de médio prazo altamente segura.

211

- O armazenamento geológico profundo, como Onkalo, representa a solução definitiva e livre de riscos.

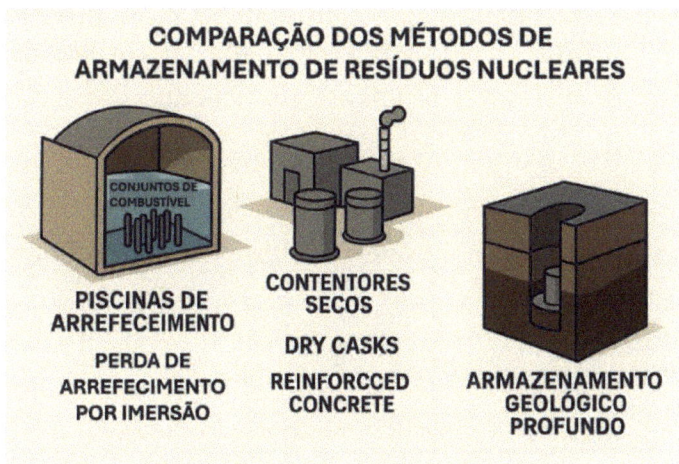

COMPARAÇÃO DOS MÉTODOS DE ARMAZENAMENTO DE RESÍDUOS NUCLEARES

CONJUNTOS DE COMBUSTÍVEL

PISCINAS DE ARREFECIMENTO
PERDA DE ARREFECIMENTO POR IMERSÃO

CONTENTORES SECOS
DRY CASKS
REINFORCCED CONCRETE

ARMAZENAMENTO GEOLÓGICO PROFUNDO

A Ilustração mostra o diagrama comparativo dos diferentes métodos de armazenamento de resíduos nucleares, incluindo piscinas de refrigeração, dry casks e armazenamento geológico profundo.

A energia nuclear é a única forma de geração de eletricidade que se responsabiliza por 100% de seus resíduos, garantindo que nenhum impacto ambiental ocorra no presente ou no futuro.

Tempo de Decaimento e os Mitos do "Perigo Eterno" dos Resíduos

Um dos maiores equívocos sobre os resíduos nucleares é a ideia de que eles permanecerão perigosos por centenas de milhares de anos sem solução viável. Embora alguns isótopos tenham meias-vidas longas, a realidade é que a maior parte dos resíduos nucleares perde 99% da sua radioatividade em poucas centenas de anos.

Além disso, muitos países utilizam o reprocessamento para reduzir a quantidade de resíduos de alta radioatividade. A França, por exemplo, recicla mais de 80% do seu combustível nuclear usado, reaproveitando materiais valiosos e minimizando o impacto ambiental dos rejeitos.

Nesta seção, vamos explorar quanto tempo os resíduos realmente levam para decair e como a reciclagem do combustível nuclear pode reduzir drasticamente esse problema.

1. Tempo de Decaimento dos Resíduos Nucleares

A radioatividade dos resíduos nucleares diminui com o tempo, à medida que os isótopos radioativos se desintegram e se transformam em elementos estáveis e inofensivos. O ritmo desse processo é medido pela meia-vida – o tempo necessário para que metade dos átomos radioativos se desintegre.

Tabela 29: Tabela mostra os Tempos de Decaimento dos Resíduos Nucleares

Material	Meia-vida (tempo para perder metade da radioatividade)	Tempo Estimado para Nível Seguro
Iodo-131	8 dias	3 meses
Césio-137	30 anos	300 anos
Estrôncio-90	29 anos	300 anos
Plutônio-239	24.000 anos	240.000 anos

Fonte: Produção própria recorrendo aos dados da Tabela no final do presente Capítulo

Fato interessante: Cerca de 90% da radioatividade do combustível nuclear usado desaparece nos primeiros 300 anos.

Outro dado relevante: Elementos como o Iodo-131, altamente radioativos, desaparecem quase completamente em apenas alguns meses.

Isso significa que a maioria dos resíduos nucleares não é perigosa por centenas de milhares de anos, como muitos acreditam. Apenas uma pequena fração dos resíduos precisa de armazenamento de longo prazo – e essa fração pode ser reduzida com tecnologias de reprocessamento.

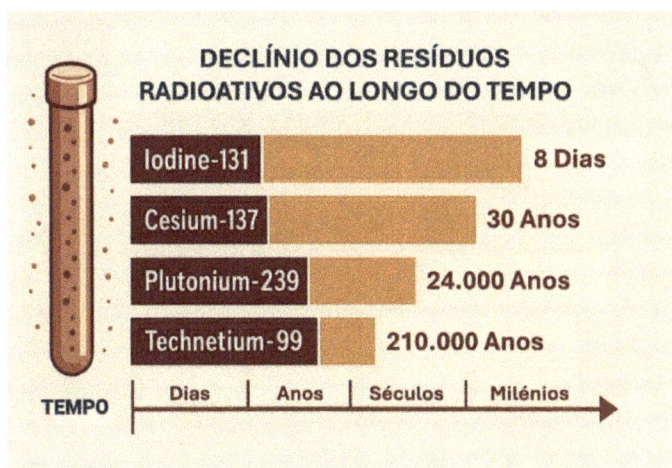

DECLÍNIO DOS RESÍDUOS RADIOATIVOS AO LONGO DO TEMPO

Elemento	Tempo
Iodine-131	8 Dias
Cesium-137	30 Anos
Plutonium-239	24.000 Anos
Technetium-99	210.000 Anos

TEMPO — Dias | Anos | Séculos | Milénios

Ilustração que mostra o tempo de decaimento dos principais elementos radioativos.

2. Como a França Recicla Mais de 80% do seu Combustível Nuclear

A França é líder mundial em reciclagem de combustível nuclear, reduzindo drasticamente a quantidade de resíduos de alta radioatividade e aumentando a eficiência energética de seus reatores. O país opera um ciclo fechado de combustível, permitindo que materiais valiosos sejam reutilizados em novas reações nucleares.

Como funciona o reprocessamento francês?

- Separação dos Materiais

    1. O combustível nuclear usado é enviado para a central de reprocessamento de La Hague, uma das maiores do mundo.

    2. Lá, o urânio e o plutônio são separados dos resíduos altamente radioativos.

- Reaproveitamento do Urânio e Plutônio

    1. O urânio separado pode ser reconvertido em novo combustível para reatores.

    2. O plutônio extraído é usado para fabricar MOX (Mixed Oxide Fuel), um tipo de combustível que pode ser reutilizado em reatores nucleares.

- Redução dos Resíduos de Alta Radioatividade

    1. Apenas 3% do combustível inicial se torna um verdadeiro resíduo sem aproveitamento.

2. Esses resíduos são vitrificados – misturados com vidro fundido e armazenados com segurança em depósitos geológicos.

O que a França faz com o combustível reciclado?

- Utiliza MOX (Mixed Oxide Fuel) – Um combustível misto de urânio e plutônio reciclado, usado em cerca de 22 reatores nucleares franceses.

- Evita a mineração excessiva de urânio – Diminuindo a necessidade de extração de novos recursos naturais.

- Reduz os resíduos de longa duração – O que normalmente exigiria 240.000 anos de armazenamento pode ser reduzido para apenas alguns séculos com o reprocessamento.

Fato interessante: Graças ao reprocessamento, a França gera menos de 1 kg de resíduos de alta radioatividade por habitante por ano – uma quantidade muito menor do que a maioria dos países que usam energia nuclear.

CICLO DE REPROCESSAMENTTO DE COMBUSTÍVEL NUCLEAR

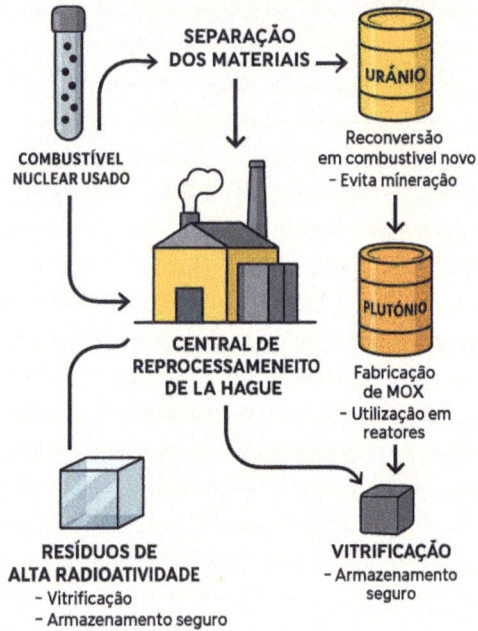

SEPARAÇÃO DOS MATERIAIS →

URÂNIO

Reconversão em combustivel novo – Evita míneração

COMBUSTÍVEL NUCLEAR USADO

PLUTÓNIO

CENTRAL DE REPROCESSAMENEITO DE LA HAGUE

Fabricação de MOX – Utilização em reatores

RESÍDUOS DE ALTA RADIOATIVIDADE
– Vitrificação
– Armazenamento seguro

VITRIFICAÇÃO
– Armazenamento seguro

Fluxograma que ilustra o ciclo de reprocessamento de combustível nuclear em França, destacando como mais de 80% do combustível é reutilizado.

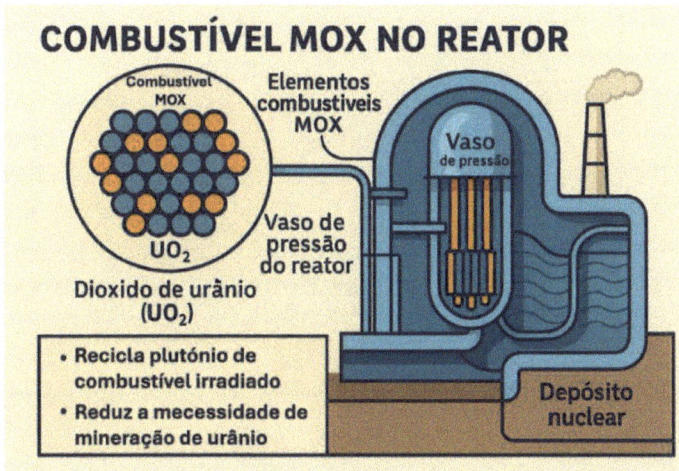

Diagrama ilustrando como o MOX (Mixed Oxide Fuel) funciona em reatores nucleares, destacando sua composição e benefícios.

3. O Futuro da Gestão de Resíduos – Novas Tecnologias de Reciclagem

Os avanços em reatores nucleares de nova geração permitirão que quase 100% do combustível nuclear seja reaproveitado, tornando os resíduos ainda menores. Algumas tecnologias promissoras incluem:

Reatores Rápidos

- Utilizam plutônio e urânio empobrecido como combustível, fechando o ciclo nuclear.

- São extremamente eficientes e podem reduzir os resíduos nucleares em até 90%.

Reatores de Sais Fundidos

- Permitem reações nucleares mais eficientes e seguras.

- Podem consumir resíduos nucleares antigos, transformando-os em novas fontes de energia.

Transmutação Nuclear

- Tecnologia experimental que pode converter isótopos de longa vida em elementos de decaimento mais rápido.

- Isso eliminaria a necessidade de armazenamento de longo prazo.

Exemplo: O Japão e a União Europeia estão investindo biliões em pesquisas sobre transmutação nuclear, visando minimizar os resíduos a longo prazo.

Conclusão – Os Resíduos Nucleares São um Problema Menor do Que Se Pensa

Ao contrário do que muitos imaginam, os resíduos nucleares não são um problema insolúvel. Pelo contrário, existem tecnologias e estratégias eficazes para geri-los:

- A maioria da radioatividade dos resíduos desaparece em poucos séculos.

- O reprocessamento pode reduzir drasticamente a quantidade de resíduos de alta radioatividade.

- Países como a França já reaproveitam 80% do combustível nuclear, minimizando os impactos ambientais.

- Novas tecnologias poderão transformar resíduos nucleares em novas fontes de energia.

Se bem administrados, os resíduos nucleares não representam um risco significativo para o meio ambiente. Com inovação e boas políticas de gestão, o setor nuclear pode-se tornar ainda mais sustentável no futuro.

NOVAS TECNOLOGIAS DE RECICLAGEM NUCLEAR

Infografico que ilustra novas tecnologias de reciclagem nuclear, incluindo reatores rapidos, reatores de sais fundidos e transmutação nuclear, que podem reduzir drasticamente os resíduos radioativos.

REATORES RÁPIDOS — REATORES DE SAIS FUNDIDOS — TRANSMUTAÇÃO NUCLEAR

COMBUSTIVEL FUNDIDO

PLUTÔNIO E URÂNIO EMPOBRECIDO — Combustível fundido reciclável — ACELERADOR DE PARTÍCULAS

Utilizam combustível reciclado — Podem consumir resíduos antigos — Elimina necessidade de armazenamento

Reduzem resíduos nucleares

Infográfico que ilustra novas tecnologias de reciclagem nuclear, incluindo reatores rápidos, reatores de sais fundidos e transmutação nuclear, que podem reduzir drasticamente os resíduos radioativos.

Mitos sobre a Perigosidade dos Resíduos Nucleares

A gestão dos resíduos nucleares é um dos temas mais atacados pelos críticos da energia nuclear. Muitas vezes, os resíduos são apresentados como **"lixo eterno"**, sem solução e altamente perigosos. No entanto, essa visão ignora três aspetos fundamentais:

1. A quantidade de resíduos nucleares gerados é extremamente pequena em comparação com outras indústrias.

2. Os resíduos nucleares são armazenados e controlados, enquanto resíduos químicos e de combustíveis fósseis são despejados no meio ambiente.

3. A radioatividade dos resíduos nucleares diminui ao longo do tempo, enquanto poluentes químicos e metais pesados permanecem tóxicos para sempre.

Vamos explorar esses pontos aprofundadamente, desmistificando as principais alegações sobre os resíduos nucleares.

Comparação entre Resíduos Nucleares e Outras Indústrias

A energia nuclear gera resíduos, mas qualquer forma de geração de energia também gera rejeitos. A questão central não é apenas se um setor gera resíduos, mas como esses resíduos são tratados e quais impactos reais eles têm no meio ambiente e na saúde humana.

Vamos comparar os resíduos nucleares com outros resíduos industriais:

Tabela 30: Comparação entre os Resíduos Nucleares e Outros Resíduos Industriais

Tipo de Resíduo	Origem	Quantidade Produzida Anualmente	Impacto Ambiental	Gestão
Resíduos Nucleares	Usinas nucleares	Cerca de 30 toneladas por reator de 1GW/ano	Nenhum impacto ambiental direto (armazenado com segurança)	Reprocessamento e armazenamento geológico
Cinzas de Carvão	Usinas termelétricas	Milhões de toneladas	Contêm metais pesados tóxicos (mercúrio, arsênio) que contaminam solo e água	Dispostas em aterros, muitas vezes vazam para o meio ambiente
Resíduos Químicos	Indústrias petroquímicas e farmacêuticas	Bilhões de litros de efluentes tóxicos	Poluição de rios, aquíferos e intoxicação de populações	Tratamento parcial e despejo contínuo

Resíduos Eletrônicos	Lixo tecnológico (baterias, placas, etc.)	Milhões de toneladas	Contêm chumbo, cádmio e mercúrio, altamente tóxicos	Reciclagem limitada, descarte inadequado comum

Fonte: Produção própria recorrendo aos dados da Tabela no final do presente Capítulo

Por que os resíduos nucleares são menos problemáticos?

- **Menor volume** – Os resíduos nucleares são produzidos em quantidades ínfimas em comparação a outros tipos de resíduos industriais.

- **Armazenamento seguro** – Diferente dos resíduos químicos e de carvão, **os** resíduos nucleares não são despejados no meio ambiente.

- **Decaimento radioativo** – Enquanto poluentes químicos e metais pesados são permanentemente tóxicos, os resíduos nucleares perdem sua perigosidade ao longo do tempo.

Fato interessante: Uma central nuclear abastece milhões de pessoas e gera apenas 30 toneladas de resíduos de alta radioatividade por ano. Uma central a carvão do mesmo porte gera 300.000 toneladas de cinzas tóxicas por ano, lançando parte delas na atmosfera.

O Risco Real dos Resíduos Radioativos em Comparação com a Perceção Popular

A opinião pública geralmente superestima os riscos dos resíduos nucleares e subestima os riscos de outros resíduos. Isso ocorre porque o medo da radioatividade foi amplamente propagado por décadas, enquanto poluentes industriais invisíveis são aceites sem que se questione.

Vamos desconstruir alguns mitos comuns:

Mito 1: Os resíduos nucleares são despejados no meio ambiente

FALSO. Nenhuma indústria controla seus rejeitos tão bem quanto o setor nuclear.

100% dos resíduos nucleares são armazenados em locais protegidos e regulamentados. Enquanto isso, resíduos químicos são frequentemente despejados em rios e as cinzas de carvão são jogadas na atmosfera.

Mito 2: Os resíduos nucleares são perigosos para sempre

FALSO. A maior parte da radioatividade desaparece em poucas centenas de anos.

Elementos como Césio-137 e Estrôncio-90 (os mais perigosos no curto prazo) perdem 99% da radiação em 300 anos. Apenas uma fração mínima dos resíduos precisa ser armazenada por mais tempo.

Mito 3: Os resíduos nucleares são mais perigosos do que resíduos químicos

FALSO. Substâncias como o mercúrio, cádmio e pesticidas industriais nunca perdem sua toxicidade.

Uma contaminação por mercúrio ou dioxinas é irreversível, enquanto uma contaminação radioativa se dissipa naturalmente com o tempo.

Fato interessante: O desastre químico de Bhopal, na Índia (1984) matou mais de 15.000 pessoas. Nenhum derrame ou fuga de resíduos nucleares jamais causou algo remotamente semelhante.

O Acidente Químico de Bhopal (Índia, 1984) – O Verdadeiro Perigo dos Resíduos Industriais

Na noite de 2 para 3 de dezembro de 1984, a cidade de Bhopal, na Índia, sofreu o pior desastre químico da história. Um derrame/fuga severa de gás tóxico metil-isocianato (MIC) na fábrica da Union Carbide India Limited (UCIL) resultou na morte de mais de 15.000 pessoas e em centenas de milhares de casos de intoxicação severa, muitos com sequelas permanentes.

Esse evento catastrófico é frequentemente ignorado quando se discute segurança industrial, mas sua magnitude supera qualquer desastre nuclear ocorrido até hoje.

1. O Que Aconteceu em Bhopal?

A fábrica de pesticidas da Union Carbide armazenava metil-isocianato (MIC), um gás altamente tóxico usado na produção de pesticidas. Na noite do acidente, água entrou em contato com o tanque de MIC, desencadeando uma reação química descontrolada.

Sequência do desastre:

- **22h30** – Infiltração de água nos tanques de armazenagem de MIC.

- **23h00** – O calor gerado pela reação química começa a elevar a pressão interna dos tanques.

- **00h30** – A válvula de segurança falha, liberando uma enorme nuvem de gás tóxico sobre a cidade.

- **01h00** – Milhares de pessoas começam a morrer instantaneamente ao inalar o gás.

- **Ao amanhecer – Mais de 5.000 mortos confirmados** e **cerca de 600.000 intoxicados**.

Os sistemas de segurança não funcionaram adequadamente, e a população não foi evacuada a tempo, tornando o impacto devastador.

2. Impacto do Acidente – Uma Catástrofe Humana e Ambiental

Impacto na Saúde

- 15.000 a 25.000 mortes diretas e indiretas ao longo dos anos seguintes.

- Mais de 600.000 pessoas intoxicadas, muitas com sequelas permanentes.

- Milhares de casos de cegueira e problemas respiratórios crônicos.

O gás MIC atacou os pulmões, olhos e tecidos internos, levando a mortes agonizantes por asfixia e queimaduras internas.

Impacto Ambiental

- Solo e água contaminados por décadas – A fábrica continuou derramando produtos químicos por anos.

- Lençóis freáticos contaminados, causando doenças graves na população local.

- A área ao redor da fábrica ainda está poluída até hoje.

Diferente de um desastre nuclear, onde a radiação se dissipa com o tempo, os poluentes químicos permaneceram no ambiente e ainda afetam a população quase 40 anos depois.

Comparação com Acidentes Nucleares

O acidente de Bhopal foi muito mais devastador do que qualquer desastre nuclear em termos de vítimas, impacto ambiental e falta de responsabilidade das empresas envolvidas.

Tabela 31: Comparação entre Acidentes Bhopal vs Chernobyl

Critério	Bhopal (1984)	Chernobyl (1986)
Causa	Falha industrial e falta de segurança química	Explosão de reator nuclear
Mortes imediatas	5.000 a 10.000	31
Mortes ao longo dos anos	15.000+	4.000–10.000 (estimativa da OMS)

Pessoas afetadas	600.000+ intoxicados	200.000 evacuados
Área contaminada	Solo e água contaminados permanentemente	Radiação decrescendo ao longo dos anos
Impacto atual	Resíduos químicos ainda poluem a região	Radiação já caiu mais de 90%
Responsabilização	Empresa pagou indenizações mínimas	Medidas internacionais de segurança nuclear reforçadas

Fonte: Produção própria recorrendo aos dados da Tabela no final do presente Capítulo

Fato importante: Diferente da energia nuclear, onde acidentes como Chernobyl levaram a reformas massivas nos protocolos de segurança, a indústria química continua a operar na maioria dos casos com riscos elevados, com múltiplos derrames e poluições tóxicas a cada ano.

Gráfico 33: Comparação de Fatalidades entre o Acidente de Bhopal e os Acidentes Nucleares

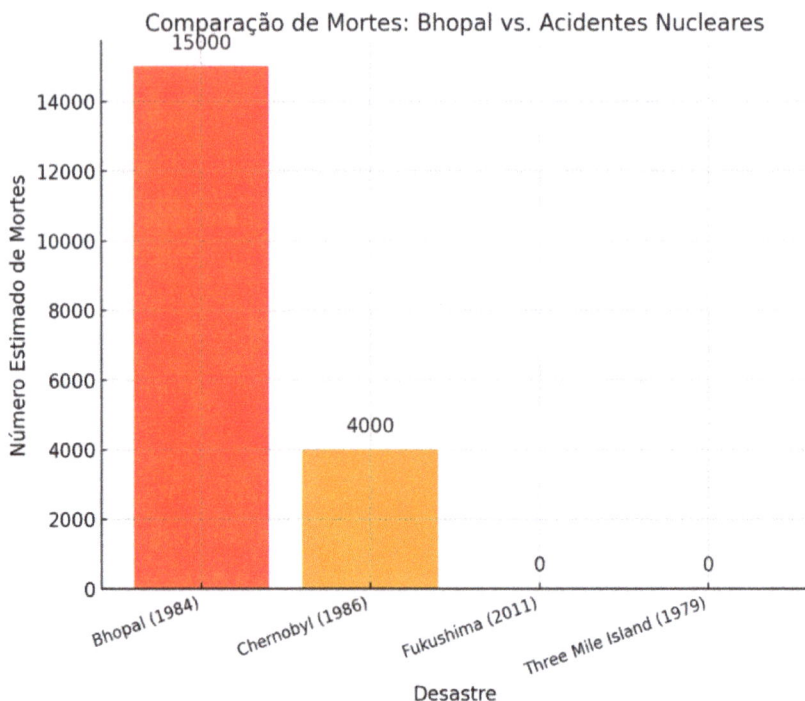

Gráfico 33: Comparação de Fatalidades entre o Acidente de Bhopal e os Acidentes Nucleares

Fonte: Produção própria recorrendo aos dados da Tabela no final do presente Capítulo

Por Que Não Existe um Medo Global da Indústria Química?

Apesar de Bhopal ter sido muito pior do que qualquer acidente nuclear, a indústria química não sofre a mesma pressão e escrutínio que o setor nuclear. Isso acontece porque:

- Falta de conhecimento do público – A maioria das pessoas não entende os riscos químicos como entende o perigo da radiação.

- Interesses econômicos – Indústrias químicas e petrolíferas são poderosas e influentes.

- Ausência de regulamentação rigorosa – Diferente do setor nuclear, o controle sobre a indústria química é muito mais frouxo.

Fato curioso: Um único desastre químico matou mais pessoas que todos os acidentes nucleares somados, mas o medo ainda está voltado para a energia nuclear.

Conclusão – Bhopal e a Hipocrisia na Perceção de Riscos

O desastre de Bhopal deveria ser um alerta global sobre os riscos da indústria química, mas, em vez disso, continua sendo ignorado.

O acidente de Bhopal matou mais de 15.000 pessoas, enquanto o pior acidente nuclear (Chernobyl) teve um impacto incomparavelmente muito menor.

A contaminação química em Bhopal continua até hoje, enquanto a radiação de Chernobyl já decaiu mais de 90%.

As regras para segurança nuclear foram reforçadas após Chernobyl, mas a indústria química segue operando com riscos elevados.

O que Bhopal nos ensina? O verdadeiro perigo para o meio ambiente e para a saúde pública não vem dos resíduos nucleares, mas sim dos resíduos industriais e químicos, que são despejados sem controle em todo o mundo.

LINHA DO TEMPO DO DESASTRE DE BHOPAL

22h30
Água infiltra-se num tanque de armazenamento de isocianato de metilo, desencadeando uma reação exotérmica.

UNION CARBIDE

ISOCIANATO DE METILO

11h00
A temperatura e a pressão no interior do tanque começam a subir.

00h30
A valvula de segurança falha, e uma grande nuvem de gás tóxico escapa para a atmosfera.

01h00
O gás tóxico alcança a cidade vizinha de Bhopal. Milhares de pessoas começam a morrer.

MANHÃ
Pelo menos 3.000 pessoas morreram por exposição ao gás.

Linha do tempo do acidente de Bhopal, ilustrando os eventos que levaram ao desastre.

Ilustração que mostra o mapa da contaminação química em Bhopal, mostrando as áreas afetadas pelo desastre até hoje.

Casos de Contaminação Real vs. Alarmismo Desproporcional

Os resíduos nucleares nunca causaram um desastre ambiental global, enquanto poluentes químicos e derrames de petróleo causam danos irreversíveis.

Tabela 32: Comparação entre Desastres Ambientais

Caso	O que aconteceu?	Impacto real	Gestão do problema
Chernobyl (1986)	Explosão de reator dispersou material radioativo	Área local afetada, evacuação de 30 km	Radiação já caiu mais de 90% desde 1986

Vazamento de cinzas de carvão (Kingston, EUA, 2008)	Rompimento de reservatório despejou milhões de toneladas de cinzas tóxicas	Rios e terras contaminados permanentemente	Impacto ambiental irreversível
Desastre da BP no Golfo do México (2010)	Explosão de plataforma despejou milhões de barris de petróleo no oceano	Extinção de espécies, impacto por décadas	Mitigação parcial, danos irreversíveis

Fonte: Produção própria recorrendo aos dados da Tabela no final do presente Capítulo

Conclusão: Nenhum acidente nuclear causou um impacto ambiental comparável aos desastres químicos e petrolíferos.

GERAÇÃO DE RESÍDUOS POR INDÚSTRIA

CINZAS DE CENTRAIS A CARVÃO	RESÍDUOS QUÍMICOS	DERRAMES DE PETRÓLEO	RESÍDUOS NUCLEARES
120.000 TONELADAS POR ANO	400.000 TONELADAS POR ANO	1.000.000 TONELADAS POR ANO	30.000 TONELADAS POR ANO

Infografia comparativa ilustrando a quantidade de resíduos gerados por diferentes indústrias, destacando a pequena quantidade de resíduos nucleares em relação a outros tipos de poluentes

O Desastre da BP no Golfo da América (2010) – O Verdadeiro Perigo da Indústria Petrolífera

No dia 20 de abril de 2010, a plataforma de perfuração Deepwater Horizon, operada pela British Petroleum (BP) no Golfo da América, sofreu uma explosão catastrófica, causando o maior derrame de petróleo da história dos EUA.

O desastre resultou em 11 mortes imediatas, centenas de feridos, destruição de ecossistemas marinhos, e uma contaminação que perdura até os dias de hoje.

Este evento é crucial para compararmos os riscos reais da indústria petrolífera[2] com os da energia nuclear, pois nenhuma central nuclear jamais causou um dano ambiental comparável ao deste derrame.

1. O Que Aconteceu no Desastre da BP?

A Deepwater Horizon era uma plataforma de perfuração que operava em águas profundas, explorando um poço de petróleo no campo de Macondo, a mais de 1.500 metros de profundidade.

Na noite do 20 de abril de 2010, uma falha catastrófica na cimentação do poço permitiu que gás natural de alta pressão escapasse descontroladamente, alcançasse a plataforma e explodisse.

Sequência do desastre:

20 de abril, 21h49 – Gás natural começa a vazar do poço Macondo para dentro da tubagem da plataforma.

20 de abril, 21h56 – O gás atinge o convés da Deepwater Horizon e se inflama.

20 de abril, 22h00 – Uma enorme explosão destrói a plataforma, matando 11 trabalhadores e ferindo dezenas.

---

[2] O Autor, como ator da indústria petrolífera durante mais de trinta anos, fica envergonhado com o acidente em si e todas suas consequências. A Indústria Petrolífera sempre se pautou pelos mais exigentes parâmetros de qualidade e segurança e ter de assistir a um acidente desta natureza em foi clara a negligência humana tanto do management da Companhia como dos seus gestores operacionais não deixa de causar repulsa e indignação. A Justiça fez o seu trabalho e condenou adequadamente a Companhia e os seus gestores por negligência grosseira.

22 de abril – A plataforma afunda, rompendo completamente o poço e iniciando um derrame de petróleo incontrolável.

Julho de 2010 – Depois de 87 dias, a BP finalmente consegue selar o poço. Nesse período, mais de 4,9 milhões de barris de petróleo foram despejados no oceano.

Esse derrame maciço de petróleo tornou-se no maior desastre ambiental causado pela indústria petrolífera nos EUA.

Linha do tempo do desastre da BP no Golfo do México, ilustrando os eventos que levaram á fuga maciça de petróleo.

2. Impacto Ambiental do Derrame de Petróleo

Enquanto desastres nucleares como Chernobyl e Fukushima causaram danos localizados, o derrame da BP teve impacto global, afetando o oceano, a vida marinha e a economia pesqueira por décadas.

Impacto na Vida Marinha

- Mais de 100.000 tartarugas marinhas mortas.

- Pelo menos 1.400 golfinhos e baleias morreram na sequência da contaminação.

- A indústria pesqueira perdeu biliões de dólares devido à destruição dos ecossistemas marinhos.

Impacto na Economia

- Mais de 400.000 empregos afetados na indústria pesqueira e do turismo.

- A BP pagou mais de 65 biliões de dólares em indenizações, mas os danos ambientais são irreparáveis.

Impacto no Meio Ambiente

- A mancha de petróleo cobriu uma área equivalente ao estado de Nova York.

- Mais de 4,9 milhões de barris de petróleo vazaram, contaminando 1.300 km de costa.

- Plâncton, recifes de coral e mariscos foram devastados, alterando permanentemente a cadeia alimentar da região.

Fato importante: A radiação de Chernobyl e Fukushima decresceu naturalmente ao longo dos anos, enquanto o petróleo da BP continua contaminando o oceano até hoje.

Mapa da extensão do derramamento de petróleo no Golfo do México, mostrando as áreas afetadas pela contaminação.

3. Comparação com Acidentes Nucleares

Apesar da destruição massiva causada pelo desastre da BP, o público ainda teme mais a energia nuclear do que o petróleo, mesmo sabendo que desastres petrolíferos são recorrentes e causam impactos ambientais permanentes.

Tabela 33: Comparação Entre Acidente da BP e de Chernobyl

Critério	BP Golfo do México (2010)	Chernobyl (1986)

Causa	Falha na cimentação do poço de petróleo	Explosão de reator nuclear
Mortes imediatas	11	31
Mortes ao longo dos anos	Est. 11.000 devido à contaminação e impacto econômico	4.000-10.000 (estimativa da OMS)
Área afetada	1.300 km de costa, oceano aberto	30 km ao redor do reator
Impacto ambiental	Petróleo espalhado no oceano, contaminação permanente	Radiação decrescendo ao longo dos anos
Recuperação	Impacto ambiental ainda presente após 14 anos	Radiação já caiu mais de 90% desde 1986
Responsabilização	BP pagou indenizações, mas o dano ambiental continua	Protocolos de segurança nuclear reforçados globalmente

Fonte: Produção própria recorrendo aos dados da Tabela no final do presente Capítulo

Conclusão: O desastre da BP foi muito mais prejudicial ao meio ambiente e à economia do que qualquer acidente nuclear moderno.

Gráfico 34: Comparação do Impacto Ambiental Acidente da BP vs Energia Nuclear

Comparação do Impacto Ambiental: Petróleo vs. Energia Nuclear

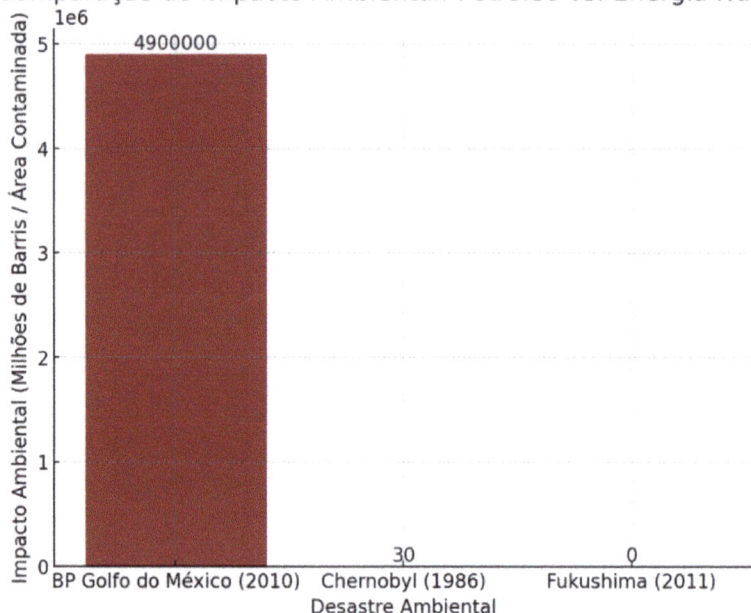

Gráfico comparando o impacto ambiental do petróleo vs. energia nuclear, mostrando a disparidade entre os desastres.

Fonte: Produção própria recorrendo aos dados da Tabela no final do presente Capítulo

Nota: Para se ter uma comparação clara tive de converter o acidente de Chernobyl em termos de Impacto Ambiental, para o número de barris de petróleo equivalente para que fosse comparável. Assim a Acidente de Chernobyl teve um impacto ambiental equivalente ao derrame de 30.000 barris de petróleo.

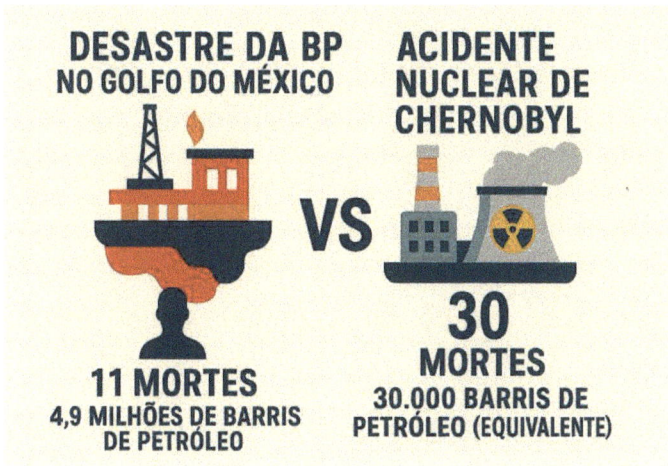

Comparação visual entre o desastre da BP no Golfo da América e Chernobyl, destacando o impacto humano e ambiental de cada evento.

4. Por Que o Medo do Petróleo Não Supera o Medo da Energia Nuclear?

A indústria do petróleo move triliões de dólares e tem influência direta na política global. Por isso, desastres petrolíferos apesar de serem raros, têm consequências devastadoras e são rapidamente esquecidos, no entanto e tal como a energia nuclear os acidentes com o petróleo servem sempre para a indústria ir melhorando as suas práticas e procedimentos. Mas a verdade é que a energia nuclear sofre um estigma duradouro.

O lobby do petróleo é poderoso – Companhias petrolíferas financiam campanhas políticas e controlam a narrativa nos média.

Petróleo faz parte da vida diária – Como dependemos de combustíveis fósseis, o público ignora seus impactos ambientais.

O medo da radiação é maior do que o medo da poluição química – A desinformação sobre resíduos nucleares alimenta a paranoia, enquanto desastres ambientais reais são minimizados.

O desastre da BP foi muito mais destrutivo e duradouro do que qualquer acidente nuclear, mas o medo da energia nuclear persiste, enquanto o petróleo continua sendo amplamente consumido.

O derrame de petróleo da BP contaminou permanentemente o oceano, enquanto a radiação de Chernobyl já decaiu significativamente.

A BP pagou indenizações bilionárias, mas os danos ambientais não foram revertidos.

Acidentes petrolíferos continuam a ocorrer regularmente, mas são rapidamente esquecidos.

O verdadeiro perigo não está na energia nuclear, mas sim na nossa dependência de combustíveis fósseis, que causam desastres ambientais massivos, destruição de ecossistemas e mudanças climáticas.

DESASTRES AMBIENTAIS

Ilustração que mostra a comparação visual entre desastres ambientais (nuclear vs. químico vs. petróleo), destacando diferenças no impacto, dano ambiental e recuperação

NUCLEAR | QUÍMICO | OIL

IMPACTO | RECUPERAÇÃO | RECUPERAÇÃO

RECUPERAÇÃO

Ilustração que mostra a comparação visual entre desastres ambientais (nuclear vs. químico vs. petróleo), destacando as diferenças de impacto, dano ambiental e recuperação

Gráfico 35: Comparação do Impacto Ambiental entre Acidentes

Comparação do Impacto Ambiental: Derramamento de Petróleo vs. Acidentes Nucleares e E

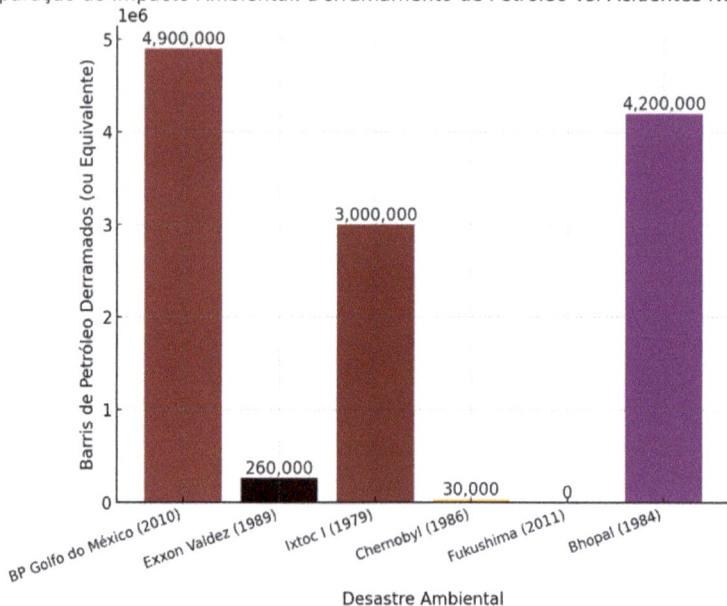

Gráfico que compara o impacto dos acidentes em termos de derramamento de barris de petróleo, destacando a escala massiva dos desastres petrolíferos em relação aos acidentes nucleares.

Fonte: Produção própria recorrendo aos dados da Tabela no final do presente Capítulo

O Mito dos Resíduos Nucleares Perigosos para Sempre

Os resíduos nucleares apresentam um impacto relativamente menor em comparação com os resíduos de outras indústrias.

Estes não são descartados no meio ambiente e sua perigosidade reduz-se ao longo do tempo. Enquanto os resíduos químicos mantêm sua toxicidade permanentemente, os resíduos nucleares são armazenados de forma segura e possuem a possibilidade de serem reciclados.

A verdadeira pergunta não deveria ser "como lidar com os resíduos nucleares?", mas sim "por que ninguém se preocupa com os resíduos químicos e petrolíferos que realmente destroem o meio ambiente?"

O MITO DE QUE OS RESÍDUOS NUCLEARE SÃO PERIGOSOS PARA SEMPRE

MITO

Os resíduos nucleares têm um impacto mínimo quando comparados aos resíduos de outras indústrias.

Não são despejados no meìo ambiente, e sua natureza perigosa dimínui com o tempo.

Enquanto resíduos químicos permanecem tôxicos para sempre, os residuos nucleares são armazenados com segurança e podem ser reciclados

A verdadeira pergunta não devería ser "como lidamos com residuos nucleares?" mas sim "por que ninguém se preocupa com residuos da indústria química e do petróleo que verdadeiramente destroem o meio *ambiente*

Infográfico desmistificando mitos sobre resíduos nucleares, comparando perceções equivocadas com fatos reais

O Futuro da Gestão de Resíduos – Alternativas e Inovações

O debate sobre a energia nuclear muitas vezes concentra-se na questão dos resíduos radioativos. No entanto, avanços tecnológicos recentes estão a revolucionar a forma como esses resíduos são processados e reaproveitados.

Ao contrário do que muitos acreditam, os resíduos nucleares não precisam de ser simplesmente armazenados indefinidamente.

Com as novas tecnologias, é possível reduzir a sua perigosidade, reaproveitá-los como combustível e até eliminá-los através da transmutação nuclear.

Nesta seção, exploraremos as principais inovações que podem transformar a gestão dos resíduos nucleares no século XXI.

A chave para minimizar os resíduos nucleares está no reaproveitamento do combustível irradiado.

Em vez de considerar o combustível usado como "lixo", ele pode ser reprocessado e transformado em nova fonte de energia.

Duas abordagens estão a revolucionar esse conceito:

Reatores Rápidos e o Fecho do Ciclo do Combustível

Os reatores rápidos (Fast Breeder Reactors - FBR) são uma tecnologia avançada que pode aproveitar o combustível nuclear usado, tornando a energia nuclear muito mais eficiente e sustentável.

Como funcionam os reatores rápidos?

- Diferente dos reatores convencionais, os reatores rápidos não precisam de moderadores de neutrões.

- Eles utilizam neutrões rápidos para induzir reações nucleares, permitindo que quase 100% do combustível seja aproveitado.

- O urânio-238 e até mesmo o plutônio-239 presentes nos resíduos podem ser reconvertidos em combustível físsil, reduzindo drasticamente os rejeitos de longa vida.

Vantagens dos reatores rápidos:

- Podem consumir resíduos nucleares de outros reatores, reduzindo o volume de rejeitos radioativos.

- Aumentam a eficiência do urânio em até 100 vezes, minimizando a necessidade de mineração.

- Geram menos resíduos de alta radioatividade.

Exemplo real: A Rússia já opera reatores rápidos BN-600 e BN-800, que utilizam plutônio reciclado como combustível.

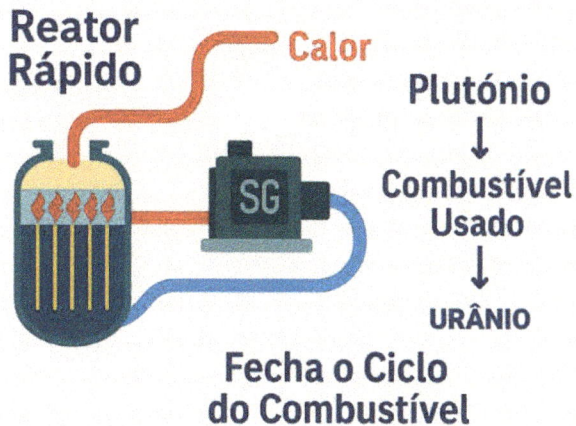

Diagrama mostrando como funciona um reator rápido e o fechamento do ciclo do combustível.

Os Reatores Rápidos BN-600 e BN-800 – O Futuro da Energia Nuclear Sustentável

Os reatores rápidos são fundamentais para a próxima geração de centrais nucleares, pois permitem o reaproveitamento do combustível irradiado, reduzem a necessidade de mineração de urânio e minimizam os resíduos de longa vida.

Na Rússia, a série de reatores BN (Bolshoy Moschnosty) representa um dos sistemas mais avançados e mais bem-sucedidos do mundo em operação comercial. Atualmente, os reatores BN-600 e BN-800 são os principais exemplos dessa tecnologia, operando na Central Nuclear de Beloyarsk.

Diagrama ilustrando o funcionamento dos reatores rápidos BN-600 e BN-800, destacando o uso de combustível MOX reciclado e a redução de resíduos.

O que torna esses reatores especiais?

- Eles utilizam neutrões rápidos, permitindo uma eficiência muito maior na fissão nuclear.

- Podem consumir plutônio e outros resíduos nucleares, reduzindo a quantidade de rejeitos de longa vida.

- São projetados para fechar o ciclo do combustível nuclear, reaproveitando o urânio e o plutônio do combustível usado.

- Utilizam sódio líquido como refrigerante, garantindo um arrefecimento mais eficiente sem a necessidade de moderadores.

1. O Reator BN-600 – O Mais Antigo e Confiável Reator Rápido em Operação Comercial

O BN-600 entrou em operação em 1980 na Central Nuclear de Beloyarsk, na Rússia, e é o reator rápido mais antigo ainda em funcionamento comercial no mundo.

Características Técnicas do BN-600:

- Potência térmica: 1.470 MWt

- Potência elétrica líquida: 600 MWe

- Refrigerante: Sódio líquido

- Tipo de combustível: MOX (Mixed Oxide Fuel) – mistura de urânio e plutônio

O que faz o BN-600 ser tão importante?

- Foi o primeiro reator rápido comercialmente viável, demonstrando que essa tecnologia pode ser segura e confiável.

- Já operou por mais de 40 anos com eficiência, acumulando uma grande quantidade de dados sobre reatores rápidos.

- Mostrou que é possível reciclar combustível nuclear e reduzir resíduos de alta radioatividade.

Facto interessante: Apesar de ser uma tecnologia da época da União Soviética, o BN-600 continua funcionando com alto índice de confiabilidade.

2. O Reator BN-800 – A Nova Geração dos Reatores Rápidos

O BN-800 foi construído na mesma central de Beloyarsk e entrou em operação em 2015 como uma versão aprimorada do BN-600. É considerado o reator rápido mais avançado em operação comercial no mundo.

Características Técnicas do BN-800

- Potência térmica: 2.100 MWt

- Potência elétrica líquida: 880 MWe

- Refrigerante: Sódio líquido

- Tipo de combustível: MOX – Plutônio reciclado + urânio empobrecido

O que torna o BN-800 tão inovador?

- Foi projetado para testar o encerramento completo do ciclo do combustível nuclear, utilizando apenas combustível reciclado.

- Demonstra que os reatores rápidos podem funcionar com combustível 100% MOX, eliminando a necessidade de mineração adicional de urânio.

- Reduz drasticamente a produção de resíduos de alta radioatividade.

Fato interessante: Desde 2022, o BN-800 opera exclusivamente com combustível MOX reciclado, sendo o primeiro reator do mundo a alcançar esse feito em escala comercial.

Infográfico explicando como o combustível MOX reciclado é utilizado nos reatores rápidos BN-600 e BN-800, destacando sua composição e benefícios.

3. Benefícios dos Reatores Rápidos BN-600 e BN-800

Os reatores rápidos da série BN são fundamentais para o futuro da energia nuclear porque:

- Permitem que resíduos nucleares sejam reutilizados como combustível, reduzindo significativamente a quantidade de lixo nuclear.

- Diminuem a necessidade de mineração de urânio, pois podem operar com combustível reciclado.

- Aumentam a eficiência do combustível nuclear em até 100 vezes em comparação com os reatores convencionais.

- Reduzem os riscos de proliferação nuclear, pois transformam plutônio residual em energia em vez de permitir a sua acumulação.

Conclusão: A Rússia está a demonstrar que o ciclo fechado do combustível nuclear não é apenas teórico, mas sim uma realidade comercial viável.

Comparação da Eficiência dos Reatores Rápidos vs. Convencionais

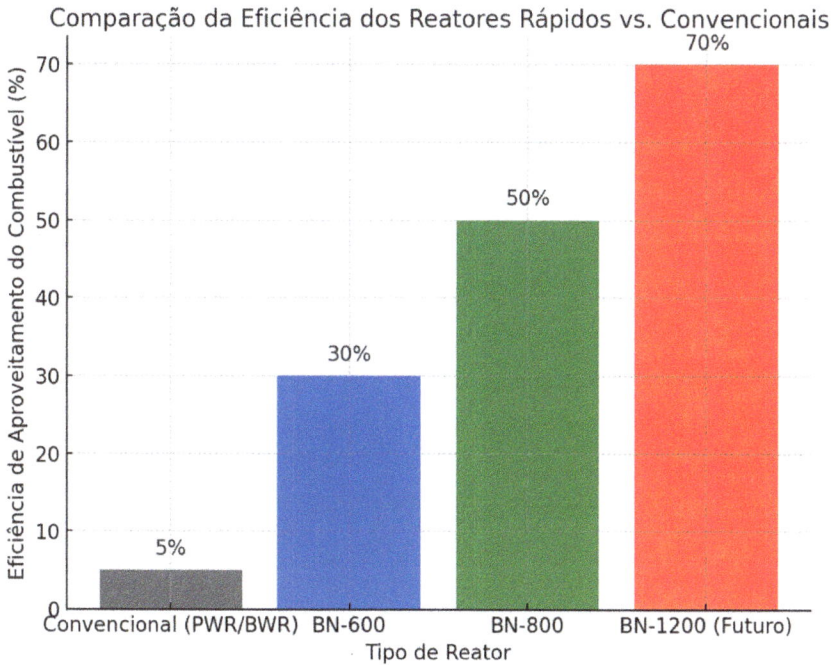

Gráfico que compara a eficiência dos reatores rápidos com os convencionais, mostrando o aumento significativo no aproveitamento do combustível nuclear.

Fonte: Produção própria recorrendo aos dados da Tabela no final do presente Capítulo

4. O Futuro – O BN-1200 e a Expansão dos Reatores Rápidos

Com o sucesso do BN-600 e do BN-800, a Rússia já está a desenvolver um novo reator rápido de grande escala, o BN-1200.

- Capacidade elétrica de 1.200 MWe, tornando-o um dos mais potentes reatores rápidos da história.

- Melhorias na segurança e eficiência do combustível MOX reciclado.

- Projeto pensado para exportação, podendo ser adotado por outros países.

Se for implementado com sucesso, o BN-1200 poderá consolidar a energia nuclear como um sistema completamente sustentável, sem necessidade de depósitos geológicos permanentes para resíduos de alta radioatividade.

Conclusão – BN-600 e BN-800 São o Caminho para a Energia Nuclear Sustentável

Os reatores rápidos da série BN são uma prova de que o encerramento do ciclo do combustível nuclear já é uma realidade.

- O BN-600 demonstrou que reatores rápidos podem operar de forma segura e eficiente por mais de 40 anos.

- O BN-800 atingiu um marco histórico ao operar 100% com combustível MOX reciclado.

- Ambos os reatores mostram que os resíduos nucleares podem ser transformados em energia, reduzindo o impacto ambiental.

- Com o BN-1200, a Rússia planeia expandir essa tecnologia para uma escala global.

Dessa forma, a ideia de que "o lixo nuclear é um problema insolúvel" está sendo refutada pela própria tecnologia, que permite reaproveitar esse material como combustível.

Reflexão final: Se todos os países adotassem reatores rápidos como os BN-600 e BN-800, os resíduos nucleares de longa vida deixariam de ser uma preocupação, pois seriam transformados em energia.

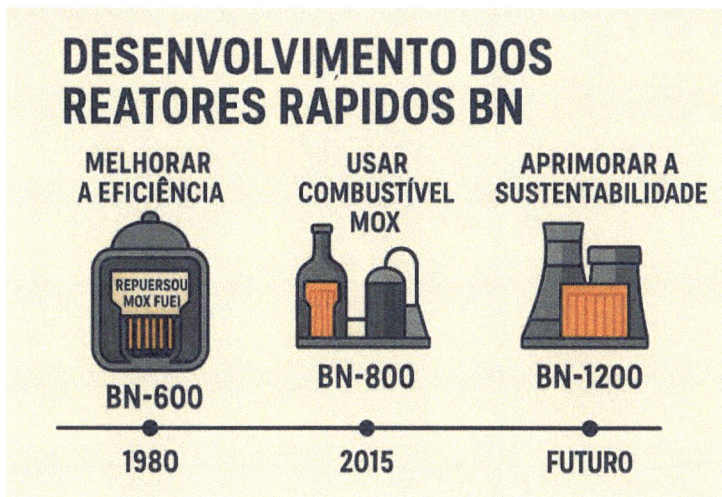

Linha do tempo com a evolução dos reatores rápidos BN-600, BN-800 e BN-1200, mostrando os avanços em eficiência, uso de combustível MOX e sustentabilidade.

Reatores de Tório e MSR (Molten Salt Reactors)

Os reatores de Tório e os Reatores de Sais Fundidos (MSR) representam uma abordagem inovadora que pode transformar resíduos nucleares em fonte de energia.

O que é o Tório?

- O Tório-232 é um elemento abundante na crosta terrestre, e pode ser convertido em Urânio-233, um excelente combustível nuclear.

- Diferente do urânio, o tório gera menos resíduos de longa vida.

O que são os Reatores de Sais Fundidos (MSR)?

- Utilizam combustível líquido dissolvido em sais fundidos, permitindo maior segurança e eficiência.

- Alguns MSRs podem usar plutônio e outros resíduos nucleares como combustível, reduzindo ainda mais os rejeitos.

Vantagens dos Reatores de Tório e MSR:

- Menos resíduos nucleares e menor tempo de decaimento da radioatividade.

- Podem consumir resíduos radioativos existentes, diminuindo o volume total de lixo nuclear.

- Sistema de segurança passiva: não há risco de fusão do núcleo.

Exemplo real: A China está a desenvolver um reator experimental de tório, que se pode tornar o primeiro comercialmente viável do mundo.

Reatores de Tório e Sais Fundidos (MSR) – O Futuro da Energia Nuclear Chinesa

Os reatores de tório e de sais fundidos são uma alternativa avançada e segura aos reatores de urânio tradicionais. O tório-232, principal combustível desse sistema, é muito mais abundante na crosta terrestre do que o urânio e gera menos resíduos de longa duração.

A China está na vanguarda do desenvolvimento dessas tecnologias, e seu Reator Experimental de Sais Fundidos (TMSR-LF1) entrou em fase de testes em 2021, marcando um grande avanço para o setor nuclear.

Por Que o Tório Pode Substituir o Urânio?

O tório-232 é um material fértil que pode ser convertido em urânio-233, um combustível nuclear altamente eficiente. Diferente do urânio-235, o tório:

- É três a quatro vezes mais abundante na crosta terrestre.

- Gera muito menos resíduos radioativos de longa vida.

- Tem um ciclo de combustível mais seguro, reduzindo o risco de proliferação nuclear.

- É altamente eficiente e pode ser utilizado quase completamente no processo de fissão.

Facto interessante: Enquanto 99% do urânio natural não pode ser usado diretamente como combustível nuclear, 100% do tório pode ser convertido em combustível útil.

Como Funcionam os Reatores de Sais Fundidos (MSR)?

Os reatores de sais fundidos (Molten Salt Reactors – MSR) são um tipo avançado de reator nuclear que utiliza combustível na forma líquida, dissolvido em sais fundidos, em vez de barras sólidas de urânio.

- Diferente dos reatores convencionais, os MSRs operam a pressões muito mais baixas, eliminando o risco de explosões catastróficas.

- Se houver superaquecimento, o combustível escorre para um tanque de segurança, automaticamente interrompendo a reação nuclear.

- A tecnologia permite o uso de tório, reduzindo a dependência do urânio e minimizando a produção de resíduos de longa vida.

Principais Benefícios dos MSRs:

- **Menor risco de acidentes** – O combustível líquido não pode sofrer fusão como nos reatores convencionais.

- **Operação em temperatura mais alta** – Maior eficiência na conversão de calor em eletricidade.

- **Baixa produção de resíduos de longa vida** – Resíduos radioativos com tempos de decaimento muito menores.

- **Capacidade de consumir plutônio e outros resíduos nucleares**, reduzindo o volume de lixo radioativo.

REATÔR DE SAL FUNDIDO

CARACTERÍSTICAS PRINCIPAIS
- Combustível líquido
- Baixa pressão
- Dreno de segurança

VANTAGENS
- Menos resíduos
- Alta temperatura
- Utiliza túrio

MENOS RESÍDUOS

ALTA TEMPE ATURA

Diagrama que ilustra como funciona um reator de sais fundidos (MSR), destacando suas características principais e vantagens.

TÓRIO E REATORES D SAL FUNDIDO´ (MSR)

O QUE É O TÓRIO?
- O tório-232 é um elemento abundante na crosta terrestre, e pode ser convertido em urânio-233, um excelente combustível nuclear.

TÓRIO

MINER

O QUE SÃO OS REATORES DE SAL FUNDIDO (MSR)?
- Usam combustível líquido dissolvido êm sais fundidos, permitindo maíor segurança e eficiência.
- Alguns MSRs podem usar plutônio e outros resíduos nucleares como combustível, reduzindo ainda mais os resíduos.

VANTAGENS DO TÓRIO E DOS MSR:
- Menor quantidade de resíduos nucleares e menor tempo de decaimento radioativo
- Podem consumir resíduos radioativos existentes, reduzindo os resíduos nucleares totais
- Sistema de segurança passivá - sem risco de fusão do núcleo

TANQ DE DESCA

CURIOSIDADE: Enquanto os reatores convencionais operam a cerca de 300-400°C, os MSRs podem operar a temperaturas acima dos 700°C, tornando-os muito mais eficientes.

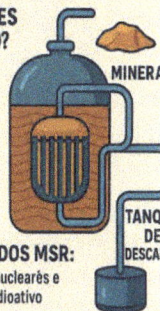

Infográfico explicando os reatores de tório e sais fundidos (MSR).

Fato interessante: Enquanto os reatores convencionais operam a cerca de 300-400°C, os MSRs podem operar a temperaturas acima de 700°C, tornando-os muito mais eficientes.

O Reator Experimental de Sais Fundidos da China (TMSR-LF1)

A China iniciou a operação de um reator experimental de sais fundidos na província de Gansu, em 2021, sendo o primeiro país a testar essa tecnologia em escala real desde os anos 1960.

Características do Reator TMSR-LF1:

- Localização: Província de Gansu, deserto de Wuwei

- Potência: 2 MW térmicos (protótipo, mas com planos para 373 MW na próxima fase)

- Combustível: Tório dissolvido em sais de fluoreto

- Objetivo: Validar a viabilidade dos MSRs para expansão em larga escala

Próximos Passos da China:

- Planeiam um reator de 373 MW até 2030, suficiente para abastecer uma cidade pequena.

- Estudos indicam que a tecnologia pode ser escalada para 1 GW, tornando-se uma alternativa real às centrais de urânio.

- A China investiu biliões de dólares no programa de tório, apostando que esta será a base da energia nuclear do futuro.

Infográfico explicando as vantagens do tório como combustível nuclear, destacando sua abundância, segurança e menor geração de resíduos.

Conclusão: Se bem-sucedida, essa tecnologia pode substituir os reatores convencionais, tornando a energia nuclear muito mais segura, barata e sustentável.

Comparação Entre Reatores de Sais Fundidos e Reatores Convencionais

Os reatores de sais fundidos apresentam vantagens significativas em relação aos reatores convencionais de água pressurizada (PWR/BWR).

Tabela 34: Comparação entre Reatores Convencionais e nos novos de Sais Fundidos

Característica	Reatores Convencionais (PWR/BWR)	Reatores de Sais Fundidos (MSR)
Combustível	Urânio enriquecido (sólido)	Tório dissolvido em sais fundidos
Pressão de operação	Alta pressão (150 atm)	Baixa pressão (praticamente ambiente)
Risco de fusão do núcleo	Alto, caso o sistema de resfriamento falhe	Extremamente baixo, pois o combustível já está fundido
Eficiência térmica	33-35%	45-50%
Resíduos de longa vida	Produz plutônio e actinídeos	Muito menos resíduos radioativos de longa vida
Proliferação nuclear	Possível, pois pode gerar plutônio para armas	Praticamente impossível, pois o U-233 é difícil de desviar

Fonte: Produção própria recorrendo aos dados da Tabela no final do presente Capítulo

Conclusão: Os MSRs podem revolucionar a energia nuclear, oferecendo um sistema muito mais seguro, eficiente e com menor impacto ambiental.

Comparação da Eficiência dos Reatores de Sais Fundidos vs. Convencionais

Gráfico 37: Comparação de Eficiência entre Reatores de Sais Fundidos e Convencionais

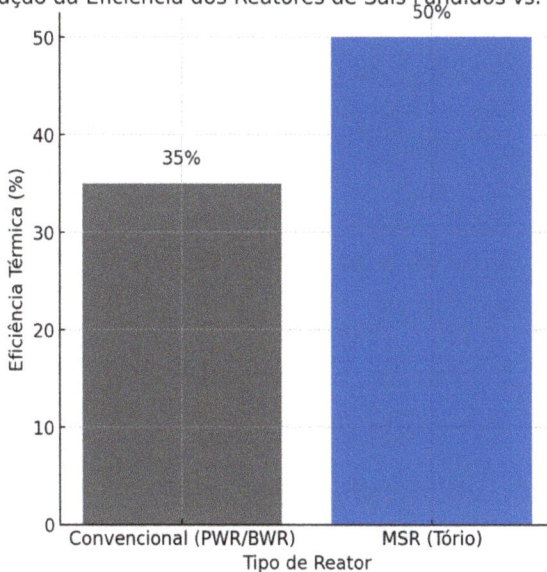

Comparação da Eficiência dos Reatores de Sais Fundidos vs. Convencionais

Gráfico que compara a eficiência dos MSRs com os reatores convencionais, destacando a superioridade dos reatores de sais fundidos em termos de aproveitamento energético.

Fonte: Produção própria recorrendo aos dados da Tabela no final do presente Capítulo

O Futuro dos Reatores de Tório e MSR:

- China lidera a corrida para reatores de sais fundidos, com planos para reatores comerciais até 2030.

- Outros países como os EUA, Canadá e Índia também estão investindo na tecnologia.

- A longo prazo, os MSRs podem substituir completamente os reatores de urânio tradicionais, tornando a energia nuclear mais segura e sustentável.

Reflexão final: Se essa tecnologia for bem-sucedida, a energia nuclear pode-se tornar virtualmente inesgotável e sem os problemas associados aos resíduos nucleares de longa duração.

Conclusão – O Tório e os MSRs Podem Revolucionar a Energia Nuclear

- O tório é abundante e pode substituir o urânio na geração de energia.

- Os reatores de sais fundidos são muito mais seguros e eficientes do que os convencionais.

- A China está na liderança do desenvolvimento desta tecnologia e pode transformar o mercado nuclear mundial.

- Se amplamente adotados, os MSRs podem eliminar o problema dos resíduos de longa duração, tornando a energia nuclear ainda mais sustentável.

EVOLUÇÃO DO PROJECTO DE TÓRIO E MSR DA CHINA

2011 — INÍCIO DO PROGRAMA DE INVESTIGAÇÃO

2021 — COMISSIONAMENTO DO REATOR EXPERIMENTAL TMSR-LF1

2030 — PLANEADO O REATOR COMERCIAL

EXPANSÃO DA TECNOLOGIA ATÉ 1 GW

Linha do tempo que mostra a evolução do projeto chinês de tório e MSR, destacando marcos importantes no desenvolvimento dessa tecnologia.

Dessa forma, os reatores de tório e MSR representam um dos caminhos mais promissores para o futuro da energia limpa e segura.

Tecnologias de Transmutação Nuclear para Reduzir a Vida Útil dos Resíduos

Uma das tecnologias mais promissoras para a gestão de resíduos é a transmutação nuclear, que pode converter elementos altamente radioativos em materiais de vida curta ou até mesmo não radioativos.

Como funciona a transmutação nuclear?

- Os resíduos radioativos são expostos a neutrões rápidos em reatores ou aceleradores de partículas.

- Esse processo altera os isótopos dos elementos, reduzindo significativamente o tempo necessário para que os resíduos se tornem inofensivos.

Benefícios da transmutação nuclear:

- Reduz a vida útil de resíduos de milhares de anos para apenas séculos ou décadas.

- Pode ser integrada em reatores rápidos e aceleradores de partículas.

- Diminui a necessidade de armazenamento geológico permanente.

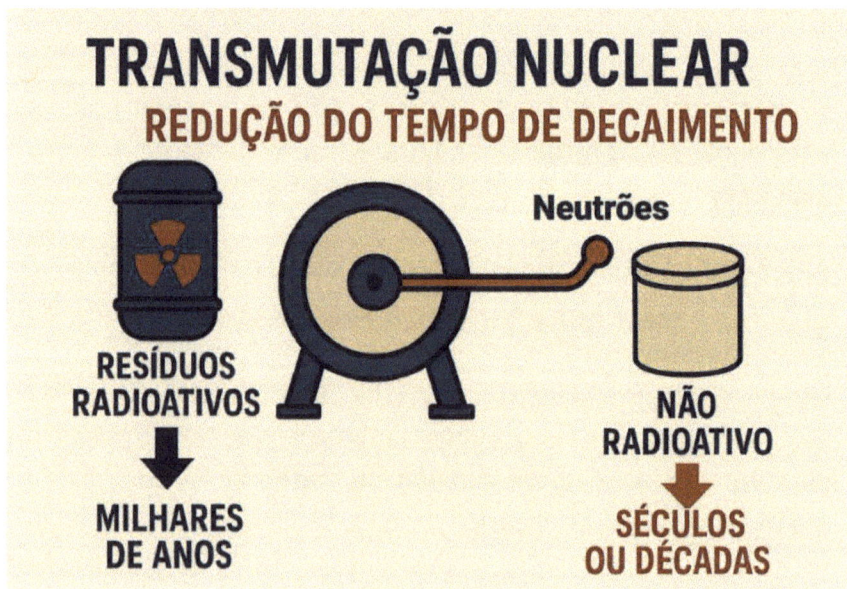

TRANSMUTAÇÃO NUCLEAR
REDUÇÃO DO TEMPO DE DECAIMENTO

Neutrões

RESÍDUOS RADIOATIVOS
MILHARES DE ANOS

NÃO RADIOATIVO
SÉCULOS OU DÉCADAS

Diagrama que mostra como a transmutação nuclear pode reduzir o tempo de decaimento dos resíduos.

Exemplo real: O projeto europeu MYRRHA, na Bélgica, está testando a transmutação nuclear para eliminar resíduos de alta radioatividade.

MYRRHA – O Futuro da Transmutação Nuclear e Redução de Resíduos

O MYRRHA (Multi-purpose Hybrid Research Reactor for High-tech Applications) é um reator híbrido experimental, desenvolvido na Bélgica e apoiado pela União Europeia. Ele combina um reator nuclear rápido de metais líquidos com um acelerador de partículas, permitindo pesquisas em:

- Transmutação nuclear para reduzir o tempo de decaimento dos resíduos nucleares.

- Produção de isótopos médicos para diagnóstico e tratamento de cancro.

- Testes de novos combustíveis nucleares para reatores do futuro.

Este projeto é único no mundo e pode revolucionar a forma como os resíduos nucleares são geridos.

1. Como Funciona o MYRRHA?

O MYRRHA é um reator híbrido, o que significa que ele não é um reator nuclear convencional. Em vez disso, é um reator subcrítico que depende de um acelerador de partículas para funcionar.

- **Acelerador de partículas:** O MYRRHA usa um feixe de protões de alta energia para manter a reação nuclear ativa.

- **Reator subcrítico:** Sem o feixe de protões, o reator simplesmente deixa de funcionar, tornando-o extremamente seguro.

- **Uso de chumbo-bismuto como refrigerante:** Diferente dos reatores convencionais, que usam água pressurizada, o MYRRHA usa uma mistura de chumbo e bismuto fundidos, aumentando a segurança e eficiência.

- **Transmutação nuclear:** O MYRRHA pode transformar resíduos altamente radioativos em elementos de vida curta, reduzindo drasticamente o tempo necessário para que os resíduos se tornem seguros.

Essa tecnologia pode eliminar a necessidade de armazenar resíduos nucleares por centenas de milhares de anos, reduzindo esse tempo para apenas algumas décadas ou séculos.

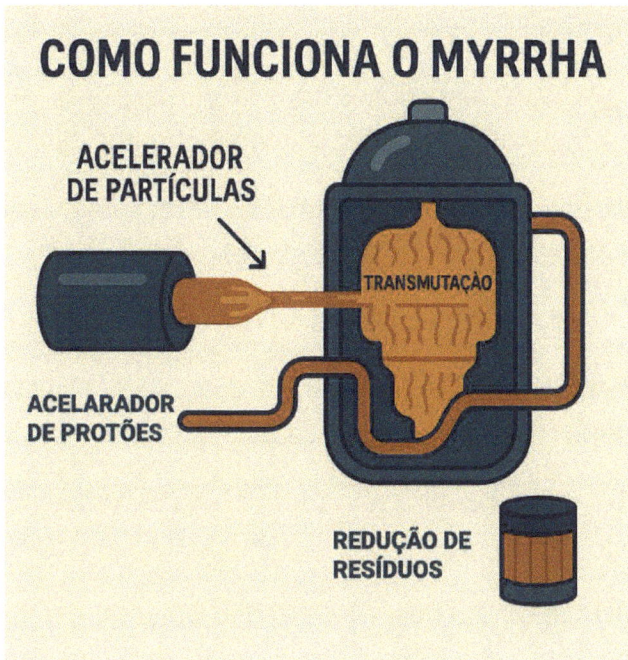

Diagrama que ilustra como funciona o MYRRHA e sua função na transmutação nuclear, mostrando seu acelerador de partículas, sistema de refrigeração e benefícios na redução de resíduos.

2. Objetivos do Projeto MYRRHA

O MYRRHA foi projetado para testar novas soluções para a energia nuclear do futuro. Seus principais objetivos são:

1. Reduzir a Vida Útil dos Resíduos Nucleares

- A transmutação nuclear pode reduzir o tempo de decaimento de materiais altamente radioativos de 100.000 anos para menos de 300 anos.

- Isso elimina a necessidade de depósitos geológicos permanentes para muitos resíduos nucleares.

2. Desenvolver Novas Tecnologias para Reatores do Futuro

- O MYRRHA testa novos tipos de combustíveis nucleares e refrigerantes avançados (como chumbo-bismuto).

- Os dados recolhidos ajudarão no desenvolvimento de reatores rápidos de nova geração.

3. Produzir Isótopos Médicos para Diagnósticos e Tratamentos

- O MYRRHA pode produzir isótopos médicos essenciais, como Molibdênio-99, utilizado no tratamento de cancro

- Isso pode reduzir a dependência da Europa em reatores nucleares antigos para a produção desses materiais.

O MYRRHA não apenas resolve o problema dos resíduos nucleares, mas também avança na medicina e na tecnologia nuclear sustentável.

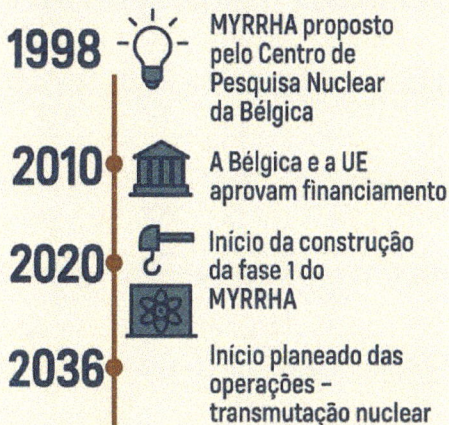

DESENVOLVIMENTO DO PROJETO MYRRHA

Linha cronológica de marcos históricos e avanços na transmutação nuclear

1998 — MYRRHA proposto pelo Centro de Pesquisa Nuclear da Bélgica

2010 — A Bélgica e a UE aprovam financiamento

2020 — Início da construção da fase 1 do MYRRHA

2036 — Início planeado das operações – transmutação nuclear

Linha de tempo da transmutação nuclear

Linha do tempo mostrando o desenvolvimento do projeto MYRRHA, destacando seus marcos históricos e avanços na transmutação nuclear.

3. Como a Transmutação Nuclear Funciona no MYRRHA?

A transmutação nuclear é um processo no qual elementos altamente radioativos são bombardeados com neutrões rápidos, alterando sua estrutura atômica e transformando-os em elementos de vida curta ou não radioativos.

No MYRRHA, isso ocorre da seguinte forma:

1. O acelerador de partículas gera um feixe de protões de alta energia.

2. Esse feixe atinge um alvo de chumbo-bismuto, gerando neutrões rápidos.

3. Os neutrões bombardeiam resíduos nucleares, quebrando os seus núcleos e transformando-os em isótopos de vida curta.

O resultado?

- Elementos que levariam 100.000 anos para decair se tornam seguros em poucas centenas de anos.

- Redução drástica na necessidade de armazenamento geológico permanente.

Fato importante: A transmutação nuclear pode permitir que 90% dos resíduos de alta radioatividade sejam convertidos em elementos inofensivos.

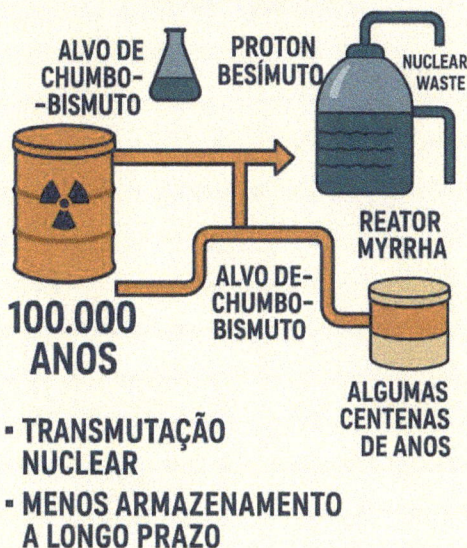

COMO O MYIRRHA REDUZ
O TEMPO DE DECAIMENTO
DE RESÍDUOS

ALVO DE
CHUMBO-
-BISMUTO

PROTON
BESÍMUTO

NUCLEAR
WASTE

100.000
ANOS

ALVO DE-
CHUMBO-
BISMUTO

REATOR
MYRRHA

ALGUMAS
CENTENAS
DE ANOS

- TRANSMUTAÇÃO
  NUCLEAR
- MENOS ARMAZENAMENTO
  A LONGO PRAZO

Infográfico que explica como o MYRRHA reduz o tempo de decaimento dos resíduos radioativos através da transmutação nuclear, destacando os benefícios para a gestão de resíduos e o impacto ambiental.

4. O Futuro do MYRRHA e Seus Impactos na Energia Nuclear

O MYRRHA está a ser desenvolvido em três fases, com conclusão prevista para 2040.

Fase 1 (2027): Construção do acelerador de partículas de 100 MeV para testes iniciais.

Fase 2 (2033): Expansão para 600 MeV, permitindo experiências de transmutação nuclear.

Fase 3 (2040): Construção completa do reator híbrido subcrítico, capaz de operar em larga escala.

Se for bem-sucedido, o MYRRHA pode levar à criação de novas centrais nucleares que não apenas produzem energia, mas também eliminam resíduos radioativos.

Conclusão: Esse projeto pode transformar completamente a perceção da energia nuclear, tornando-a ainda mais segura e sustentável.

5. Comparação Entre o MYRRHA e os Reatores Convencionais

Tabela 35: Comparação entre o MYRRHA e os Reatores Convencionais

Característica	Reatores Convencionais (PWR/BWR)	MYRRHA (Reator Híbrido de Transmutação)
Combustível	Urânio enriquecido	Pode usar resíduos nucleares como combustível
Pressão de operação	Alta pressão (150 atm)	Baixa pressão (chumbo-bismuto como refrigerante)
Gestão de resíduos	Produz grandes volumes de resíduos de longa vida	Reduz ou elimina resíduos de alta radioatividade
Segurança	Risco de fusão do núcleo	Extremamente seguro – desliga automaticamente sem

		acelerador de partículas
Aplicações médicas	Nenhuma	Produz isótopos médicos essenciais

Fonte: Produção própria recorrendo aos dados da Tabela no final do presente Capítulo

O MYRRHA não apenas produz energia, mas também resolve o problema dos resíduos nucleares, tornando-o um dos projetos mais inovadores da atualidade.

Conclusão – O MYRRHA é a Chave para a Energia Nuclear Sustentável

- A transmutação nuclear pode reduzir drasticamente o tempo de decaimento dos resíduos radioativos.

- O MYRRHA é um reator híbrido subcrítico extremamente seguro, pois pode ser desligado instantaneamente.

- O projeto permitirá novos avanços na medicina nuclear e na geração de energia.

- Se bem-sucedido, pode eliminar a necessidade de depósitos geológicos permanentes para resíduos nucleares.

Gráfico 38: Impacto do MYRRHA no Tempo de Decaimento dos Resíduos Nucleares

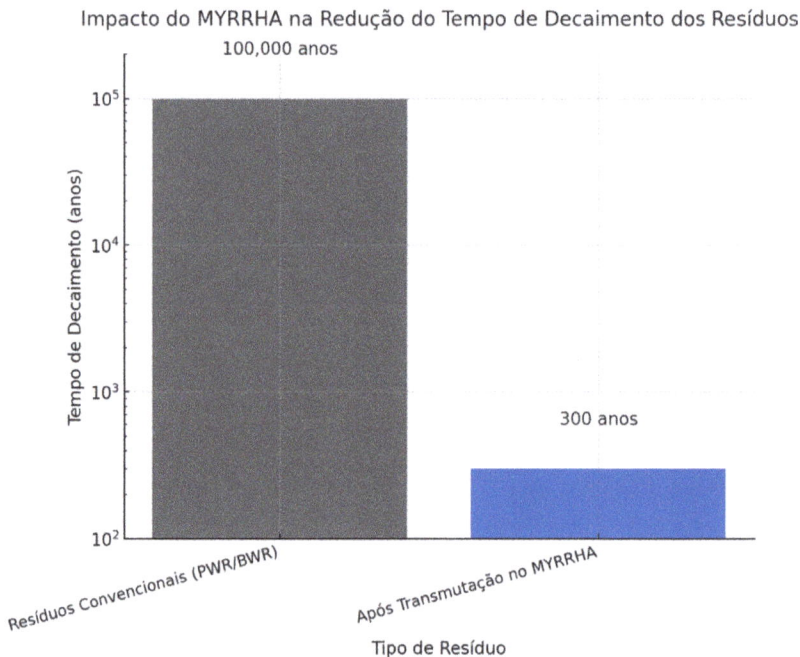

Impacto do MYRRHA na Redução do Tempo de Decaimento dos Resíduos

Gráfico mostra o impacto do MYRRHA na gestão de resíduos radioativos, destacando a enorme redução no tempo de decaimento dos resíduos após a transmutação nuclear.

Fonte: Produção própria recorrendo aos dados da Tabela no final do presente Capítulo

Dessa forma, o MYRRHA pode ser um divisor de águas para o futuro da energia nuclear na Europa, mostrando que os resíduos nucleares não são um problema insolúvel, mas sim uma oportunidade para inovação. Para uma região que andou décadas com receio do ativismo do "nuclear não Obrigado" que se atrasou de sobre maneira em relação aos seus principais competidores asiáticos como a Rússia e a China, tem agora a oportunidade de se redimir de todo esse atraso com este sistema inovador, pena é o tempo que está a demorar.

Principais Programas de Inovação Nuclear nos EUA

1. ARDP (Advanced Reactor Demonstration Program) – O Programa de Reatores Avançados

O Advanced Reactor Demonstration Program (ARDP) é uma das principais iniciativas do DOE para acelerar o desenvolvimento de reatores nucleares avançados e sustentáveis nos EUA.

Lançado em 2020, o programa investiu mais de US$ 3 biliões em novas tecnologias.

Objetivo: Construir reatores nucleares avançados para comercialização até a década de 2030.

Duas empresas foram escolhidas para liderar a primeira fase do projeto:

- X-Energy – Reator de Gás de Alta Temperatura (HTGR)
- TerraPower – Reator Natrium (Sódio-Líquido)

Os EUA estão a apostar em reatores de alta temperatura e refrigerados a sódio, que podem ser mais seguros e eficientes do que os modelos atuais.

2. TerraPower – O Reator Natrium

A TerraPower, fundada por Bill Gates, está a desenvolver o reator Natrium, um reator rápido refrigerado a sódio que promete ser mais seguro e eficiente do que os reatores convencionais.

Vantagens do Natrium:

- Usa sódio líquido como refrigerante, reduzindo o risco de fusão do núcleo.

- Pode operar com combustível reciclado, reduzindo a necessidade de mineração de urânio.

- Possui um sistema de armazenamento térmico, permitindo flexibilidade na geração de eletricidade.

Fato interessante: A primeira central com o reator Natrium está a ser construída no estado de Wyoming e deve estar operacional até 2030.

COMO FUNCIONA O REATOR NATRIUM DA TERRAPOWER

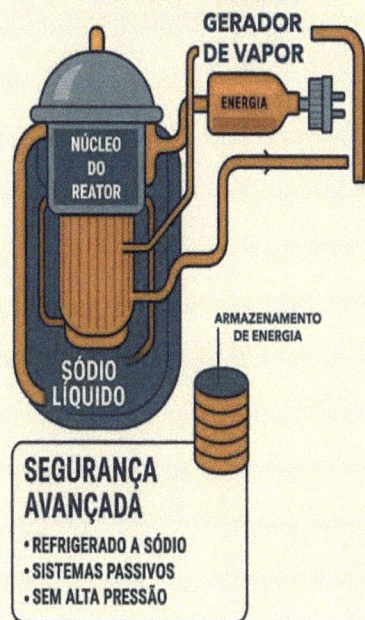

GERADOR DE VAPOR

ENERGIA

NÚCLEO DO REATOR

ARMAZENAMENTO DE ENERGIA

SÓDIO LÍQUIDO

SEGURANÇA AVANÇADA
- REFRIGERADO A SÓDIO
- SISTEMAS PASSIVOS
- SEM ALTA PRESSÃO

X-ENERGY
PEQUENOS REATORES MODULARES

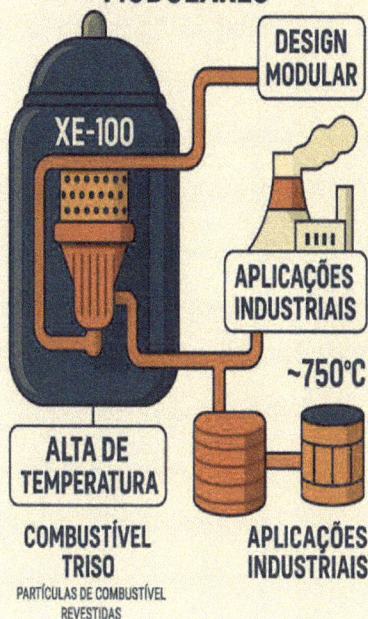

DESIGN MODULAR

XE-100

APLICAÇÕES INDUSTRIAIS

~750°C

ALTA DE TEMPERATURA

COMBUSTÍVEL TRISO
PARTÍCULAS DE COMBUSTÍVEL REVESTIDAS

APLICAÇÕES INDUSTRIAIS

Diagrama ilustrando como funciona o reator Natrium da TerraPower, destacando seu sistema de refrigeração a sódio, armazenamento de energia e segurança avançada.

Infográfico que mostra os Reatores Modulares Pequenos (SMRs) da X-Energy, destacando seu design modular, combustível TRISO e aplicações industriais.

3. X-Energy – Reatores Modulares Pequenos (SMRs) de Alta Temperatura

A X-Energy está a desenvolver um reator modular pequeno (SMR) de alta temperatura, chamado Xe-100, que pode ser usado para fornecer calor direto para indústrias pesadas, além de gerar eletricidade.

Características do Xe-100:

- Opera a temperaturas extremamente altas (~750°C), permitindo maior eficiência térmica.

- Usa combustível TRISO, um dos mais seguros do mundo, resistente a fusão.

- Design modular – Pequeno, seguro e econômico.

Conclusão: Os SMRs da X-Energy podem ser uma solução para descarbonizar indústrias pesadas, como siderurgia e produção de hidrogênio.

4. Oklo – O Reator de Fissão Compacto e Autossustentável

A startup Oklo está a desenvolver um reator compacto chamado Aurora, projetado para operar por décadas sem precisar de reabastecimento.

Principais características:

- Utiliza urânio empobrecido reciclado, reduzindo o lixo nuclear.

- Tem um design passivo – Nenhuma bomba ou sistema ativo para evitar acidentes.

- Pode fornecer eletricidade para locais remotos e bases militares.

Fato interessante: O Aurora é projetado para funcionar por 20 anos sem necessidade de reabastecimento, sendo uma solução promissora para fornecimento de energia estável em locais isolados.

5. Projetos de Fusão Nuclear – Oportunidade para Energia Limpa Infinita

Os EUA também estão a investir fortemente na fusão nuclear, uma tecnologia que pode revolucionar a geração de energia.

Principais projetos de fusão nos EUA:

- National Ignition Facility (NIF) – O primeiro laboratório a atingir ignição de fusão em 2022.

- Commonwealth Fusion Systems (CFS) – Startup desenvolvendo tokamaks avançados com ímanes supercondutores.

- Helion Energy – Desenvolvendo um sistema inovador de fusão pulsada para gerar eletricidade.

Se a fusão nuclear for dominada, os EUA podem-se tornar líderes na energia limpa e ilimitada, sem resíduos nucleares.

COMO FUNCIONA A FUSÃO NUCLEAR

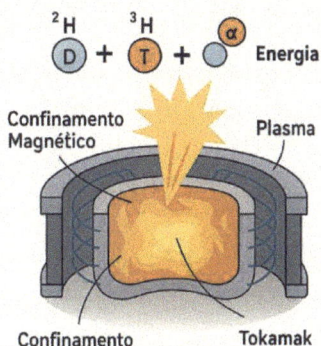

^2H ^3H

(D) + (T) + (α) Energia

Vantagens em Relação à Fissão Nuclear

- Combustível abundante, de fácil obtenção: água do mar

- Sem risco de acidente: não há fusão de núcleo

- Quase sem resíduos: material resultante é hélio

Confinamento Magnético

Plasma

Confinamento

Tokamak

Combustível abundante, de fácil obtenção: água do mar

Diagrama ilustrando como funciona a fusão nuclear e seus benefícios, destacando a reação de deutério-trítio, confinamento magnético e vantagens sobre a fissão nuclear.

6. Reatores de Quarta Geração – O Futuro da Energia Nuclear nos EUA

Além das tecnologias atuais, os Estados Unidos estão conduzindo pesquisas sobre reatores de quarta geração, que abrangem:

- Reatores de Gás de Alta Temperatura (HTGRs) – Seguros e eficientes, podendo gerar hidrogênio como subproduto.

- Reatores de Sais Fundidos (MSRs) – Sem risco de fusão do núcleo e capazes de operar com tório.

- Reatores de Partículas Suspensas (FHRs) – Uma combinação de reatores de grafite e sais fundidos.

Com esses avanços, os EUA podem transformar completamente a indústria nuclear até 2050, tornando-a mais segura, sustentável e eficiente.

Os EUA Estão a liderar a Próxima Revolução Nuclear

- Os EUA estão a desenvolver reatores de nova geração, mais seguros e eficientes.

- O governo está financiando projetos para acelerar a transição nuclear.

- Tecnologias como fusão nuclear e reatores de sais fundidos podem revolucionar o setor.

- Até 2050, os EUA podem ter um sistema nuclear completamente inovador e sustentável.

Linha Temporal de Programas Nucleares dos EUA

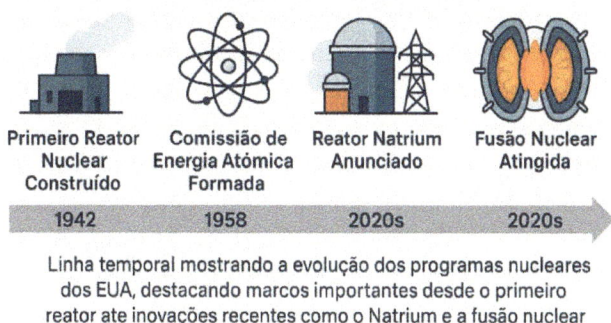

Primeiro Reator Nuclear Construído	Comissão de Energia Atómica Formada	Reator Natrium Anunciado	Fusão Nuclear Atingida
1942	1958	2020s	2020s

Linha temporal mostrando a evolução dos programas nucleares dos EUA, destacando marcos importantes desde o primeiro reator ate inovações recentes como o Natrium e a fusão nuclear

Linha do tempo mostrando a evolução dos programas nucleares dos EUA, destacando marcos importantes desde o primeiro reator até as inovações mais recentes, como o Natrium e a fusão nuclear.

Com essas iniciativas, os EUA podem continuar a ser um dos países mais influentes no setor nuclear, garantindo uma fonte de energia limpa e confiável para o futuro.

Contrariamente aos europeus os EUA nunca embarcaram nessas narrativas de que o nuclear era o "diabo" e que deveria ser completamente eliminado.

Embora com uma menor velocidade em relação aos seus principais competidores Rússia e China, nunca perderam o foco de dominarem e inovarem nesta importante área.

Sempre perceberam que quem consegue produzir abundante energia e a custos muito baixos estará sempre em melhor posição para encarar todas as vicissitudes dos ciclos económicos e proporcionar um mais sustentável desenvolvimento económico.

Com a Administração Trump recém-empossada que anunciou a sua especial atenção ao sector energético e ao nuclear em particular, certamente veremos em poucos anos os EUA a liderarem de novo este fundamental sector.

Perspetivas para o Futuro: A Energia Nuclear Pode Ser um Sistema Sustentável?

Com todas essas inovações, é possível imaginar um futuro em que os resíduos nucleares deixem de ser um problema e se tornem uma nova fonte de energia.

Cenário para o futuro da energia nuclear:

- Encerramento do ciclo do combustível – Os reatores rápidos e a transmutação nuclear permitirão que quase 100% do urânio seja utilizado, reduzindo drasticamente os resíduos.

- Uso de Tório e reatores avançados – A substituição do urânio pelo tório pode tornar os resíduos muito menos problemáticos, além de reduzir os riscos de proliferação nuclear.

- Reciclagem de combustível nuclear – Países como a França já reprocessam mais de 80% do combustível nuclear usado. No futuro, esse número pode chegar perto dos 100%.

- Redução drástica dos resíduos de longa vida – Com a transmutação nuclear, os resíduos mais perigosos podem ter seu tempo de decaimento reduzido de centenas de milhares de anos para poucas décadas.

Se combinarmos reatores avançados, reciclagem de combustível e transmutação nuclear, a energia nuclear pode-se tornar praticamente sustentável, sem depender de depósitos geológicos permanentes.

Tabela 36: Tecnologias Emergentes na Gestão de Resíduos

Tecnologia	Princípio de Funcionamento	Potencial de Redução de Resíduos
Reatores Rápidos	Utilizam plutónio/urânio empobrecido como combustível	Reduzem o volume de resíduos até 90%
Reatores de Sal Fundido	Combustível líquido permite elevada segurança e eficiência	Podem reutilizar resíduos nucleares herdados
Transmutação Nuclear	Converte isótopos de longa duração em outros de curta duração	Minimiza a necessidade de armazenamento a longo prazo

Fonte: Produção própria recorrendo aos dados da Tabela no final do presente Capítulo

Conclusão do Presente Capítulo – O Futuro da Gestão de Resíduos Nucleares é Promissor

- O combustível nuclear pode ser reaproveitado quase indefinidamente com reatores rápidos e tecnologias de reciclagem.

- Resíduos nucleares podem ser convertidos em combustível para novas centrais.

- A transmutação nuclear pode reduzir drasticamente o tempo necessário para que os resíduos se tornem inofensivos.

- A energia nuclear tem o potencial de se tornar uma das fontes mais sustentáveis de longo prazo.

Gráfico 39: Redução de resíduos e crescimento nuclear ao longo do tempo

Redução de Resíduos e Crescimento da Energia Nuclear ao Longo do Tempo

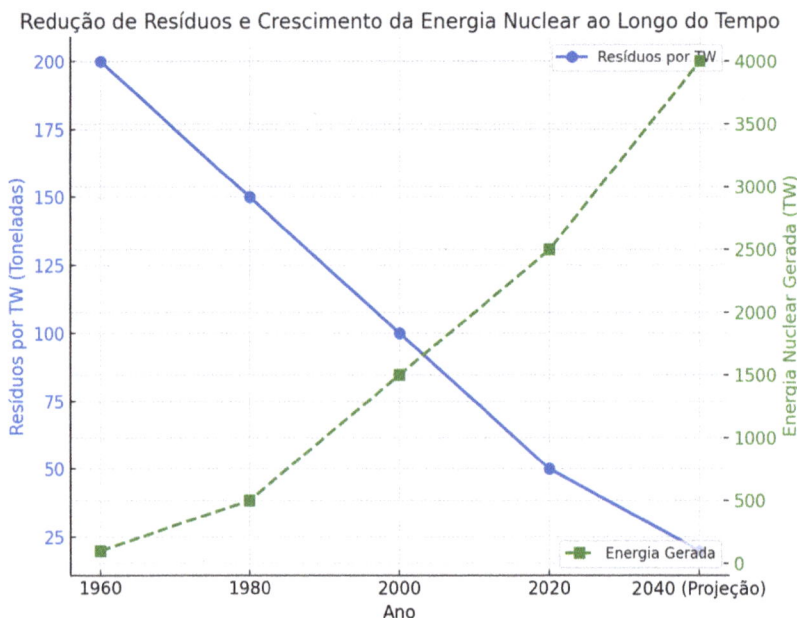

Este gráfico evidencia que, apesar do crescimento exponencial da energia nuclear, a quantidade de resíduos gerados por unidade de energia tem

diminuído significativamente, graças aos avanços tecnológicos e à reciclagem de combustível.

Fonte: Produção própria recorrendo aos dados da Tabela no final do presente Capítulo

Diferente da narrativa tradicional, o lixo nuclear não precisa ser um problema eterno. Com inovação, investimento e pesquisa, podemos eliminar resíduos de alta radioatividade e transformar a energia nuclear em um sistema limpo e sustentável.

Tabela 37: Fontes Consultadas no Capítulo 5

Fonte	Descrição
World Nuclear Association (WNA)	Dados sobre volumes de resíduos radioativos e tecnologias de gestão.
International Atomic Energy Agency (IAEA)	Relatórios oficiais sobre gestão de resíduos, tecnologia de reatores e transmutação nuclear.
OECD Nuclear Energy Agency (NEA)	Publicações sobre reciclagem de combustível nuclear e desenvolvimento de reatores avançados.
Comissão Europeia (EC)	Programas de pesquisa relacionados ao MYRRHA e inovação nuclear na Europa.
Departamento de Energia dos EUA (DOE)	Informações sobre ARDP, Reator Natrium, X-Energy e projetos de fusão.
TerraPower	Dados técnicos e atualizações sobre o projeto do reator rápido Natrium.

X-Energy	Documentação técnica sobre o reator modular pequeno Xe-100 (SMR).
Oklo Inc.	Informações sobre o reator Aurora e sistemas compactos de fissão.
Commonwealth Fusion Systems	Pesquisa sobre fusão magnética avançada (tokamaks).
Helion Energy	Desenvolvimentos em sistemas pulsados de fusão nuclear para geração elétrica.
International Thermonuclear Experimental Reactor (ITER)	Informações sobre grandes projetos internacionais de fusão nuclear.
MIT Energy Initiative	Estudos e projeções para o futuro da energia nuclear e gestão de resíduos.

Preparação para o próximo Capítulo – Os Falsos Argumentos Anti-Nucleares e Suas Motivações

Apesar de todas as evidências científicas, dos avanços tecnológicos e da segurança cada vez maior da energia nuclear, o movimento anti-nuclear continua a influenciar as decisões políticas e a opinião pública.

Mas porquê?

Se a energia nuclear é mais segura do que muitas indústrias, tem menor impacto ambiental do que os combustíveis fósseis e pode fornecer eletricidade limpa e confiável, o que realmente motiva a oposição tão feroz a essa tecnologia?

Ao longo da história, diversos mitos e argumentos distorcidos foram usados para justificar o medo da energia nuclear. Muitas dessas críticas não se baseiam em fatos, mas sim em interesses políticos, econômicos e ideológicos.

Neste próximo capítulo, vamos analisar:

- Os principais argumentos anti-nucleares e suas inconsistências.

- Quem realmente financia o movimento anti-nuclear?

- Por que alguns governos e empresas preferem boicotar a energia nuclear?

- Como campanhas de desinformação moldaram a perceção pública sobre a energia nuclear.

Ao desmontar esses mitos e expor as verdadeiras motivações do movimento anti-nuclear, veremos que a resistência contra a energia nuclear não é apenas uma questão de segurança ou ambiental, mas sim de política, economia e manipulação da opinião pública.

Agora, vamos explorar o que realmente está por trás da oposição à energia nuclear e como esses falsos argumentos prejudicam o desenvolvimento de uma das fontes de energia mais eficientes e sustentáveis do planeta.

Capítulo 6 - Os Falsos Argumentos Anti-Nucleares e Suas Motivações

A energia nuclear é, sem dúvida, uma das tecnologias mais mal compreendidas do nosso tempo. Apesar de sua segurança comprovada, eficiência energética e baixo impacto ambiental, ela continua a ser alvo de críticas ferozes e desinformação, perpetuadas tanto por desconhecimento quanto por interesses políticos e econômicos ocultos.

O medo da energia nuclear não surgiu espontaneamente. Pelo contrário, foi cultivado ao longo das décadas, por meio de narrativas alarmistas que associam essa forma de energia a destruição, perigo e catástrofes. Desde os horrores das bombas de Hiroshima e Nagasaki até os acidentes de Chernobyl e Fukushima, a energia nuclear foi demonizada de forma desproporcional em relação ao seu verdadeiro impacto.

Curiosamente, essa rejeição não se sustenta quando confrontada com dados concretos. Enquanto acidentes nucleares são extremamente raros e de impacto limitado, outros setores industriais, como o petróleo, o carvão e a química, causam tragédias ambientais e humanas muito mais devastadoras – e quase nunca geram o mesmo nível de indignação pública.

Quem se beneficia do medo da energia nuclear?

A resposta para essa pergunta leva-nos a uma rede complexa de interesses políticos, ideológicos e financeiros.

A Indústria de Combustíveis Fósseis: O petróleo, o gás e o carvão dominam o setor energético global há mais de um século. Para estas indústrias, a expansão da energia nuclear representa uma ameaça direta, pois oferece uma alternativa confiável e de baixo carbono. Manter o público com medo da energia nuclear ajuda a garantir que os combustíveis fósseis continuem a ser a base do fornecimento global de energia.

ONGs Ambientais e Movimentos Políticos: Paradoxalmente, muitos grupos ambientais que afirmam lutar contra as mudanças climáticas opõem-se à energia nuclear, mesmo sabendo que esta é uma das fontes mais limpas e confiáveis de eletricidade. Muitas dessas organizações recebem financiamento de governos e empresas interessadas em promover energias renováveis intermitentes (como solar e eólica), que não conseguem substituir completamente a geração nuclear.

A Media Sensacionalista: Catástrofes e alarmismo vendem jornais e horas de televisão, geram cliques e dominam debates políticos. Um acidente nuclear isolado, mesmo sem vítimas fatais, pode gerar pânico mundial, enquanto desastres ambientais causados por petróleo e carvão frequentemente passam despercebidos.

Governos e Geopolítica: Energia nuclear significa independência energética. Países que desenvolvem centrais nucleares reduzem a sua dependência de importação de gás e petróleo, algo que nem sempre interessa às grandes potências exportadoras de energia, como Rússia, Arábia Saudita e até mesmo os EUA.

Assim, não é surpresa que campanhas anti-nucleares tenham sido financiadas e apoiadas por interesses externos ao longo da história.

Como o público foi manipulado?

Se a energia nuclear é segura, eficiente e necessária, por que tantas pessoas ainda acreditam que ela é um perigo?

A resposta está na desinformação sistemática que vem sendo espalhada desde os anos 1960.

A Indústria do Medo: O medo nuclear foi amplificado por filmes, séries e notícias sensacionalistas, sempre retratando a tecnologia como algo instável e apocalíptico.

A "Síndrome da China" e o Efeito Hollywood: O filme "O Síndrome da China" (1979) foi lançado duas semanas antes do acidente de Three Mile Island e ajudou a cimentar a ideia de que a energia nuclear era um desastre iminente. Desde então, Hollywood usou e abusou desse medo em produções como Chernobyl (HBO), Os Simpsons e inúmeros filmes pós-apocalípticos.

Distorção de Dados: Mortes atribuídas à energia nuclear são exageradas ou manipuladas, enquanto impactos de outros setores energéticos são minimizados ou ignorados.

Política e Regulamentação Excessiva: A pressão anti-nuclear levou a um aumento extremo das barreiras burocráticas para a construção de novas centrais, encarecendo artificialmente a energia nuclear e dificultando sua expansão.

O Objetivo Deste Capítulo

Nos próximos tópicos, vamos desmontar, um a um, os principais argumentos anti-nucleares, mostrando o que é verdade e o que é pura manipulação.

Vamos responder a perguntas como:

- A energia nuclear é realmente perigosa?

- O que acontece com os resíduos nucleares?

- As energias renováveis podem substituir a nuclear?

- Quem está por trás do movimento anti-nuclear?

A realidade é que o medo da energia nuclear não se baseia em ciência, mas sim em décadas de desinformação. E é hora de mudar essa narrativa.

Mitos e Falsos Argumentos Contra a Energia Nuclear

"Energia Nuclear é Perigosa" – Comparação com Outras Indústrias

A afirmação de que "a energia nuclear é perigosa" é um dos mitos mais persistentes e amplamente aceites pelo público, mas também um dos mais fáceis de refutar com dados concretos.

A verdade é que a energia nuclear está entre as formas mais seguras de geração de eletricidade no mundo. Os seus riscos são extremamente baixos em comparação com outras indústrias que operam sem o mesmo nível de fiscalização e controle.

Vamos desmontar esse mito por meio de uma comparação direta com outras formas de geração de energia e atividades industriais.

O Que Significa "Perigo" na Produção de Energia?

Quando se fala em "perigo" na geração de energia, podemos analisar os seguintes fatores:

1. Número de mortes diretas e indiretas causadas pela indústria ao longo do tempo.

2. Impacto ambiental e efeitos de longo prazo na saúde humana.

3. Riscos de acidentes e magnitude das consequências.

A energia nuclear é frequentemente associada a acidentes catastróficos, mas se olharmos para os números, veremos que ela mata menos pessoas do que qualquer outra fonte de energia.

Comparação da Mortalidade por Fonte de Energia

Um estudo da Our World in Data (2022) analisou o número de mortes por Terawatt-hora (TWh) de eletricidade gerada, considerando impactos diretos e indiretos, como poluição do ar e acidentes industriais.

Aqui estão os resultados:

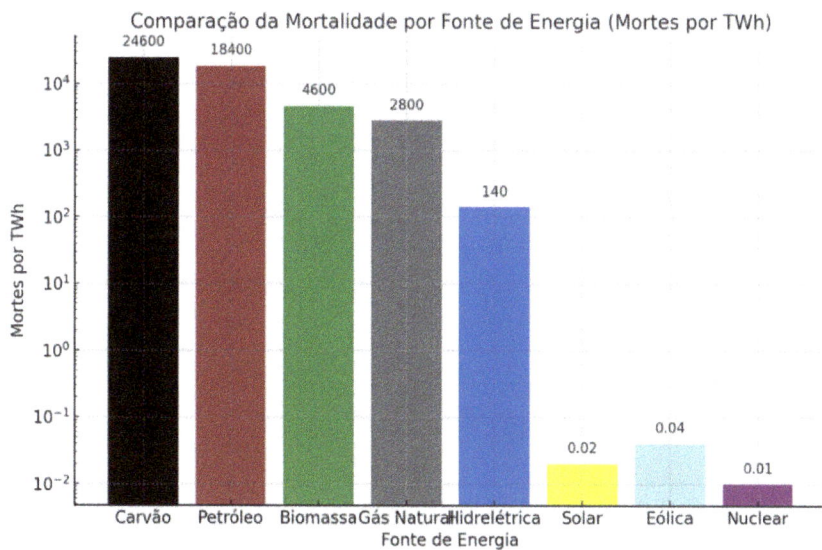

Comparação da Mortalidade por Fonte de Energia (Mortes por TWh)

Gráfico comparativo da mortalidade por TWh nas diferentes fontes de energia, mostrando claramente que a energia nuclear é uma das mais seguras do mundo.

Fonte: Produção própria recorrendo aos dados da Tabela no final do presente Capítulo

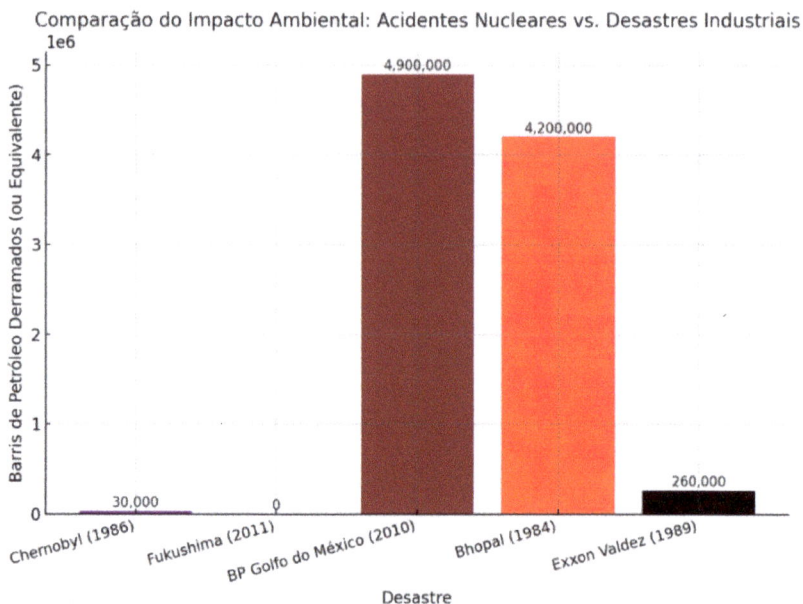

Gráfico que compara o impacto ambiental de acidentes nucleares vs. desastres industriais e de combustíveis fósseis. Ele mostra que, apesar do alarde sobre Chernobyl e Fukushima, os desastres químicos e petrolíferos tiveram um impacto ambiental muito maior.

Fonte: Produção própria recorrendo aos dados da Tabela no final do presente Capítulo

Conclusão:

- A energia nuclear é a fonte de energia mais segura do mundo, ultrapassando a Eólica e Solar.

- É 2.800 vezes mais segura do que o carvão, que ainda representa uma parcela significativa da matriz energética global.

- Os riscos da energia nuclear são estatisticamente irrelevantes quando comparados aos danos causados por combustíveis fósseis.

Mas e os Acidentes Nucleares? O Que Dizer Sobre Chernobyl e Fukushima?

Os opositores da energia nuclear frequentemente usam os acidentes de Chernobyl e Fukushima como argumento para justificar que a energia nuclear é perigosa. No entanto, essa narrativa ignora o contexto, a evolução da segurança nuclear e as verdadeiras consequências desses eventos.

- **Chernobyl (1986)** – Um projeto de reator inseguro e falhas humanas levaram ao pior acidente nuclear da história. O RBMK (Reator Moderado a Grafite) não tinha contenção e os operadores ignoraram procedimentos de segurança.

- **Fukushima (2011)** – O desastre foi causado por um tsunami de proporções históricas, e mesmo assim ninguém morreu por radiação direta. O impacto foi muito menor do que o de desastres de combustíveis fósseis, como o acidente da BP no Golfo do México (2010).

"Os Resíduos Nucleares São um Problema Insolúvel"

Este é, sem dúvida, um dos argumentos mais frequentemente utilizados pelos críticos da energia nuclear:

"A energia nuclear não pode ser considerada limpa porque não sabemos o que fazer com os resíduos."

Mas será mesmo verdade? Ou estamos diante de mais um mito persistente, alimentado por desinformação e pelo desconhecimento sobre os avanços tecnológicos já disponíveis?

A Verdade: A Gestão de Resíduos Nucleares está Técnica e Cientificamente Resolvida

Ao contrário do que muitos acreditam, os resíduos nucleares são altamente controlados, geridos com rigor, e ocupam volumes muito pequenos quando comparados com os resíduos de outras indústrias.

Em todo o mundo, os resíduos radioativos são classificados em:

- Baixa atividade (roupas, ferramentas, filtros – 90% do volume total),
- Média atividade (resinas, componentes de reatores),
- Alta atividade (combustível usado).

A maioria dos resíduos (baixa e média atividade) perdem a sua radioatividade em décadas ou poucos séculos e podem ser armazenados com segurança em superfícies ou em depósitos intermediários.

Os resíduos de alta atividade, que representam menos de 3% do volume total, são hoje armazenados com segurança e há soluções de longo prazo completamente viáveis, como o armazenamento geológico profundo (exemplo: Onkalo, na Finlândia).

O Mito do "Perigo Eterno"

Um dos argumentos mais repetidos é que os resíduos nucleares "permanecem perigosos por centenas de milhares de anos". O que se omite, porém, é que:

- A maior parte da radioatividade dos resíduos decai rapidamente nas primeiras décadas.

- Após cerca de 300 a 500 anos, o nível de radiação dos resíduos torna-se comparável ao de minérios naturais como o urânio na crosta terrestre.

- As tecnologias de transmutação nuclear já permitem reduzir drasticamente o tempo de vida dos resíduos mais perigosos (como vimos no Capítulo 5 com o projeto MYRRHA).

Conclusão: A questão dos resíduos não é técnica, é política e psicológica.

Observemos o seguinte gráfico que mostra o volume de resíduos tóxicos ou perigosos gerados por fonte de energia para produzir 1 TWh de eletricidade – incluindo nuclear, carvão, solar e gás natural – para mostrar que o nuclear é, paradoxalmente, uma das tecnologias que menos resíduos gera por energia produzida.

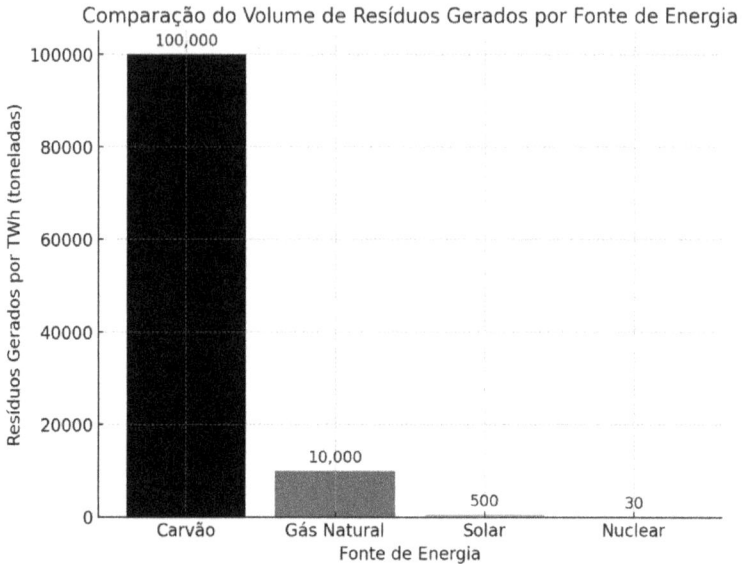

Gráfico comparando o volume de resíduos gerados por diferentes fontes de energia, por cada TWh produzido.

Fonte: Produção própria recorrendo aos dados da Tabela no final do presente Capítulo

Como se vê, a energia nuclear gera uma fração ínfima de resíduos em relação ao carvão ou ao gás, mesmo considerando os resíduos de alta atividade.

"Energia Nuclear é Cara e Demorada" – Mito ou Realidade?

Este argumento tornou-se quase um mantra nas discussões sobre transição energética:

"A energia nuclear é muito cara e demora décadas para ser construída. Não vale a pena."

Mas será mesmo assim? A verdade, como quase sempre, é mais complexa do que esta frase feita. E quando analisamos os números reais, percebemos que este argumento é mais um equívoco baseado em generalizações, preconceito tecnológico e omissão de contexto.

Comparar o Custo da Energia Nuclear Exige Honestidade Intelectual

Comparar o custo da energia nuclear com outras fontes não é tão simples como olhar apenas para o valor de construção de uma central. É necessário considerar:

- Custo nivelado da eletricidade (LCOE) ao longo do ciclo de vida;

- Fator de capacidade (ou seja, quanto tempo efetivamente a fonte gera energia);

- Duração de vida útil da instalação;

- Custos indiretos, como armazenamento, intermitência e backup em renováveis;

- Custo evitado de emissões de carbono (importantíssimo para políticas climáticas).

Tabela 38: Principais Mitos Antinucleares e Respostas Científicas

Mito	Refutação Científica Baseada em Evidência
A energia nuclear é a mais perigosa.	Estudos mostram que o nuclear tem uma das taxas de mortalidade mais baixas por TWh.

Os resíduos nucleares são um problema insolúvel.	Já existem soluções de longo prazo como Onkalo (Finlândia) e tecnologias de transmutação.
Chernobyl matou milhares.	A maioria das estimativas científicas aponta para algumas dezenas de mortes diretas.
Fukushima causou um desastre radioativo.	Não houve mortes por radiação; os impactos foram sobretudo sociais e económicos.
A radiação é sempre mortal.	Todos os humanos convivem com radiação natural – o risco depende da dose.

Fonte: Produção própria recorrendo aos dados da Tabela no final do presente Capítulo

Custo Nivelado de Eletricidade (LCOE)

O **LCOE** é uma medida padrão usada para comparar o custo real de geração de energia ao longo da vida útil de diferentes tecnologias.

De acordo com a Agência Internacional de Energia (IEA) e a Lazard (2023):

Tabela 39: Tabela que Compara o Custo Nivelado da Eletricidade (LCOE)

Fonte de Energia	LCOE (USD/MWh)
Carvão	60–140
Gás Natural (Ciclo combinado)	45–90
Solar Fotovoltaico	35–60
Eólica terrestre	30–70
Nuclear (Reatores existentes)	30–50

Nuclear (Novos projetos)	80–120

Fonte: Produção própria recorrendo aos dados da Tabela no final do presente Capítulo

Conclusão:

- A energia nuclear já é uma das mais baratas quando em operação, especialmente em reatores existentes.

- Os custos de construção de novos projetos tendem a ser altos principalmente por atrasos regulatórios, burocracia e falta de padronização — e não por inviabilidade técnica.

- Ao contrário das renováveis, a energia nuclear não precisa de backup constante nem de sistemas de armazenamento dispendiosos.

Velocidade de Construção: Demora ou Planeamento?

Outro argumento recorrente é que a energia nuclear demora muito para ser implementada. No entanto, isso também depende de contexto político e capacidade técnica.

Tabela 40: Tempo de Construção de Centrais Nucleares

Projeto	País	Tempo de Construção
Barakah 1	Emirados Árabes	7 anos
Hinkley Point C	Reino Unido	10–12 anos
Taishan 1	China	8 anos
Olkiluoto 3	Finlândia	17 anos

Fonte: *Produção própria recorrendo aos dados da Tabela no final do presente Capítulo*

Em países com decisão política clara e regulação eficiente, é perfeitamente possível construir centrais nucleares em menos de 10 anos.

Observemos agora este gráfico que compara o LCOE entre fontes de energia para visualizar melhor o posicionamento da energia nuclear no cenário atual.

Gráfico 43: Comparação do Custo Nivelado de Eletricidade (LCOE)

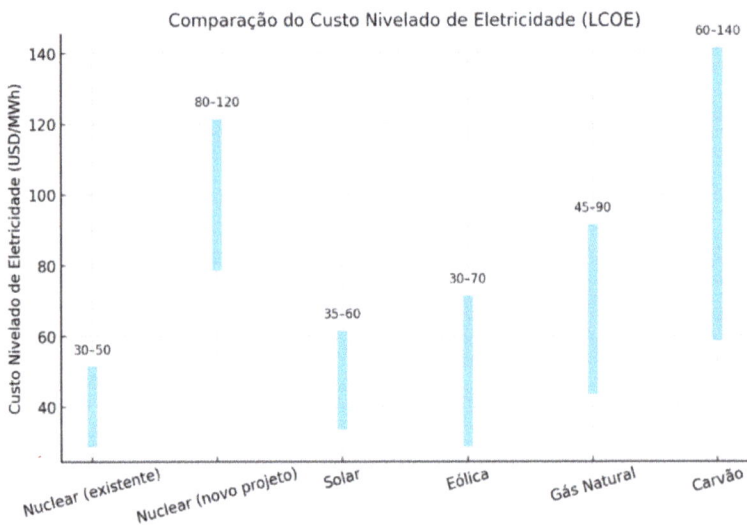

Gráfico que compara LCOE (Custo Nivelado de Eletricidade) entre diferentes fontes de energia. Ele mostra claramente que a energia nuclear existente é altamente competitiva, e até mesmo os novos projetos

nucleares mantêm-se dentro de uma faixa razoável, especialmente considerando a estabilidade e a longevidade da produção.

Fonte: Produção própria recorrendo aos dados da Tabela no final do presente Capítulo

"As Energias Renováveis Já São Suficientes" – Um Mito Perigoso

Este é talvez o argumento mais politicamente popular e ao mesmo tempo tecnicamente impreciso:

"Já temos solar e eólica, não precisamos de energia nuclear."

À primeira vista, parece lógico: se podemos produzir energia limpa a partir do sol e do vento, por que continuar a investir numa tecnologia que envolve radioatividade e exige investimento pesado?

A resposta está na realidade física do sistema elétrico e na natureza intermitente das fontes renováveis.

As Energias Renováveis São Fundamentais... Mas Insuficientes

Não há dúvida de que o solar e a eólica têm um papel vital na transição energética. São limpas, abundantes e cada vez mais baratas. Mas... são intermitentes.

- O sol não brilha à noite.

- O vento não sopra todos os dias.

- As redes elétricas exigem estabilidade e previsibilidade.

O fator de capacidade das renováveis é baixo:

Tabela 41: Fator de Capacidade (Rendimento) por Fonte de Energia

Fonte de Energia	Fator de Capacidade (%)
Energia Nuclear	90–95%
Carvão	60–70%
Gás Natural	50–60%
Solar Fotovoltaico	10–25%
Eólica (onshore)	25–40%

Fonte: Produção própria recorrendo aos dados da Tabela no final do presente Capítulo

Isso significa que precisamos de backup — geralmente fóssil — para compensar a produção intermitente. Ou então de armazenamento de energia em larga escala, que ainda não é tecnicamente viável nem economicamente acessível em muitos países.

Tomemos atenção ao seguinte gráfico que compara a capacidade instalada de diferentes fontes com sua energia efetivamente entregue ao sistema (baseando-se no fator de capacidade médio). Isto mostra o quanto o potencial das renováveis é limitado sem o complemento por fontes firmes como a nuclear.

Gráfico 44: Capacidade Instalada vs Energia Efetiva Entregue ao Sistema

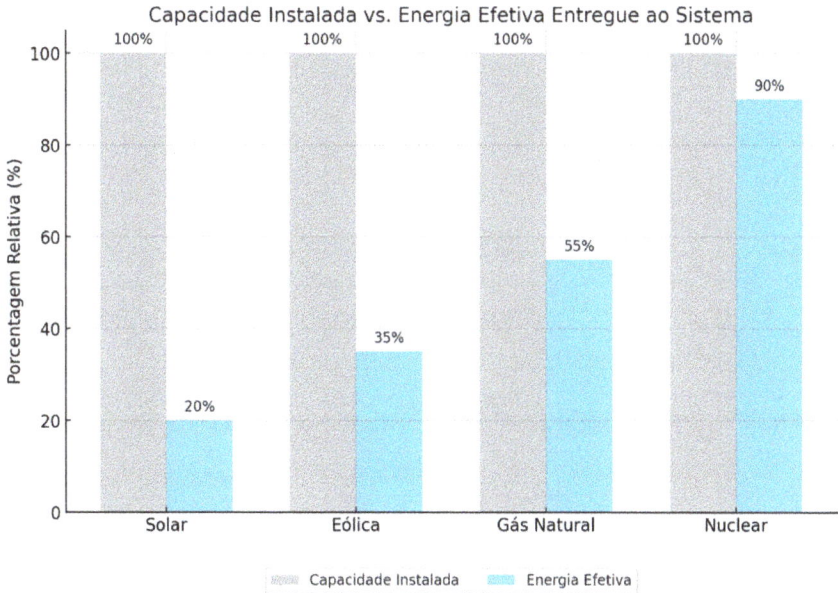

Gráfico que compara a capacidade instalada com a energia efetivamente entregue ao sistema pelas diferentes fontes ou seja o chamado "rendimento" de cada fonte energética. Ele mostra de forma clara que, embora solar e eólica tenham grande potencial, a sua contribuição real é muito inferior à da energia nuclear, quando se considera a produção contínua e estável.

Fonte: Produção própria recorrendo aos dados da Tabela no final do presente Capítulo

"Desastres Nucleares Tornam a Energia Inviável" – A Realidade dos Acidentes

Poucas palavras causam tanta reação emocional quanto "acidente nuclear". A simples menção de nomes como Chernobyl ou Fukushima é suficiente para evocar imagens de tragédia, radiação e colapso ambiental.

Este é um dos argumentos mais usados pelos opositores da energia nuclear:

"Basta um acidente para contaminar o planeta. Não vale o risco."

No entanto, esta visão ignora três fatos essenciais:

- Acidentes nucleares são extremamente raros.

- O número de vítimas diretas é baixo em comparação com outros desastres industriais.

- Cada acidente levou a avanços tecnológicos que tornaram a energia nuclear ainda mais segura.

Vamos aos Fatos:

Chernobyl (1986):

- Foi o pior acidente nuclear da história, causado por um reator mal projetado (RBMK), sem contenção e operado de forma negligente.

- Consequência: cerca de 4.000 mortes estimadas por efeitos a longo prazo (OMS).

- Lições aprendidas: fim do uso de reatores RBMK fora da Rússia, reforço global nos padrões de segurança e criação da AIEA moderna.

Fukushima (2011):

- Ocorreu após um tsunami histórico, que afetou o sistema de refrigeração.

- Mortes por radiação: 0

- Mortes por evacuação desorganizada: ~1.600 (segundo o governo japonês)

- Lições aprendidas: reatores de Geração III+ são projetados para resistir a falhas externas; sistemas de refrigeração passivo foram implementados.

Three Mile Island (1979):

- Acidente parcial do núcleo, sem vítimas, sem contaminação externa significativa.

- Lições aprendidas: mudança global nos protocolos de operação e vigilância.

Vamos relembrar visualmente a comparação entre os grandes desastres industriais (químicos, petrolíferos e nucleares), para mostrar o real impacto humano e ambiental de cada um.

Gráfico 45: Comparação de Fatalidades diretas em Desastres Industriais e Nucleares

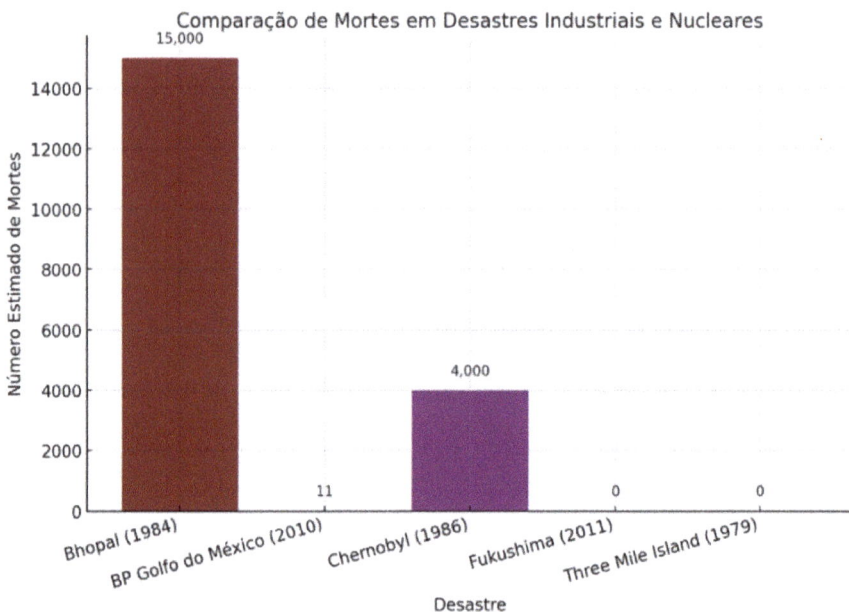

Comparação de Mortes em Desastres Industriais e Nucleares

Gráfico que compara o número estimado de mortes em desastres industriais e nucleares, reforçando que os acidentes nucleares, embora impactantes mediaticamente, têm impacto humano muito menor do que outros desastres industriais.

Fonte: Produção própria recorrendo aos dados da Tabela no final do presente Capítulo

Gráfico 46: Comparação do Impacto Ambiental de Grandes Desastres

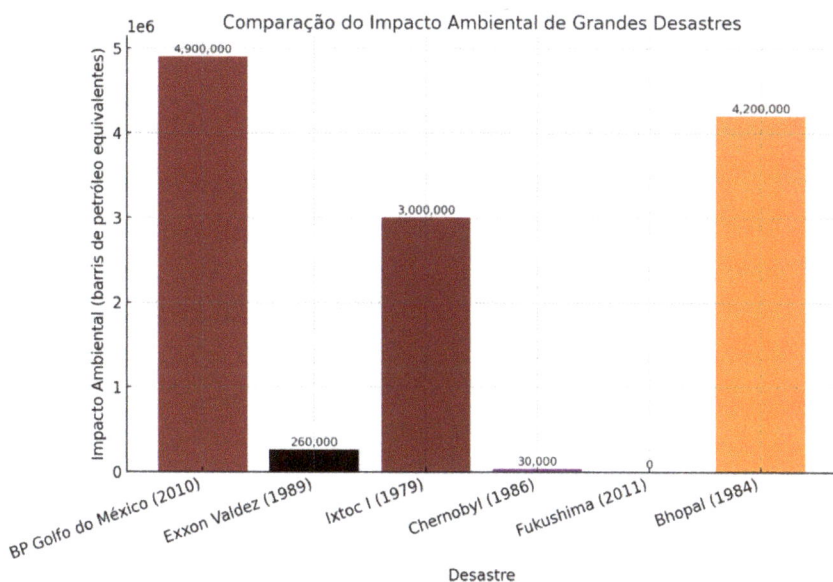

Gráfico que compara o impacto ambiental (em barris de petróleo equivalentes) entre os principais desastres industriais, petrolíferos e nucleares.

Fonte: Produção própria recorrendo aos dados da Tabela no final do presente Capítulo

Quem Financia o Movimento Anti-Nuclear?

A oposição à energia nuclear é muitas vezes retratada como um movimento espontâneo e moralmente legítimo, formado por cidadãos preocupados com o meio ambiente. Embora existam grupos sinceramente motivados por preocupações éticas e ambientais (poucos), a história mostra que há interesses muito mais profundos e complexos por trás do movimento anti-nuclear.

Nesta secção, vamos revelar quem lucra com o medo da energia nuclear, e como esse medo tem sido alimentado, financiado e instrumentalizado ao longo das últimas décadas.

A Indústria dos Combustíveis Fósseis – O Inimigo Oculto

A energia nuclear é a única fonte firme e em larga escala capaz de substituir carvão, petróleo e gás natural. Logo, representa uma ameaça direta ao modelo econômico das empresas e países assentes na exploração de fósseis, que lucram com a dependência energética de nações inteiras.

Exemplos históricos:

- Nos anos 1970 e 1980, lobbies petrolíferos financiaram campanhas ambientais contra a energia nuclear para proteger seus mercados de exportação.

- Recentemente, investigações nos EUA e na Europa revelaram que grupos ligados a interesses fósseis (especialmente gás natural vindos da Rússia e seus aliados) apoiaram indiretamente campanhas anti-nucleares por meio de ONGs ambientalistas.

A estratégia: Promover solar e eólica como solução ideal, sabendo que essas tecnologias ainda precisam de backup — geralmente provido por gás natural, petróleo ou carvão, significando isto um empobrecimento desses países e mantendo a sua dependência energética.

Organizações Ambientalistas – Uma Relação Contraditória

Muitas ONGs ambientais de renome (como Greenpeace e Friends of the Earth) têm uma posição radicalmente anti-nuclear, mesmo sabendo que a energia nuclear:

- Tem baixíssimas emissões de CO_2;

- Tem menor impacto ambiental que as hidroelétricas e fósseis;

- Pode substituir tecnologias poluentes com segurança.

O problema: Essas organizações recebem doações privadas, fundos estatais e subsídios de fundações filantrópicas que têm interesses ideológicos ou econômicos específicos.

Exemplo conhecido: A fundação Rockefeller Brothers Fund, historicamente envolvida no financiamento de campanhas ambientais, também tem interesses em energias fósseis e renováveis comerciais.

Governos e Geopolítica – Dependência Estratégica

Muitos países que exportam petróleo, gás natural ou carvão (como Rússia, Arábia Saudita, Irão, Venezuela, etc.) têm interesse em travar o avanço da energia nuclear noutros países, pois isso significaria:

- Redução da importação de energia fóssil;

- Menor dependência energética dos seus clientes;

- Maior autonomia tecnológica de países ocidentais.

Há suspeitas documentadas de que campanhas anti-nucleares em países europeus tenham sido apoiadas diretamente por interesses russos, sobretudo após a construção do **Nord Stream**[3], visando aumentar a dependência do gás natural.

---

[3] O Nord Stream é um sistema de gasodutos submarinos construído para transportar gás natural da Rússia diretamente para a Alemanha, através do Mar Báltico. O projeto visa fornecer uma rota direta e eficiente de abastecimento energético à Europa Ocidental, contornando países de trânsito como a Ucrânia e a Polónia. Nord Stream 1: Inaugurado em 2011, com capacidade anual de cerca de 55 mil milhões de m³ de gás. Nord Stream 2: Concluído em 2021, com a mesma capacidade, mas nunca entrou em operação comercial, devido a tensões geopolíticas e sanções internacionais. O seu objetivo era o de garantir o fornecimento de gás russo à Europa com menor interferência política e menor risco de interrupções logísticas (Ucrânia e Polonia). Tornou-se um símbolo da dependência energética da Europa em relação à Rússia. No entanto, ganhou destaque após a invasão da Rússia á Ucrânia em 2022, levando à suspensão do comissionamento do Nord Stream 2 e sanções severas á Rússia. Em setembro de 2022, partes do gasoduto foram danificadas por explosões misteriosas, gerando acusações e investigações internacionais.

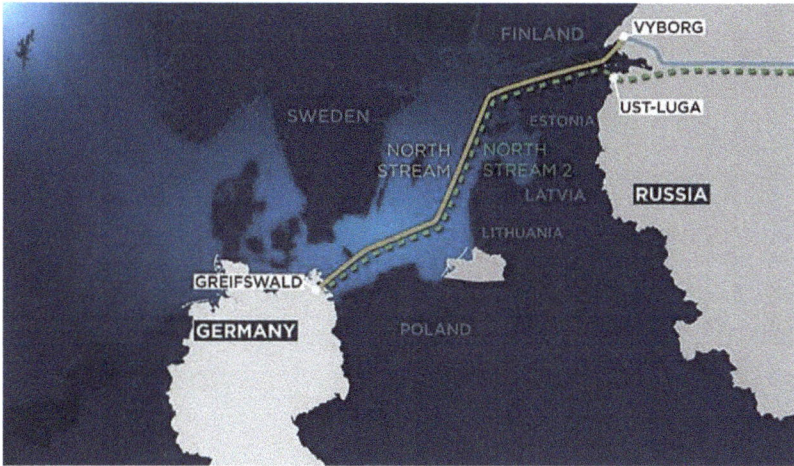

A Indústria da Energia Intermitente

A expansão descontrolada da energia solar e eólica criou um novo setor multimilionário, que depende de incentivos públicos, subsídios e regulamentações favoráveis.

Essas empresas têm interesse em enfraquecer ou bloquear projetos nucleares, que comprometem a rentabilidade das renováveis quando não há procura por backup.

Em países como a Alemanha, associações da indústria solar foram aliadas-chave na campanha pela desativação das centrais nucleares.

A Media – O Poder da Narrativa

Por fim, a media desempenha um papel central na construção do medo nuclear.

Acidentes nucleares, mesmo quando sem vítimas, recebem cobertura internacional e alarmista, enquanto desastres com petróleo, gás ou carvão, mesmo letais, passam despercebidos ou são minimizados.

Muita média é financiada por grupos com interesses energéticos ou alinhadas com visões ideológicas anti-industriais.

Está a ser conhecido agora com a Administração Trump, através do Departamento de Eficiência Governamental (DOGE), os biliões de USD que estes tipos de organizações recebiam através do chamado "deep state", ou seja, o "estado oculto" que a troco de interesses obscuros e secretos até, criavam narrativas e mesmo agitação por vezes violenta para que interesses inconfessos fossem defendidos. A energia nuclear foi um dos temas em que esses financiamentos ocultos e ilegais têm vindo a ser aplicados. A criação de narrativas passava pela "compra" de jornalistas e meios de media para que fossem transmitidas as falsas ideias sobre a Energia Nuclear. Por sua vez esta narrativa dava tração a grupos de extrema-esquerda radical também financiados por estes fundos, que colocavam toda irracionalidade na "luta" por um planeta "mais sustentável" e que posteriormente a média dava ampla cobertura como sendo manifestações "espontâneas" de nobres cidadão preocupados com o planeta. Tudo um embuste para enganar o publico e fazer com que as pessoas paguem a energia muito mais cara do que deveriam se os países tivessem uma matriz energética eficiente.

Com a Administração Trump estou certo de que esse financiamento ilegal terminará e segundo as próprias palavras do Presidente, este mandato terá a energia como ponto central e certamente o nuclear fará parte da atenção que ela justamente merece.

Observem este infográfico visual que representa os principais grupos de interesse que financiam ou promovem a oposição à energia nuclear, com setas indicando suas motivações.

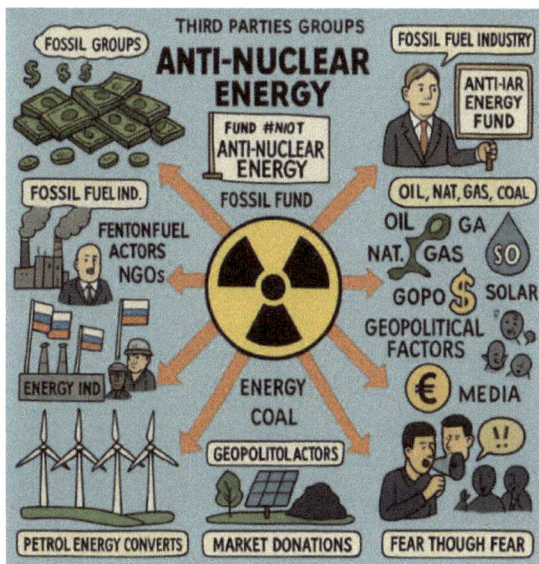

Infográfico que mostra os principais grupos que financiam ou promovem a oposição à energia nuclear — com suas respetivas motivações e relações de influência.

Tabela 42: Entidades e Grupos que Apoiam Movimentos Anti-Nucleares

Grupo/Setor	Motivações	Exemplos de Organizações	Observações / Evidências
Indústria dos Combustíveis Fósseis	Proteger mercado de carvão, petróleo e gás contra	ExxonMobil, Gazprom, Koch Industries	Apoio a think tanks e campanhas ambientalistas moderadas que

	concorrência do nuclear.		excluem nuclear.
ONGs Ambientalistas	Ideologia antinuclear, anti tecnológica ou anticapitalista.	Greenpeace, Friends of the Earth, Beyond Nuclear	Oposição pública contínua, campanhas de medo, bloqueios legais.
Governos com interesse geopolítico	Manter dependência energética de países ocidentais.	Rússia, Irão, Venezuela	Suspeitas de financiamento de campanhas antinucleares e apoio a ONGs europeias.
Indústria das Renováveis	Manter dominância em subsídios e impedir concorrência firme.	German Solar Association, WindEurope	Lobby ativo na Alemanha contra extensão de vida das usinas nucleares.
Meios de comunicação sensacionalista	Audiência e alinhamento com visões ideológicas.	RT, Al Jazeera, The Guardian (alguns colunistas), Documentários como Pandora's Promise (em resposta)	Cobertura desproporcional de acidentes nucleares vs. acidentes fósseis ou químicos.

Tabela 43: Interesses por Trás da Oposição ao Nuclear

Grupo / Interesse	Motivação Provável
Indústria dos combustíveis fósseis	Evitar concorrência de uma energia limpa e estável
Grupos ambientais radicais	Visões ideológicas anti tecnologia ou de decrescimento
Governos com agendas populistas	Obter apoio popular através de decisões simbólicas
Meios de comunicação sensacionalistas	Explorar o medo para gerar envolvimento da audiência
Movimentos pacifistas	Confundir energia nuclear civil com armamento nuclear

O Caso Alemão – Fecho das Centrais e Aumentando Emissões

A Alemanha foi, durante décadas, líder tecnológica em energia nuclear. No entanto, após o acidente de Fukushima (2011), o país decidiu fechar todas as suas centrais nucleares, alegando preocupações com a segurança. Esta decisão, politicamente motivada e apoiada por grupos ambientalistas, ficou conhecida como o "Energiewende" – a transição energética alemã.

Mas a realidade foi muito diferente da retórica. A substituição do nuclear não se deu por energias limpas e renováveis, como muitos acreditam. Ela deu-se, sobretudo, por... carvão e gás natural.

O que a Alemanha fez?

Em 2011, após Fukushima, o governo Merkel decidiu:

- Encerrar 8 reatores nucleares imediatamente.

- Fechar todos os restantes até 2023.

- Substituir a energia nuclear por solar, eólica... e gás natural russo.

Em abril de 2023, a Alemanha desligou os seus últimos três reatores nucleares — mesmo em plena crise energética provocada pela guerra na Ucrânia e pela redução do fornecimento de gás da Rússia.

O resultado: Aumento das Emissões e da Conta de Luz

Tabela 44: Impacto do Encerramento Nuclear na Alemanha

Indicador	Antes do Energiewende (2010)	Após Fecho Nuclear (2023)
Participação do nuclear na matriz (%)	22%	0%
Participação do carvão (%)	28%	31%
Importações de gás da Rússia (%)	37%	0% (substituído por GNL)
Preço da eletricidade (€ MWh)	~50	>150
Emissões de CO_2 (Mt/ano)	~760	~810

Fonte: Produção própria recorrendo aos dados da Tabela no final do presente Capítulo

Conclusão: Fechar centrais nucleares aumentou as emissões, a dependência externa e o custo para o consumidor.

Esse gráfico mostra visualmente como a redução do nuclear foi compensada por combustíveis fósseis, e não por fontes limpas.

Gráfico 47: Evolução da Produção Elétrica na Alemanha por Fonte

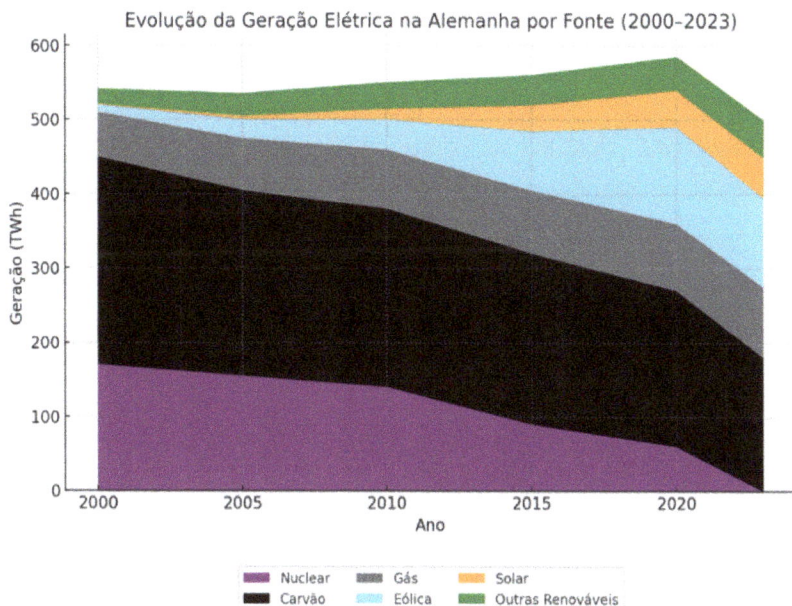

Evolução da Geração Elétrica na Alemanha por Fonte (2000-2023)

Gráfico da evolução da geração elétrica na Alemanha por fonte (2000–2023). Ele mostra claramente como a redução da energia nuclear foi compensada por carvão e gás, com as renováveis em crescendo, mas sem substituir completamente o nuclear.

Fonte: Produção própria recorrendo aos dados da Tabela no final do presente Capítulo

Ângela Merkel e o Fim do Nuclear na Alemanha: Quando a Política Ignora a Ciência

Ângela Merkel é frequentemente retratada como uma das líderes mais influentes do século XXI. Cientista de formação, doutorada em física quântica, foi chanceler da Alemanha entre 2005 e 2021 após a reunificação alemã, sendo vista por muitos como símbolo de estabilidade e pragmatismo europeu.

Mas um capítulo da sua liderança permanece altamente controverso: Como chanceler (2005-2021), liderou com prestígio internacional uma Europa a necessitar de uma liderança e um rumo, mas a decisão de destruir o programa nuclear alemão, tomada sob pressão popular e ideológica após o acidente de Fukushima em 2011, foi emocional e política, não científica. Essa escolha mudaria radicalmente a matriz energética da Alemanha e traria consequências profundas para a sua economia, segurança e autonomia geopolítica.

Linha do Tempo: A Viragem Energética de Merkel

- Antes de 2011: A Alemanha tinha 17 reatores nucleares ativos, que geravam mais de 22% da eletricidade nacional a baixo custo e com baixíssimas emissões de CO_2.

- Março de 2011: O tsunami no Japão atinge Fukushima. Nenhuma relação direta com a Alemanha.

- Abril de 2011: Merkel cede à pressão da opinião pública e das ONGs ambientais.

- O governo decide fechar 8 reatores imediatamente e desligar os restantes até 2022.

- Inicia-se o programa "Energiewende", baseado em solar, eólica... e gás russo.

Tabela 45: Linha do Tempo para o Encerramento de Todos as Centrais Nucleares na Alemanha

Ano	Marco Político	Consequência
2005	Merkel torna-se chanceler	Promete modernizar e descarbonizar a matriz energética alemã
2010	Nuclear = 22% da matriz elétrica	Alemanha como referência em energia limpa e confiável
2011	Acidente de Fukushima no Japão	Merkel decide encerrar reatores nucleares na Alemanha
2012	Encerramento progressivo começa	Gás russo e carvão passam a cobrir a produção nuclear
2020	Nuclear quase extinto	Dependência de gás russo ultrapassa 50%
2022	Invasão da Ucrânia	Crise energética com explosão de preços
2023	Últimos reatores desligados	Indústria alemã impactada, empresas

		migram para a China e EUA

Fonte: Produção própria recorrendo aos dados da Tabela no final do presente Capítulo

Uma Cientista que Ignorou a Ciência?

Paradoxalmente, Merkel, com formação científica e profundo conhecimento técnico, tomou uma decisão política baseada no medo e na emoção, não na evidência.

Em vez de avaliar racionalmente a segurança dos reatores alemães – considerados entre os mais seguros do mundo – optou por um gesto simbólico e ideológico, aplaudido internacionalmente, mas com custos incalculáveis.

LINHA DO TEMPO – DECISÕES DE ANGELA MERKEL SOBRE A ENERGIA NUCLEAR

2005
Merkel toma posse como chanceler

2011
Nuclear = 22% da matriz energetica

2012
Decisão de eliminar progressivamente o nuclear

2020
Quase toda a energia nuclear substituida por gás

2022
Crise energética provocada pela guerra na Ucränia

2023
Encerramento dos últimos reatores nucleares

As Consequências: Mais Emissões, Mais Dependência, Menos Indústria

- A eletricidade gerada pelas centrais nucleares foi substituída principalmente por carvão e gás natural russo.

- A dependência energética da Alemanha em relação á Rússia subiu para mais de 50% do fornecimento de gás antes da guerra na Ucrânia.

- Com o fecho do Nord Stream, os preços da energia explodiram (ver gráfico), atingindo mais de 150 €/MWh em 2023.

- O setor industrial alemão – especialmente químico, siderúrgico e automóvel – foi forçado a reduzir produção ou transferir operações para países como China, EUA e Noruega.

Resultado: A economia mais forte da Europa colocou a sua matriz energética nas mãos de um regime autocrático, e perdeu competitividade global.

Gráfico 48: Evolução do Preço da Eletricidade na Alemanha

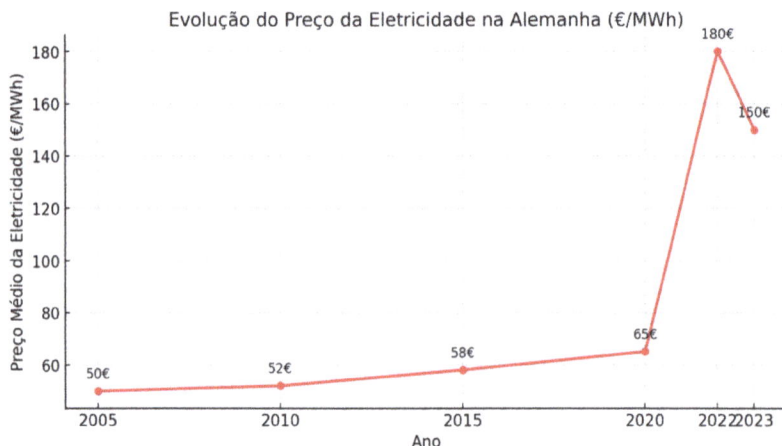

Gráfico da evolução do preço da eletricidade na Alemanha (€/MWh). Ele mostra de forma clara o aumento exponencial após o encerramento do programa nuclear e a dependência do gás russo.

Fonte: Produção própria recorrendo aos dados da Tabela no final do presente Capítulo

Merkel nas suas próprias palavras... e os factos

"Fukushima mudou a minha visão sobre a energia nuclear." – Ângela Merkel, 2011

Mas... Fukushima matou zero pessoas por radiação. E os reatores alemães não têm qualquer semelhança técnica com os do Japão.

Lição para o Futuro: Quando a Política Ignora a Ciência, Todos Pagam a Fatura

Este caso mostra de forma clara que:

- O medo pode ser um péssimo conselheiro para decisões estratégicas.

- A estabilidade energética de uma nação não pode depender de ideologias ou pressões populistas.

- A energia nuclear foi sacrificada na Alemanha por razões políticas, e o país está a pagar um preço altíssimo.

Tabela 46: Contradições nas Políticas Energéticas

Política Declarada	Ação Real	Consequência
Descarbonização rápida	Encerramento de centrais nucleares seguras	Maior uso de gás ou carvão
Reduzir dependência externa	Importação de energia em vez de produção nuclear	Perda de soberania energética
Apoiar ciência e inovação	Ignorar avanços em reatores de nova geração	Estagnação tecnológica
Garantir segurança energética	Eliminação de fonte nuclear estável	Intermitência e risco de apagões

Fonte: Produção própria recorrendo aos dados da Tabela no final do presente Capítulo

França e Finlândia: A Escolha Pela Razão, Não Pelo Medo

Enquanto a Alemanha cedia ao medo e desmantelava o seu setor nuclear, França e a Finlândia tomaram o caminho oposto. Optaram por reforçar, modernizar e expandir suas capacidades nucleares, reconhecendo que não existe transição energética viável sem fontes firmes, limpas e confiáveis.

Essa diferença de estratégia tornou-se especialmente evidente durante a crise energética europeia de 2022, causada pela guerra na Ucrânia e pela dependência de gás russo.

França: O Pioneiro Europeu do Nuclear

A França como já vimos anteriormente, foi desde os anos 1970, líder mundial em energia nuclear civil, movida pelo desejo de autossuficiência energética após a crise do petróleo.

Dados principais:

- Possui 56 reatores nucleares ativos.
- Mais de 70% da sua eletricidade vem da energia nuclear – a maior proporção do mundo.
- Emite menos CO_2 per capita na geração elétrica que quase todos os países industrializados.
- Exporta energia elétrica para países vizinhos (incluindo a própria Alemanha...).

Em 2022, o presidente Emmanuel Macron anunciou um plano para construir 6 novos reatores EPR e manter os existentes em funcionamento e em segurança por várias décadas.

"Sem nuclear, não haverá soberania energética europeia." – Macron

Finlândia: Um Pequeno País com Visão de Futuro

A Finlândia decidiu que o caminho mais racional e seguro para descarbonizar a sua matriz elétrica era apostar firmemente no nuclear.

Destaques:

- Opera cinco reatores nucleares, que fornecem mais de 35% da eletricidade do país.

- Em 2023, entrou em operação o reator Olkiluoto-3, o maior e mais potente da Europa (EPR – 1.600 MW).

- A Finlândia é o primeiro país do mundo a concluir um repositório geológico definitivo para resíduos nucleares (Onkalo).

- População apoia maioritariamente a energia nuclear, com mais de 70% de aceitação.

Tabela 47: Comparação Energética: Alemanha vs França vs Finlândia

Indicador	Alemanha	França	Finlândia
% de eletricidade vinda do nuclear	0%	70%	35%
Emissões CO_2 per capita (elétrico)	Alta (~8.5 t)	Baixa (~2.5 t)	Muito baixa (~1.8 t)
Dependência de gás	Alta (~80%)	Moderada (~30%)	Baixa (~20%)
Preço médio da eletricidade (€)	>150 €/MWh	~85 €/MWh	~65 €/MWh
Apoio popular à energia nuclear	<40%	>60%	>70%

Fonte: Produção própria recorrendo aos dados da Tabela no final do presente Capítulo

Gráfico 49: Indicadores Energéticos: Alemanha vs França vs Finlândia

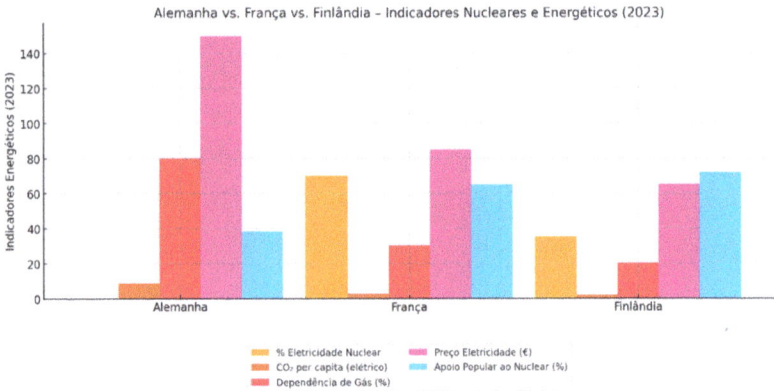

Gráfico comparativo entre Alemanha, França e Finlândia, destacando os principais indicadores nucleares e energéticos em 2023

Fonte: Produção própria recorrendo aos dados da Tabela no final do presente Capítulo

Conclusão do Presente Capítulo - Entre o Medo e a Razão – O Futuro da Energia Está em Jogo

A história da energia nuclear nas últimas décadas não é apenas uma história de ciência, engenharia e política energética. É, sobretudo, uma história sobre como o medo pode silenciar o conhecimento, como ideologias podem eclipsar a razão, e como decisões mal fundamentadas podem ter consequências profundas, duradouras e globais.

Vimos neste capítulo como a oposição à energia nuclear muitas vezes não nasce da realidade técnica, mas da construção de narrativas — narrativas alimentadas por

333

interesses econômicos, pressões ideológicas, desinformação e, por vezes, pura ignorância.

Vimos como Ângela Merkel, uma líder respeitada e cientista de formação, abandonou a lógica científica em nome de um simbolismo político — com consequências desastrosas para a Alemanha e para toda a Europa.

Contrastámos esse caminho com o de França e Finlândia, que optaram por investir no nuclear com clareza, visão de longo prazo e responsabilidade para com o ambiente e as gerações futuras.

E agora, a pergunta volta-se para o leitor:

Qual o caminho que o seu país está a seguir?

Está a ceder ao medo e à pressão popular, ou está a apostar numa transição energética baseada na ciência, na segurança e na estabilidade?

A energia nuclear não é perfeita — nenhuma fonte de energia o é.

Mas ela é a única capaz de gerar eletricidade em larga escala, com baixíssimas emissões, 24 horas por dia, sem depender do vento, do sol ou de combustíveis fósseis.

Num mundo em crise climática e geopolítica, recusar o nuclear por ideologia é um luxo que a humanidade não pode mais permitir.

Tabela 48: Quadro- Resumo: Lições-Chave sobre a Energia Nuclear e a Oposição Global

Lição	Reflexão / Implicação
Oposição à energia nuclear muitas vezes não é técnica, mas ideológica ou estratégica.	É essencial investigar quem financia o discurso antinuclear e porquê.
Decisões políticas podem destruir décadas de progresso energético.	O caso da Alemanha mostra como escolhas baseadas no medo têm consequências graves.
A energia nuclear é uma das formas mais limpas e seguras de produzir eletricidade em larga escala.	Deve ser parte essencial de qualquer estratégia de transição energética realista.
Países que apostam na energia nuclear têm eletricidade mais barata, menos emissões e maior segurança.	Exemplos da França e Finlândia mostram os benefícios de escolher com base em dados.
O público precisa de acesso à informação clara e objetiva sobre energia.	Este livro pretende ser uma ferramenta para estimular uma discussão mais racional e informada.

Fonte: Produção própria recorrendo a vários estudos e reflecções pelos media

Tabela 49: Fontes Consultadas no Capítulo 6

Fonte	Descrição	Notas
Our World in Data (2022)	Estudo comparativo da mortalidade por TWh de energia gerada.	Usado para comparação da mortalidade entre fontes de energia.

335

International Energy Agency (IEA)	Relatórios sobre Custo Nivelado de Eletricidade (LCOE) e energia nuclear.	Fonte relevante para dados de custo e eficiência das fontes.
Lazard (2023)	Estudo sobre Custo Nivelado de Eletricidade (LCOE).	Usado para comparar competitividade do nuclear frente a renováveis e fósseis.
Greenpeace	ONG ambientalista com posição antinuclear.	Citada como exemplo de organizações que defendem renováveis em vez do nuclear.
Friends of the Earth	ONG ambiental antinuclear.	Representa um dos grupos que financiam oposição antinuclear.
Nord Stream	Informações sobre o gasoduto Nord Stream e seu impacto na energia europeia.	Usado para explicar a política energética da Alemanha e dependência do gás russo.
Rockefeller Brothers Fund	Fundação que apoia ONGs ambientais e renováveis.	Relacionada ao financiamento de campanhas antinucleares.
Merkel, Ângela (2011)	Declarações de Merkel sobre mudança de posição após Fukushima.	Fonte direta das declarações de Merkel sobre a política nuclear alemã.

Preparação para o próximo Capítulo: Geopolítica Nuclear: Energia, Poder e Influência Global

Ao longo deste capítulo, desvendámos os argumentos por trás da oposição à energia nuclear e mostramos como muitos deles não resistem a uma análise crítica, técnica e factual. Percebemos que, por vezes, as decisões mais marcantes não são tomadas com base na ciência ou na razão, mas sim sob pressão de narrativas políticas, ideológicas ou geoestratégicas.

Mas se o medo e a desinformação são motores da oposição, o poder e a influência são muitas vezes os verdadeiros alicerces da energia nuclear.

É por isso que, no próximo capítulo, mergulharemos numa dimensão ainda mais profunda: a **geopolítica da energia nuclear**.

Vamos explorar como o acesso à tecnologia nuclear molda alianças internacionais, como as grandes potências usam o nuclear como instrumento de poder, e por que motivo alguns países o perseguem com tanto afinco — enquanto outros o rejeitam a todo o custo.

Porque mais do que uma fonte de energia, o nuclear é também uma ferramenta de soberania, um símbolo de prestígio, e um trunfo estratégico no grande jogo das nações.

Capítulo 7 - Geopolítica Nuclear: Energia, Poder e Influência Global

Ao longo da história, a energia sempre foi sinónimo de poder. Desde o domínio do fogo à ascensão das grandes potências industriais movidas a carvão e petróleo, o acesso a fontes de energia seguras, abundantes e controláveis moldou impérios, alimentou guerras e definiu o destino de nações.

No século XXI, essa realidade mantém-se — mas com uma nuance crucial: a energia não é apenas uma questão de recursos, mas de estratégia, de soberania e de influência global. E no centro desse novo jogo geopolítico encontra-se uma peça-chave: **a energia nuclear.**

Mais do que uma tecnologia de geração elétrica, o nuclear representa:

- Um símbolo de autonomia científica e industrial;

- Um trunfo diplomático e militar nas mesas de negociação internacionais;

- E em muitos casos, uma linha divisória entre potências regionais e grandes potências globais.

Hoje, os países que dominam o ciclo do combustível nuclear, que exportam reatores ou que controlam cadeias de abastecimento, exercem influência política muito além das suas fronteiras energéticas.

Ao mesmo tempo, a desinformação, o medo e a oposição ideológica têm sido usados como instrumentos geoestratégicos — travando o avanço do nuclear em países que poderiam tornar-se energeticamente independentes e politicamente mais fortes.

Este capítulo explora a energia nuclear como um elemento central da geopolítica moderna. Vamos analisar:

- Quem detém o poder nuclear e como o utiliza;

- Como o acesso (ou não) à tecnologia nuclear molda as relações internacionais;

- E por que razão a energia — especialmente a nuclear — será um dos principais eixos de influência, competição e soberania no século XXI.

Neste novo xadrez global, quem controla o nuclear não apenas gera eletricidade — controla também o tabuleiro.

Entre o Átomo e a Soberania

Desde que os Estados Unidos lançaram a primeira bomba nuclear em julho de 1945, o mundo entrou numa nova era geopolítica. Pela primeira vez na história da humanidade, um único país passou a deter um poder de destruição tão colossal que nenhuma outra nação conseguia igualar. Foi o nascimento da era nuclear — e com ela, a separação clara entre os que dominam o núcleo do átomo e os que dependem de quem o domina.

A energia nuclear civil surgiu quase em simultâneo, como um contraponto ético e tecnológico às armas atómicas, prometendo eletricidade quase ilimitada, limpa e soberana. No entanto, essa vertente pacífica da tecnologia nunca esteve inteiramente separada do seu potencial estratégico. Na verdade, o simples facto de um país dominar o ciclo completo da tecnologia nuclear — mesmo com fins civis — já é suficiente para alterar a sua posição no tabuleiro global.

A Soberania Científica como Ferramenta de Prestígio

Dominar o nuclear não é apenas um feito técnico — é um sinal inequívoco de capacidade científica, maturidade institucional e autonomia industrial. Não é por acaso que:

- Apenas um grupo restrito de países possui tecnologia para enriquecer urânio, construir reatores e tratar resíduos;

- Estes países são vistos como nações de "primeira linha", mesmo quando não possuem armas nucleares.

Na diplomacia internacional, o conhecimento nuclear equivale a poder negocial:

- Dá margem de manobra em tratados;

- Garante respeito em fóruns multilaterais;

- Impede ingerência estrangeira em decisões energéticas e estratégicas.

A Dissuasão: Realidade ou Potencial?

Mesmo quando não há intenção militar explícita, o simples domínio da tecnologia gera o que se chama de **"dissuasão latente"**:

- Um país com infraestrutura nuclear civil robusta pode, em teoria, converter rapidamente esse know-how num programa militar.

- Essa possibilidade implícita torna esses países muito mais difíceis de intimidar, sancionar ou isolar.

O caso do Japão é emblemático:

- Nunca desenvolveu armas nucleares;

- Mas detém dezenas de toneladas de plutónio reprocessado;

- Possui a capacidade tecnológica e científica para montar um arsenal num curto espaço de tempo, se a segurança nacional o exigisse.

Nuclear Civil como Pilar da Soberania Energética

O acesso ao nuclear permite que um país:

- Reduza drasticamente sua dependência de importações fósseis;

- Estabilize sua matriz energética de longo prazo;

- Proteja-se de choques geopolíticos externos (como sanções, guerras ou chantagens comerciais).

Isso faz do nuclear um escudo invisível, mas poderoso. Em tempos de tensão internacional, é muitas vezes o último bastião da soberania de um Estado.

A Perceção Externa: Medo, Respeito ou Alinhamento?

O mundo observa com atenção os países que:

- Constroem centrais nucleares com tecnologia própria;
- Enriquecem urânio dentro das suas fronteiras;
- Desenvolvem tecnologias de reprocessamento ou reciclagem.

Muitas vezes, essa observação vem acompanhada de pressão diplomática, acusações de militarização ou tentativas de limitar o avanço científico sob pretexto de segurança global.

No fundo, existe um receio sistémico dos países que se tornam autossuficientes em energia nuclear, porque isso significa também independência política, económica e estratégica.

O átomo é, ao mesmo tempo, uma fonte de luz — e uma sombra de poder.

O Conceito de Dissuasão – Entre o Medo e o Equilíbrio Estratégico

Desde a Guerra Fria, a lógica da dissuasão nuclear tem sido o alicerce da estabilidade estratégica entre potências armadas.

A doutrina da "Destruição Mútua Assegurada" (Mutual Assured Destruction – MAD) estabelece que, se dois países possuírem armas nucleares suficientes para se destruírem um ao outro, nenhum deles se atreverá a iniciar um conflito direto — pois o custo seria a própria aniquilação.

Este equilíbrio de terror, por paradoxal que pareça, evitou guerras diretas entre grandes potências durante mais de meio século, mesmo em momentos de elevada tensão (como a Crise dos Mísseis de Cuba em 1962).

A Dissuasão Explícita: O Clube Armado

Os países oficialmente detentores de armas nucleares — Estados Unidos, Rússia, China, França, Reino Unido, Índia, Paquistão, Coreia do Norte (e presumivelmente Israel) — usam essa capacidade como escudo absoluto de soberania.

A posse de ogivas nucleares:

- Desencoraja invasões, pressões militares e chantagens externas;
- Eleva o país a um estatuto geopolítico superior;
- Garante assento privilegiado nas decisões internacionais.

Nenhum desses países foi invadido ou sofreu mudança de regime imposta por forças externas, em grande parte porque o risco nuclear funciona como *red line* intransponível.

A Dissuasão Latente: O Poder de Quem Pode, Mesmo Que Não Queira

Mas há outro tipo de dissuasão mais subtil — e não menos eficaz.

Mesmo sem ogivas ou testes militares, um país com domínio completo do ciclo nuclear civil pode tornar-se "inalcançável" pela pressão externa.

Este fenómeno é conhecido como "dissuasão latente":

A capacidade técnica e industrial de produzir armas nucleares, caso o contexto de segurança assim o exija — mesmo que não haja intenção declarada de o fazer.

Exemplos de Dissuasão Latente na Prática:

Japão

- Tem mais de 45 toneladas de plutónio armazenado (reprocessado), o suficiente para milhares de ogivas.

- Possui um dos setores nucleares mais avançados do mundo.

- Apesar de sua Constituição pacifista, é amplamente reconhecido como uma "potência nuclear latente".

- Em caso de colapso da aliança com os EUA ou ameaça regional severa (como da Coreia do Norte ou China), poderia montar um arsenal num espaço de meses.

Alemanha

- Apesar de abandonar o nuclear civil, mantém enorme capacidade científica e industrial.

- Participa de acordos de "partilha nuclear" da NATO, com acesso técnico e logístico ao armamento dos EUA.

- É um ator central em negociações nucleares internacionais, mesmo sem possuir armas.

Brasil

- Possui um programa nuclear independente, incluindo o único reator naval da América Latina em construção.

- Enriquecimento de urânio 100% nacional.

- Nunca teve armas, mas é considerado um Estado com potencial estratégico pleno.

- O artigo 4.º da Constituição brasileira permite a revisão da política pacífica em caso de ameaça à soberania.

Coreia do Sul

- Altamente avançada tecnologicamente.

- Com acesso a tecnologia nuclear norte-americana e japonesa.

- A crescente ameaça da Coreia do Norte gera pressão interna por rearmamento estratégico.

Tabela 50: Dissuasão Nuclear: Explícita vs. Latente

Tipo de Dissuasão	Países	Características
Dissuasão Explícita	Estados Unidos, Rússia, China, França, Reino Unido, Índia, Paquistão, Coreia do Norte, Israel (presumido)	Possuem arsenais nucleares declarados ou operacionais; utilizam o nuclear como escudo militar e símbolo de estatuto geopolítico.

Dissuasão Latente	Japão, Alemanha, Brasil, Coreia do Sul, Canadá	Domínio técnico-científico do ciclo nuclear; capacidade de conversão civil-militar; prestígio e respeito diplomático sem possuir ogivas.

Fonte: Produção própria recorrendo aos dados da Tabela no final do presente Capítulo

O Respeito Geoestratégico

Estes países são frequentemente tratados com o mesmo cuidado diplomático que nações com armamento nuclear declarado, porque:

- Não podem ser intimidados facilmente;

- Têm capacidade de retaliação tecnológica e económica;

- Participam em negociações globais com mais margem de autonomia.

Este é o "soft power duro" da dissuasão nuclear:

Não se trata de ameaçar o mundo com destruição, mas de colocar-se fora do alcance da submissão geopolítica.

A dissuasão nuclear, explícita ou latente, é um dos mais poderosos instrumentos de estabilidade estratégica — e também de desigualdade geopolítica.

No mundo das potências, o nuclear continua a ser a última linha de defesa da soberania.

E o simples facto de poder ter... muitas vezes basta para que ninguém queira arriscar.

A Perceção de Assimetrias no Sistema Internacional

Embora o regime global de controlo nuclear, assente sobretudo no Tratado de Não Proliferação Nuclear (TNP) e supervisionado pela Agência Internacional de Energia Atómica (AIEA), tenha contribuído para evitar a proliferação descontrolada de armas nucleares, ele não está isento de críticas quanto à sua aplicação desigual.

Estas críticas não vêm apenas de Estados considerados "revisionistas" ou contestatários, mas também de nações democráticas, comprometidas com o uso pacífico da energia atómica e com o direito ao desenvolvimento tecnológico soberano.

Tabela 51: Países Não-Permanentes com Capacidade Nuclear ou Ambições

País	Situação Nuclear	Observações
Índia	Potência nuclear declarada	Não signatária do TNP; testes realizados em 1974 e 1998
Paquistão	Potência nuclear declarada	Desenvolveu armas em resposta à Índia; não signatário do TNP
Coreia do Norte	Potência nuclear declarada	Abandonou o TNP; realizou vários testes

Israel	Capacidade nuclear presumida	Não confirma nem nega possuir armas; não aderiu ao TNP
Irão	Capacidade técnica avançada	Signatário do TNP; supervisionado pela AIEA; alvo de controvérsias
Brasil	Programa civil avançado	Signatário do TNP; sem armas; possui domínio do ciclo do combustível
Japão	Capacidade tecnológica plena	Signatário do TNP; possui grandes quantidades de plutónio civil
Alemanha	Capacidade técnica elevada	Signatário do TNP; participa na partilha nuclear da NATO
Coreia do Sul	Potencial estratégico	Signatário do TNP; debate interno sobre armamento em curso

Tabela que mostra os países não-permanentes do Conselho de Segurança que possuem armas nucleares, capacidade técnica ou ambições relevantes no domínio nuclear.

Fonte: Produção própria recorrendo aos dados da Tabela no final do presente Capítulo

1. A Modernização dos Arsenais pelos Detentores Oficiais

Os cinco membros permanentes do Conselho de Segurança (P5)[4], que são também os cinco reconhecidos como "Estados com armas nucleares" pelo TNP, continuam a:

- Manter arsenais consideráveis (alguns com milhares de ogivas ativas);
- Investir em modernização tecnológica, novas plataformas de lançamento e simulações avançadas;
- Estender a vida útil das armas existentes, em contradição com o Artigo VI do TNP, que apela ao desarmamento gradual.

Isto cria a perceção de que as grandes potências exigem contenção dos outros, mas não se dispõem a dar o exemplo.

Tabela 52: Países com Nuclear Militar e Cível Avançada

Países com Armas Nucleares Declaradas ou Presumidas	Países com Programas Civis Nucleares Avançados (sem arsenal)
Estados Unidos	Alemanha
Rússia	Japão
China	Brasil
França	Canadá
Reino Unido	Coreia do Sul

---

[4] EUA, Rússia, China, Reino Unido e França

Índia	Finlândia
Paquistão	Suécia
Coreia do Norte	Argentina
Israel (presumido)	Emirados Árabes Unidos
	Bélgica
	Países Baixos

Fonte: Produção própria recorrendo aos dados da Tabela no final do presente Capítulo

2. A Ambiguidade Aceite de Alguns Estados

Países como Israel, que nunca aderiram ao TNP, são amplamente considerados como possuidores de armas nucleares. No entanto:

- Não reconhecem oficialmente o seu arsenal;

- Não são sujeitos a inspeções regulares da AIEA;

- São protegidos diplomaticamente por aliados influentes, o que limita qualquer ação multilateral efetiva.

Este duplo padrão, tolerado pelo sistema internacional, enfraquece a credibilidade do regime de não proliferação aos olhos de outros países, especialmente do Sul Global.

No entanto e para sermos completamente honestos, importa reforçar que Israel é um Estado de Direito Democrático onde as diversas Instituições do país são fortes o suficiente para limitar ou mesmo impedir o uso do seu arsenal nuclear. O facto de Israel possuir um arsenal que se estima que é considerável, não significa que o use ou que tenha intensões de o usar de forma leviana, serve sim para impedir a sua destruição como Estado e lançar um forte aviso a todos os seus inimigos.

3. O Escrutínio Intenso sobre Alguns Estados

Em contraste, países como o Irão — signatário do TNP e sujeito a rigorosas inspeções da AIEA — enfrentam:

- Pressão diplomática constante;

- Sanções económicas severas, mesmo quando estão tecnicamente em conformidade com os seus compromissos;

- Reações políticas desproporcionais a qualquer passo técnico que possa ser interpretado como suspeito, mesmo dentro do legalmente permitido.

Este tipo de tratamento seletivo cria tensões, mesmo entre países que não têm intenções militares, mas que exigem respeito pela sua soberania tecnológica.

No entanto é preciso não esquecer que o Irão é um estado religioso em que o poder supremo está na mão de clérigos radicais sem qualquer escrutínio por parte de poderes judiciais ou democraticamente eleitos. Assim são completamente legitimas as desconfianças suscitadas no desenvolvimento do seu programa nuclear apesar de aparentemente o país estar a ser tratado de forma desigual.

4. O Caso do Brasil: Soberania, Transparência e Desconfiança

O Brasil é um exemplo paradigmático de país que:

- Assinou e ratificou o TNP;

- Tem um histórico de uso pacífico da energia nuclear;

- É um dos únicos países do mundo que inscreveu na sua Constituição a proibição de armas nucleares;

- Criou, juntamente com a Argentina, a Agência ABACC, um modelo binacional de salvaguardas pioneiro.

Mesmo assim, o país enfrenta:

- Resistência ao acesso a determinadas tecnologias sensíveis, como o ciclo fechado de reprocessamento;

- Suspeição implícita por parte de fornecedores tradicionais, que impõem condicionalismos que não aplicam a aliados mais próximos.

Este tipo de bloqueio é muitas vezes justificado por motivos técnicos, mas é percebido como obstáculo político ao desenvolvimento soberano. Infelizmente o Brasil ainda é percecionado como um "Estado fraco" em que as instituições são permeáveis e por isso a resistência ao seu desenvolvimento nuclear. Como atualmente se assiste, o país parece que é governado pela Suprema Corte e não pelos poderes legalmente constituídos. Estes fatores pesam na cedência de tecnologia nuclear pela manifesta falta de confiança existente nas instituições do país.

5. O Desequilíbrio Norte–Sul e a Geopolítica da Tecnologia

Estas assimetrias geram uma sensação crescente de injustiça estrutural no sistema nuclear global:

- Países do Norte Global tendem a controlar a tecnologia e os inputs nucleares estratégicos;

- Países do Sul Global são frequentemente tratados como alunos sob vigilância, mesmo quando cumprem todos os tratados;

- O acesso ao nuclear é condicionado não apenas por critérios técnicos, mas também por alinhamentos políticos e alianças regionais.

O que muitos países emergentes denunciam não é o controlo, mas sim o controlo seletivo.

O sistema atual permite que uns poucos definam as regras... e alterem os critérios conforme a conveniência geopolítica.

O sistema de não proliferação nuclear é, em essência, uma construção diplomática baseada na confiança mútua, na transparência e na cooperação multilateral. No entanto, a sua eficácia depende da perceção de justiça e imparcialidade.

Se os critérios parecem flutuantes, se as sanções atingem uns e ignoram outros, e se o acesso ao nuclear civil continua limitado por motivos políticos, então o risco é perder a adesão voluntária ao sistema — e, com ela, a sua legitimidade.

O Controle da Tecnologia e os Regimes de Não-Proliferação

Após a eclosão da era nuclear e a multiplicação das armas atómicas nas décadas de 1950 e 1960, a comunidade internacional reconheceu que era necessário controlar o acesso às tecnologias sensíveis e evitar uma corrida ao armamento generalizada.

Assim nasceu o Tratado de Não Proliferação Nuclear (TNP), assinado em 1968 e em vigor desde 1970, com três pilares centrais:

1. Não proliferação:

Os países que já possuíam armas nucleares em 1967 (os P5) comprometeram-se a não transferir armas ou conhecimento militar nuclear a outros Estados.

Os demais signatários comprometeram-se a não produzir armas nucleares em nenhuma circunstância.

2. Desarmamento gradual:

Os Estados com armas nucleares deveriam negociar em boa-fé medidas para reduzir e eventualmente eliminar os seus arsenais — um compromisso que até hoje gera críticas quanto à sua efetiva implementação.

3. Uso pacífico da energia nuclear:

Todos os signatários têm o direito de aceder à tecnologia nuclear para fins civis (geração de eletricidade, saúde, agricultura, etc.), sob condições de transparência e inspeção internacional.

O TNP tornou-se o pilar jurídico e diplomático do sistema de controle nuclear mundial, contando hoje com 191 Estados signatários, o que o torna um dos tratados mais universalmente aceites.

O Papel da AIEA – Fiscal do Mundo Atómico

A Agência Internacional de Energia Atómica (AIEA), com sede em Viena, é o organismo das Nações Unidas responsável por:

- Verificar que os países estão a usar a energia nuclear apenas para fins pacíficos;
- Realizar inspeções técnicas em instalações nucleares;
- Monitorizar inventários de urânio e plutónio;
- Investigar suspeitas de desvios ou atividades não declaradas.

A AIEA opera com base em acordos de salvaguardas que os países assinam voluntariamente ou como exigência do TNP.

Em alguns casos (como o do Irão), também existem protocolos adicionais, que autorizam inspeções mais invasivas e com pouca antecedência.

O seu trabalho é essencial, mas depende da cooperação dos Estados e do apoio político dos membros da ONU.

Tabela 53: Pilares do TNP e Funções da AIEA

Pilares do TNP	Funções da AIEA

Não Proliferação: Evitar a disseminação de armas nucleares para além dos 5 países reconhecidos.	Inspeção e verificação de instalações nucleares para garantir uso pacífico.
Desarmamento: Compromisso dos países com armas nucleares em reduzir os seus arsenais.	Monitorização de materiais nucleares (urânio, plutónio).
Uso Pacífico: Garantia do direito ao acesso à energia nuclear civil sob verificação internacional.	Supervisão de acordos de salvaguardas e protocolos adicionais.

Fonte: Produção própria recorrendo aos dados de cada uma das organizações

Limitações e Desafios do TNP e da AIEA

Apesar do seu papel crucial, tanto o TNP quanto a AIEA enfrentam desafios geopolíticos complexos:

- O TNP reconhece como "legítimos" apenas os arsenais dos P5, perpetuando o desequilíbrio.

- Países como Israel, Índia, Paquistão e Coreia do Norte não estão formalmente sujeitos às suas obrigações (por não assinarem ou por abandonarem o tratado).

- A AIEA não tem autoridade para punir as violações — apenas para reportar, dependendo da ação do Conselho de Segurança.

- O acesso à tecnologia civil é, na prática, dificultado por restrições político-comerciais, que vão além das salvaguardas técnicas.

A Geopolítica dos Isótopos: Urânio, Plutónio e o Poder Invisível

Por trás das instalações, tratados e inspeções, está a matéria-prima do poder nuclear:

- Urânio natural é abundante, mas apenas o isótopo U-235 (menos de 1%) é físsil.

- Para ser usado em reatores (3–5%) ou armas (>90%), precisa ser enriquecido — um processo tecnicamente exigente e estrategicamente sensível.

- Plutónio-239 pode ser gerado nos reatores a partir do urânio e extraído por reprocessamento, outra tecnologia sensível e dual-use (civil ou militar).

Controlar estas tecnologias significa controlar o acesso à fronteira entre energia e armamento.

O Clube dos Fornecedores e o Condicionamento Tecnológico

Além do TNP, existe o chamado Grupo dos Fornecedores Nucleares (NSG), uma associação informal de países que controlam o comércio de materiais e equipamentos nucleares.

Este grupo:

- Regula o acesso de outros países a tecnologia de ponta;

- Impõe condições adicionais para exportações, muitas vezes baseadas em considerações políticas, não apenas técnicas;

- É um dos principais mecanismos pelos quais as grandes potências limitam a expansão do nuclear em países emergentes, mesmo quando estes estão em conformidade com a AIEA.

O sistema internacional de não proliferação é indispensável, mas está longe de ser perfeito. Equilibrar o direito soberano ao desenvolvimento com a segurança global é um desafio constante — e por vezes, um campo de batalha diplomática.

Quem controla o urânio, o plutónio e os protocolos de inspeção... controla, em última instância, o acesso ao poder.

CICLO DO COMBUSTÍVEL NUCLEAR
com principais pontos de controle internacional destacados

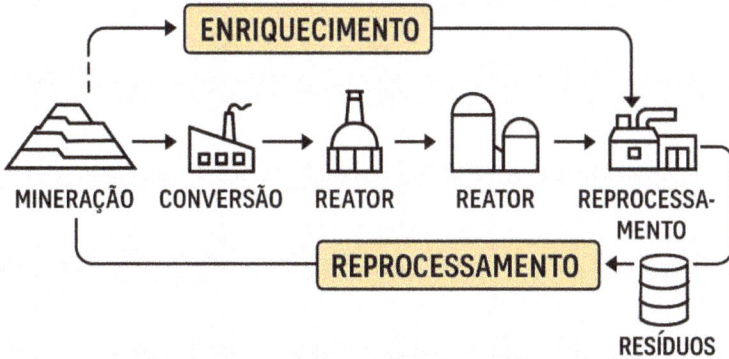

Diagrama ilustrativo do ciclo do combustível nuclear, com os principais pontos de controlo internacional destacados (como o enriquecimento e o reprocessamento).

Este esquema é ideal para reforçar visualmente a ligação entre tecnologia, energia e vigilância geopolítica.

O Acesso ao Urânio e a Corrida pelas Cadeias de Abastecimento

Ao contrário do que se pensa, o poder nuclear não começa nos laboratórios ou nas centrais elétricas. Começa no subsolo, com um metal pesado de número atómico 92: o urânio.

O urânio é a matéria-prima essencial para a maioria dos reatores nucleares atuais, e o seu ciclo de vida inclui:

- Extração (mineração),
- Conversão química,
- Enriquecimento isotópico,
- Fabricação de combustível,
- E, finalmente, o retorno sob forma de resíduos ou materiais reprocessados.

Controlar essa cadeia é, portanto, um imperativo estratégico para qualquer país que pretenda autonomia energética com base no nuclear.

Principais produtores de urânio no mundo

Atualmente, a produção global de urânio está concentrada em poucos países, o que torna o fornecimento vulnerável a choques políticos, instabilidade e manipulações comerciais.

Tabela 54: Principais Produtores de Urânio (2023)

País	Participação na Produção Mundial (%)
Cazaquistão	40%
Canadá	15%
Namíbia	11%
Austrália	8%
Uzbequistão	6%
Níger	4%
Outros	16%

Fonte: Produção própria recorrendo aos dados da Tabela no final do presente Capítulo

Embora países como EUA, Rússia e China tenham reservas, dependem fortemente da importação para manter os seus programas ativos.

A geopolítica das cadeias de abastecimento nuclear

A extração do urânio é apenas o início. Os passos seguintes — conversão, enriquecimento, transporte e reconversão do combustível — são dominados por um clube restrito de países com infraestrutura técnica e acordos bilaterais robustos.

- Enriquecimento: Liderado por Rússia (Rosatom), França (Orano), EUA (Centrus, Urenco), e China.

- Conversão e fabricação: Concentradas na Europa Ocidental, EUA, Rússia e Japão.

- Transporte e logística: Sob protocolos rígidos da AIEA, mas vulneráveis a sanções, guerras e sabotagem.

A Rússia, por exemplo, controla mais de 40% da capacidade global de enriquecimento comercial de urânio, e tem acordos para construir, abastecer e até operar centrais em dezenas de países — um instrumento geopolítico disfarçado de cooperação energética.

Tabela 55: Serviços Estratégicos do Ciclo do Combustível Nuclear

Serviço	Países Líderes	Observações
Enriquecimento de Urânio	Rússia, França, EUA, China	Rússia controla ~40% da capacidade global
Conversão Química	França, Canadá, China	Etapa pré-enriquecimento
Fabricação de Combustível	Japão, França, Rússia, EUA	Produção de varetas de combustível nuclear
Transporte Nuclear	Vários países europeus, EUA	Altamente regulado pela AIEA

Fonte: Produção própria recorrendo aos dados da Tabela no final do presente Capítulo

O risco de dependência e a corrida por autonomia

A guerra na Ucrânia expôs de forma dramática os riscos da dependência de fornecedores estratégicos de urânio e serviços nucleares.

Como resultado, vários países:

- Relançaram projetos de mineração interna;

- Procuram diversificar fornecedores (ex: Canadá, Austrália, Namíbia);

- E procuram desenvolver capacidade própria de enriquecimento e reciclagem de combustível.

Este novo contexto acelerou uma corrida por segurança energética nuclear, especialmente na Europa, nos EUA e no Indo-Pacífico.

O ciclo como cadeia crítica: do minério ao reator

A cadeia de abastecimento nuclear é longa, complexa e vulnerável. Por isso, garantir cada elo é uma prioridade de segurança nacional.

A interrupção em qualquer fase (mineração, enriquecimento, transporte) pode paralisar todo um sistema elétrico nacional.

No mundo nuclear, não basta ter tecnologia. É preciso ter acesso ao combustível — e independência na sua transformação.

Infográfico ilustrativo mostrando de forma clara e sequencial o ciclo da cadeia do combustível nuclear

Energia como Arma: O Caso da Rússia

A Federação Russa não é apenas um país com vastos recursos naturais. É um gigante energético com estratégia geopolítica própria, que utiliza a energia como instrumento de dissuasão, influência e alavancagem política.

Embora o gás natural tenha sido historicamente a principal arma energética russa (com exportações massivas para a Europa), o setor nuclear emergiu nas últimas décadas como um novo vetor de influência silenciosa, mas profunda.

A Rosatom: A extensão nuclear do Estado russo

A Rosatom, corporação estatal russa para a energia nuclear, é muito mais do que uma empresa.

Ela atua como um braço geopolítico do Kremlin, oferecendo:

- Construção de reatores nucleares completos (chave na mão);
- Financiamento favorável a países parceiros;
- Fornecimento contínuo de combustível nuclear;
- E, em alguns casos, operação e manutenção das centrais ao longo do seu ciclo de vida.

Com mais de 70 projetos internacionais ativos ou planeados, a Rosatom é o maior exportador global de tecnologia nuclear civil.

Um modelo de influência energética

A estratégia da Rússia é simples e eficaz:

1. Constrói centrais nucleares em países em desenvolvimento (ex: Turquia, Egito, Bangladesh, Hungria);
2. Oferece financiamento acessível e know-how técnico;
3. Mantém o fornecimento exclusivo de combustível e serviços técnicos, criando dependência de longo prazo.

Este modelo é apelidado de "Nuclear Diplomacy" — uma forma de exercer soft power com consequências duras.

Da cooperação à dependência

Países que contratam centrais da Rosatom passam a depender do urânio enriquecido russo e da sua logística.

Mesmo em países da União Europeia (como a Hungria e a Eslováquia), reatores russos do tipo VVER continuam operacionais, com fornecimento contínuo oriundo de Moscovo.

A crise energética após a invasão da Ucrânia (2022) demonstrou o peso da dependência da Europa em relação à energia russa — não só no gás, mas também no nuclear.

Blindagem política através do nuclear

A Rússia utiliza os acordos nucleares para:

- Fortalecer alianças estratégicas;
- Reduzir a influência de potências ocidentais em regiões-chave (Médio Oriente, África, Sudeste Asiático);
- Conquistar apoio político em fóruns internacionais, trocando assistência técnica por votos ou posições neutras em momentos de tensão global.

O nuclear, neste contexto, não é apenas tecnologia — é fidelização diplomática.

Riscos e tensões

A utilização da energia nuclear como arma geopolítica acarreta riscos:

- Instrumentalização de contratos civis para fins políticos;

- Possibilidade de corte de fornecimento em caso de sanções ou conflitos;

- Falta de alternativas rápidas para países que dependem da Rosatom.

É por isso que muitos países estão hoje:

- A repensar os seus contratos com fornecedores russos;

- A tentar diversificar as fontes de combustível nuclear;

- E a desenvolver capacidade nacional para reduzir a vulnerabilidade.

A Rússia transformou o nuclear num instrumento poderoso de influência internacional.

Através da Rosatom, oferece não apenas energia, mas uma rede de dependência estratégica silenciosa e duradoura.

Num mundo dividido, o nuclear tornou-se mais do que ciência — tornou-se uma extensão da geopolítica.

Tabela 56: Presença Global da Rosatom e Dependência Nuclear da Rússia

País	Tipo de Cooperação	Observações
Hungria	Construção e operação de reatores VVER-1200 (Paks II)	Financiamento russo e fornecimento de combustível

Turquia	Central de Akkuyu (4 reatores VVER-1200)	Projeto chave-na-mão; Rosatom manterá operação por décadas
Egito	Central de El-Dabaa (4 reatores)	Acordo de longo prazo; financiamento parcial russo
Bangladesh	Central de Rooppur (2 reatores VVER-1200)	Tecnologia, construção e operação pela Rosatom
Índia	Cooperação técnica e construção (Kudankulam)	Reatores russos em parceria com empresas indianas
China	Vários acordos de construção e cooperação técnica	Relação estratégica e projetos conjuntos de P&D
Irão	Construção e operação de Bushehr	Transferência de tecnologia supervisionada pela AIEA
Vietname	Planeado (suspenso)	Projeto nuclear cancelado por questões económicas
Argélia	Acordos preliminares de cooperação	Ainda sem projeto iniciado
Sudeste Asiático (diversos)	Negociação de futuros projetos	Expansão estratégica em curso

O Papel dos EUA, China e França na Nova Corrida Nuclear

Exportar centrais nucleares é muito mais do que uma transação tecnológica. É uma forma de:

- Estabelecer relações de longo prazo com governos estrangeiros;

- Influenciar as políticas energéticas, industriais e até diplomáticas de países parceiros;

- E competir por esferas de influência global, onde energia, segurança e cooperação científica se entrelaçam.

No século XXI, essa corrida intensificou-se. A Rússia domina amplamente, mas EUA, China e França procuram reforçar ou recuperar protagonismo neste xadrez silencioso e decisivo.

Estados Unidos: Tradição, Declínio e Renascimento Potencial

Durante décadas, os EUA foram líderes mundiais na exportação de tecnologia nuclear. No entanto:

- O setor privado enfrentou desaceleração interna e perda de competitividade externa;

- Os custos elevados e a morosidade regulatória dificultaram novos projetos;

- A fusão da Westinghouse com grupos estrangeiros gerou instabilidade comercial.

Nos últimos anos, o governo norte-americano iniciou uma viragem estratégica:

- Apoio público ao desenvolvimento de Small Modular Reactors (SMRs);

- Parcerias com países estratégicos como Polónia, Roménia e Ucrânia;

- Diplomacia energética ativa para conter a expansão da Rosatom.

O nuclear voltou à agenda dos EUA como peça de segurança energética e influência geopolítica.

China: A Ascensão Silenciosa e Agressiva

A China investe fortemente no seu setor nuclear doméstico e procura exportar o modelo Hualong One (HPR-1000) para países em desenvolvimento, oferecendo:

- Financiamento estatal generoso;

- Prazos de entrega mais curtos;

- Infraestrutura associada (formação, equipamentos, cadeias logísticas).

Projetos em andamento ou negociação incluem:

- Paquistão (centrais em operação e expansão),

- Argentina (negociação técnica),

- Vários países africanos e do Sudeste Asiático.

A estratégia chinesa replica o modelo da Nova Rota da Seda: energia em troca de alinhamento político e abertura económica.

França: Tradição Técnica e Diplomacia Nuclear

A França, através da Orano (ex-Areva) e da EDF, é historicamente uma potência nuclear com elevada reputação técnica.

Exporta reatores do tipo EPR (European Pressurized Reactor), com foco em:

- Reino Unido (Hinkley Point C),

- China (Taishan),

- Índia (Jaitapur, em negociação).

A abordagem francesa é marcada por:

- Exigência técnica e ambiental elevada;

- Menor agressividade comercial face à China ou Rússia;

- Diplomacia nuclear centrada na Europa, Ásia e África francófona.

Tabela 57: Exportadores de Tecnologia Nuclear e Estratégias Geopolíticas

País Exportador	Tecnologia Principal	Estratégia de Exportação	Países-Alvo Prioritários

Rússia	VVER (Rosatom)	Financiamento completo, operação direta	Turquia, Egito, Hungria, Bangladesh
China	Hualong One (HPR-1000)	Prazos curtos, apoio estatal agressivo	Paquistão, África, Sudeste Asiático
EUA	AP1000, SMRs	Parcerias estratégicas e segurança	Polónia, Ucrânia, Roménia, Canadá
França	EPR, EPR2	Tradição técnica e cooperação europeia	Reino Unido, China, Índia, África francófona

Fonte: Produção própria recorrendo aos dados da Tabela no final do presente Capítulo

A exportação de tecnologia nuclear é hoje uma das ferramentas mais poderosas de influência internacional de longo prazo.

Cada central construída representa décadas de cooperação técnica, contratos de fornecimento, formação de quadros e alinhamento político.

No xadrez do século XXI, o nuclear é o cavalo de batalha das potências – e cada reator é uma peça que conquista território diplomático.

Tabela 58: Regimes de Controlo de Exportações Nucleares

Regime	Objetivo	Principais Membros

Grupo de Fornecedores Nucleares (NSG)	Prevenir a proliferação através do controlo de exportações	48 países (ex.: EUA, Reino Unido, França)
Comité Zangger	Lista de materiais e tecnologias nucleares controladas	Signatários do TNP
Acordo de Wassenaar	Controlo de bens e tecnologias sensíveis	42 países diversos

Fonte: Produção própria recorrendo aos dados da Tabela no final do presente Capítulo

Tabela 59: Fluxos de Exportação de Tecnologia Nuclear por País

País Exportador	Principais Destinos	Sistemas Tecnológicos
França	China, Índia	Reatores PWR, EPR
Rússia	Índia, Finlândia	Reatores VVER
EUA	EAU, Japão	Reatores AP1000

Fonte: Produção própria recorrendo aos dados da Tabela no final do presente Capítulo

Alianças Estratégicas e Diplomacia Energética

Ao contrário do que possa parecer, o nuclear não isola — aproxima. A complexidade técnica, os riscos e os custos envolvidos exigem parcerias, confiança mútua e alinhamento político de longo prazo. Por isso, a energia nuclear está cada vez mais presente em tratados bilaterais, alianças multilaterais e fóruns de livre comércio e defesa.

O Caso EUA–Índia: Cooperação Nuclear com Valor Geopolítico

Um dos exemplos mais emblemáticos é o Acordo de Cooperação Nuclear Civil entre os Estados Unidos e a Índia, assinado em 2008.

Pilares do acordo:

- Reconhecimento dos direitos da Índia ao uso pacífico da energia nuclear, mesmo não sendo signatária do TNP;

- Abertura para comércio e transferência de tecnologia nuclear civil;

- Compromisso da Índia com inspeções da AIEA em instalações civis.

Objetivo implícito:

- Fortalecer a parceria estratégica entre as duas maiores democracias do mundo;

- Conter a influência da China na Ásia;

- Integrar a Índia no sistema global nuclear sem exigir o desmantelamento do seu programa militar.

Este acordo abriu um precedente histórico: um país fora do TNP, mas com boas credenciais, passou a fazer parte do "sistema nuclear civil global".

Energia e Tratados de Livre Comércio

O nuclear começa também a aparecer como cláusula técnica ou estratégica em acordos multilaterais e tratados regionais.

Exemplos:

- O USMCA (Acordo Estados Unidos–México–Canadá) inclui cláusulas sobre energia, infraestrutura e interconetividade tecnológica, com impacto indireto sobre as cadeias nucleares.

- Acordos UE–Japão e UE–Coreia do Sul integram componentes técnicos relacionados ao nuclear civil (padronização, segurança, inovação).

Estes acordos muitas vezes incluem:

- Transferência tecnológica segura;

- Treino/formação e certificação conjunta de operadores;

- Integração em cadeias logísticas energéticas sensíveis.

O Nuclear e as Alianças de Segurança

A energia nuclear é também instrumento de consolidação de alianças militares, mesmo quando os reatores são civis.

NATO:

- Muitos países da NATO utilizam tecnologia nuclear partilhada com os EUA.

- Existem protocolos de partilha nuclear (nuclear sharing) que incluem armas, mas também cooperação civil estratégica (Alemanha, Países Baixos, Bélgica, Itália).

AUKUS (Austrália–Reino Unido–EUA):

- Acordo de defesa que inclui a transferência de tecnologia de submarinos nucleares para a Austrália.

- Marca a entrada do nuclear militar em alianças do século XXI, mesmo que a Austrália continue sem armas nucleares.

Quad (EUA–Índia–Japão–Austrália):

Cooperação em segurança no Indo-Pacífico que envolve parcerias energéticas, incluindo nuclear civil.

Energia como Eixo de Alianças Tecnológicas do Século XXI

No século XXI, a segurança energética e a inovação tecnológica são os novos pilares da diplomacia global.

E o nuclear civil está no centro desse movimento.

Tabela 60: Acordos Estratégicos e Diplomacia Nuclear

Acordo / Aliança	Participantes	Tipo de Cooperação	Objetivo Estratégico
Acordo EUA–Índia (2008)	EUA e Índia	Cooperação nuclear civil fora do TNP	Aproximar Índia do Ocidente, conter China
Nuclear Sharing NATO	EUA e países europeus da NATO	Partilha de armas e cooperação técnica	Dissuadir ameaças nucleares, integrar aliados
AUKUS	Austrália, Reino Unido, EUA	Submarinos nucleares e cooperação militar	Contrabalançar influência chinesa no Indo-Pacífico

Quad (Diálogo de Segurança)	EUA, Japão, Índia, Austrália	Parceria energética e tecnológica	Estabilização e segurança regional
UE–Japão / UE–Coreia do Sul	União Europeia e parceiros asiáticos	Tecnologia e normas nucleares civis	Integração técnica e energética
USMCA (ex-NAFTA)	EUA, México, Canadá	Integração energética e infraestrutura	Segurança energética e cadeias logísticas

Fonte: Produção própria recorrendo aos dados da Tabela no final do presente Capítulo

Tabela 61: Impacto do Nuclear Civil

Tema	Impacto do Nuclear Civil
Transição energética	Geração sem carbono e base para renováveis
Cooperação científica	Formação de quadros, P&D conjunto, inovação
Segurança tecnológica	Cadeias de abastecimento sensíveis e seguras
Autonomia estratégica	Redução da dependência de combustíveis fósseis
Diplomacia bilateral	Ferramenta de aproximação e confiança mútua

Fonte: Produção própria recorrendo aos dados da Tabela no final do presente Capítulo

No século XX, o nuclear era arma. No século XXI, é diplomacia, inovação e soberania.

A energia nuclear tornou-se um vetor de aproximação estratégica entre nações, integrando tratados, alianças militares e acordos tecnológicos.

Cada contrato nuclear é mais do que energia — é uma ponte entre países.

Tabela 62: Impacto Geopolítico dos Projetos Nucleares

Projeto	País Anfitrião	Principais Impactos
Acordo Nuclear Rússia–Índia	Índia	Reforço de alianças e dependência tecnológica
EPR na China	China	Avanço tecnológico e parcerias com a EDF
Barakah (EAU)	EAU	Diversificação energética e diplomacia energética

Fonte: Produção própria recorrendo aos dados da Tabela no final do presente Capítulo

A Nova Ordem Energética Global e o Lugar do Nuclear

O século XXI trouxe uma transformação profunda nos paradigmas energéticos globais:

- A descarbonização tornou-se um imperativo climático e político.

- A autonomia energética passou a ser questão de segurança nacional.

- A competição por tecnologias limpas e estratégicas intensificou-se entre grandes potências.

Neste contexto, a energia nuclear reaparece como um pilar central — muitas vezes subestimado — desta nova ordem energética mundial.

O nuclear entre a emergência climática e a realpolitik

Durante décadas, o nuclear foi debatido em tom moral, técnico ou emocional. Hoje, ele é avaliado à luz da urgência climática e da segurança estratégica.

Do ponto de vista climático:

- É uma das únicas fontes capazes de gerar eletricidade estável e sem emissões em grande escala.

- Permite complementar as renováveis intermitentes (solar, eólica) com uma base firme (baseload).

Do ponto de vista geopolítico:

- Reduz a dependência de combustíveis fósseis importados;

- Diminui a vulnerabilidade energética a choques externos;

- Fortalece a soberania tecnológica e industrial dos Estados.

Resultado: países que antes hesitavam estão reconsiderando ou relançando os seus programas nucleares.

Tabela 63: Evolução das Políticas Nucleares por País ou Bloco

Tendência	Países / Blocos
Abandono total do nuclear	Alemanha, Bélgica
Reconsideração estratégica	Japão, Itália, Espanha
Manutenção ou expansão	França, Reino Unido, EUA
Expansão agressiva	China, Rússia, Índia, Coreia do Sul
Novos entrantes	Brasil, Turquia, Egito, Bangladesh

Fonte: Produção própria recorrendo aos dados da Tabela no final do presente Capítulo

A transição energética global não é homogénea — é multipolar, assimétrica e profundamente geopolítica.

O papel do nuclear na nova matriz energética

As matrizes energéticas do futuro próximo serão baseadas em quatro pilares complementares:

1. Renováveis intermitentes (solar, eólica, hídrica);

2. Fontes despacháveis de baixa emissão (como o nuclear);

3. Redes elétricas inteligentes e interconectadas;

4. Armazenamento energético e hidrogénio verde.

Neste modelo, o nuclear cumpre duas funções essenciais:

- Estabilizador do sistema elétrico;

- Reserva estratégica em tempos de crise ou escassez.

Gráfico 50: Investimento Global em Energia: Nuclear vs. Renováveis (2015-2023)

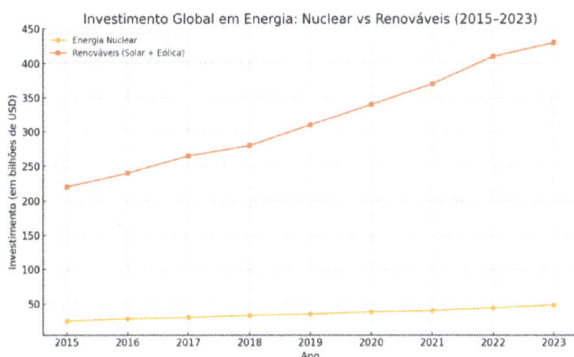

Fonte: Produção própria recorrendo aos dados da Tabela no final do presente Capítulo

Um fator de influência geopolítica e industrial

Num mundo onde:

- A tecnologia é soberania,

- Os recursos são armas,

- E a energia é diplomacia,

O nuclear é um multiplicador de poder nacional.

Seja como fonte de energia, como vetor de exportação ou como argumento diplomático, o país que domina o nuclear domina também parte do futuro.

A energia nuclear já não é apenas um tema de engenheiros ou ativistas. É uma peça chave na disputa pelo século XXI.

No coração da nova ordem energética global, o nuclear representa não só eletricidade — mas autonomia, segurança e influência.

Tabela 64: Blocos Geopolíticos e Postura face ao Nuclear

Bloco / Região	Postura Atual	Observações
União Europeia	Mista / Dividida	França lidera a expansão; Alemanha e outros países recuam.
América do Norte	Reforço estratégico	EUA investem em SMRs; Canadá com parcerias internacionais.
Ásia-Pacífico	Expansão forte	China, Índia, Coreia do Sul com crescimento contínuo.
América Latina	Crescimento moderado	Brasil reforça setor com projetos navais e civis.
África	Início de integração	Egito lidera com apoio russo; interesse crescente em vários países.
Médio Oriente	Diversificação energética	Emirados, Irão, Arábia Saudita e Turquia apostam em nuclear.

Fonte: Produção própria recorrendo aos dados da Tabela no final do presente Capítulo

Conclusão do Presente Capítulo – Geopolítica do Nuclear: Energia, Poder e Influência Global

A energia nuclear, mais do que uma fonte de eletricidade, é hoje um símbolo de soberania, prestígio e autonomia estratégica. Desde a sua origem, ela tem servido como alicerce de poder internacional, ora como instrumento de dissuasão, ora como ferramenta de cooperação técnica ou vetor de influência diplomática.

Neste capítulo vimos que:

- O domínio do ciclo nuclear pode conferir respeito geopolítico mesmo sem armas nucleares (dissuasão latente);

- O Conselho de Segurança da ONU cristaliza o monopólio dos que primeiro dominaram o átomo;

- Tratados como o TNP e organismos como a AIEA moldam o acesso à tecnologia — nem sempre de forma imparcial;

- O controle do urânio e das cadeias de abastecimento tornou-se uma nova frente estratégica;

- A Rússia, China, EUA e França disputam hoje influência global através da exportação de tecnologia nuclear;

- E alianças estratégicas como AUKUS, NATO, e acordos EUA–Índia mostram que o nuclear é também diplomacia e segurança.

Num mundo multipolar e em transição, quem controla a energia nuclear não apenas ilumina cidades — influencia nações.

Este capítulo mostra que a energia nuclear não pertence apenas ao domínio técnico, mas é parte do grande jogo de poder que define o século XXI.

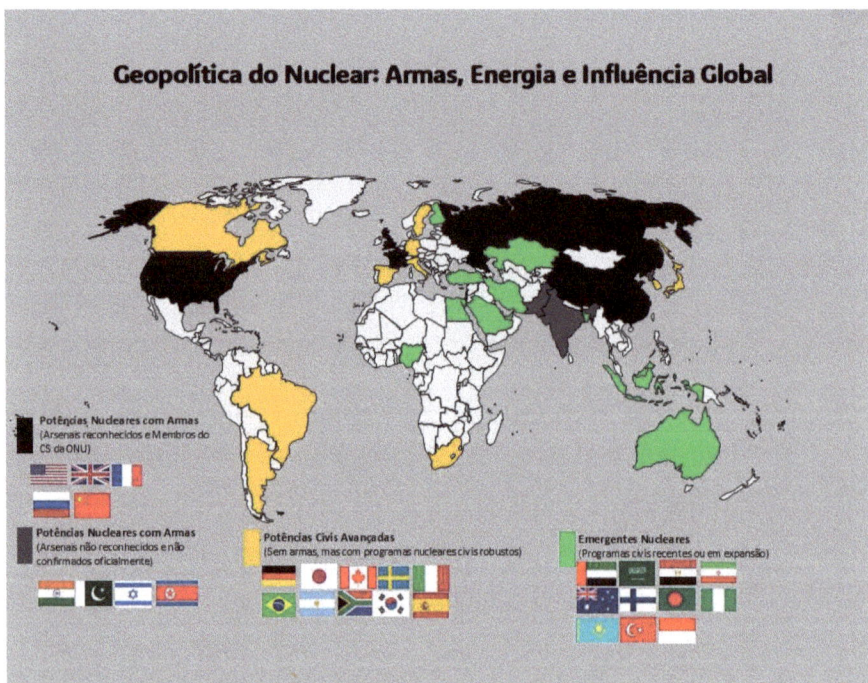

Tabela 65: Fontes Consultadas no Capítulo 7

Fonte	Referência

International Atomic Energy Agency (IAEA)	Relatórios e publicações oficiais sobre energia nuclear, não-proliferação e salvaguardas.
Nuclear Energy Agency (NEA/OECD)	Estudos sobre política nuclear, tecnologia e implicações geopolíticas.
World Nuclear Association (WNA)	Dados sobre produção de urânio, reatores nucleares e cadeias internacionais de abastecimento.
US Department of Energy (DOE)	Relatórios sobre política nuclear dos EUA, SMRs e inovação tecnológica.
International Energy Agency (IEA)	Perspetivas energéticas globais, incluindo o papel do nuclear na transição energética.
Rosatom State Atomic Energy Corporation	Materiais públicos sobre projetos internacionais e estratégia russa de exportação nuclear.
World Nuclear News (WNN)	Notícias e atualizações sobre desenvolvimentos globais nucleares e tendências da indústria.
French Alternative Energies and Atomic Energy Commission (CEA)	Publicações sobre tecnologia nuclear, inovação e diplomacia.
Energy Information Administration (EIA)	Estatísticas e relatórios sobre geração nuclear, recursos de urânio e previsões.
Ministry of Energy of the People's Republic of China	Documentos estratégicos sobre a expansão da energia nuclear na China.
European Commission	Documentos sobre a posição da União Europeia quanto à energia nuclear e segurança do abastecimento.

Academic Articles and Specialized Journals	Vários artigos científicos que analisam geopolítica nuclear, segurança energética e diplomacia tecnológica.

Preparação para o próximo Capítulo – Energia Nuclear no Mundo: Quem Ganhou e Quem Perdeu?

Uma Comparação Estratégica entre Escolhas Nucleares

Ao longo do tempo, cada país adotou estratégias distintas em relação ao nuclear:

- Alguns apostaram forte e colhem hoje os frutos em forma de energia limpa, segurança energética e liderança tecnológica;

- Outros cederam ao medo ou à pressão política, desmantelaram os seus programas — e enfrentam agora custos altos, dependência externa e fragilidade industrial.

Este novo capítulo propõe uma análise comparativa e objetiva, com exemplos emblemáticos. Procura responder se as escolhas energéticas foram decisões soberanas... ou erros estratégicos?

Vamos mergulhar em alguns casos e compreender o impacto real das decisões nacionais — no presente e para o futuro.

Capítulo 8 - Energia Nuclear no Mundo: Quem Ganhou e Quem Perdeu?

Este capítulo irá comparar quatro modelos estratégicos energéticos distintos, adotados por países que:

- Abandonaram o nuclear por motivos políticos ou ideológicos;

- Apostaram cautelosamente com base em critérios técnicos e científicos;

- Investiram fortemente com metas claras de soberania e desenvolvimento;

- Recusaram sequer considerar o nuclear como alternativa.

O leitor será convidado a refletir sobre as consequências práticas, económicas, climáticas e geopolíticas dessas escolhas.

No vasto panorama energético do século XXI, cada país constrói a sua trajetória com base em prioridades nacionais, perceções de risco, pressões políticas e ambições estratégicas. E entre todas as escolhas que um Estado pode fazer, poucas são tão decisivas e simbólicas quanto a opção — ou rejeição — da energia nuclear.

Enquanto algumas nações encaram o nuclear como um pilar de segurança energética, soberania e transição climática, outras vêem-no como uma ameaça latente, um peso político ou um legado indesejado da Guerra Fria. As decisões tomadas ao longo das últimas décadas revelam divergências profundas entre os países, e os seus efeitos tornaram-se hoje visíveis, mensuráveis — e, em alguns casos, irreversíveis.

Neste capítulo, propomos uma reflexão comparativa entre quatro países que seguiram estratégias energéticas radicalmente distintas:

Alemanha: Um país que, após o acidente de Fukushima, decidiu abandonar completamente o nuclear, apostando em renováveis e gás natural, com consequências económicas e climáticas significativas.

Finlândia: Uma nação que, com prudência técnica e consenso político, manteve e expandiu o seu programa nuclear, alcançando segurança energética e baixas emissões num modelo estável e transparente.

Emirados Árabes Unidos: Um caso surpreendente de um país exportador de petróleo que decidiu, com visão e celeridade, apostar de forma determinada no nuclear como símbolo de modernidade, sustentabilidade e projeção internacional.

Portugal: Um exemplo europeu de rejeição total da energia nuclear, com foco exclusivo em energias renováveis — uma escolha idealista e ambientalmente bem-intencionada, mas que levanta dúvidas sobre autonomia, intermitência e equilíbrio tecnológico.

Estas quatro trajetórias revelam não apenas decisões técnicas, mas visões distintas de futuro. Por detrás de cada modelo energético estão fatores como:

- Cultura política e ambiental,

- Estrutura económica,

- Capacidade técnica e científica,

- Geografia e recursos naturais disponíveis,

- E sobretudo, a perceção de risco vs. benefício a longo prazo.

A pergunta que este capítulo coloca é simples, mas crucial:

Quem ganhou e quem perdeu?

Ganhou quem garantiu estabilidade energética e baixas emissões?

Ganhou quem preservou a independência política face a grandes fornecedores?

Ou ganhou quem conquistou a opinião pública mesmo que com custos económicos elevados?

Ao longo das próximas secções, vamos analisar dados reais, políticas públicas e resultados tangíveis. Não para julgar, mas para compreender. Porque, no fim, as escolhas energéticas são sempre um espelho das prioridades e valores de uma nação.

Alemanha – O Abandono do Nuclear e o Aumento da Vulnerabilidade

Uma viragem histórica com implicações globais

Em 2011, na sequência do acidente de Fukushima, a Alemanha anunciou uma das decisões energéticas mais radicais do século XXI: o encerramento total de suas centrais nucleares até 2023.

Motivada por um forte sentimento antinuclear já presente na sociedade alemã desde Chernobyl, a chanceler Ângela Merkel — cientista de formação e até então defensora do nuclear — reverteu completamente a política energética do país, lançando a chamada Energiewende (Transição Energética).

A aposta: substituir o nuclear por fontes renováveis (eólica e solar) com o apoio temporário do gás natural.

O objetivo: descarbonizar a economia sem comprometer a segurança energética.

O resultado: muito mais ambíguo do que o previsto.

Consequências imediatas e contradições estruturais

Apesar da retórica ambientalista, o abandono do nuclear gerou efeitos práticos contraditórios:

Aumento das emissões de CO_2: A redução da capacidade nuclear foi parcialmente compensada pelo aumento do uso de carvão e lignite, altamente poluentes.

Dependência do gás russo: Para manter a estabilidade da rede elétrica, a Alemanha reforçou contratos com a Gazprom e tornou-se altamente dependente da energia importada da Rússia.

Instabilidade da rede elétrica: A intermitência das renováveis exigiu subsídios massivos, mecanismos de backup e

importações elétricas, sobretudo de França (que usava...
energia nuclear).

Custos elevados para consumidores: Os preços da energia subiram de forma significativa, colocando a indústria e as famílias sob pressão.

Fragilidade industrial crescente: Empresas de setores intensivos em energia começaram a deslocalizar produção para países com custos mais baixos, incluindo a China.

Gráfico 51: Evolução das Emissões de CO2 na Alemanha

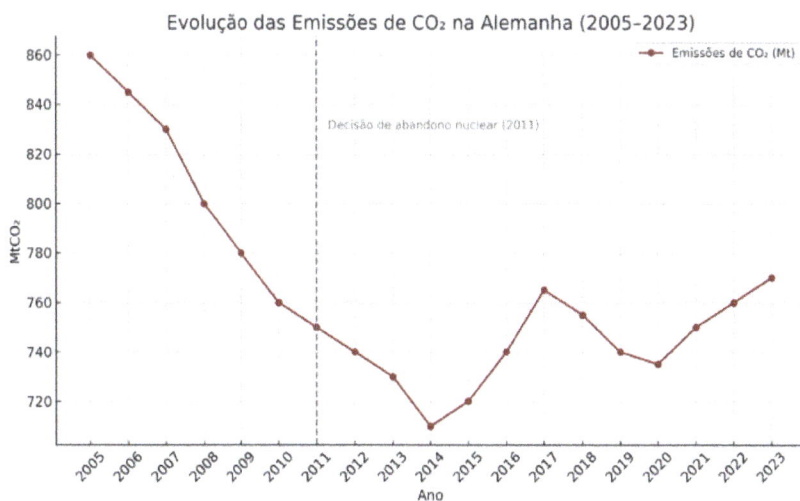

Evolução das Emissões de CO_2 na Alemanha (2005-2023)

Gráfico da evolução das emissões de CO$_2$ na Alemanha (2005–2023), com destaque para o ano da decisão de abandono do nuclear (2011)

Fonte: Produção própria recorrendo aos dados da Tabela no final do presente Capítulo

O país que prometeu liderar a transição energética tornou-se dependente de combustíveis fósseis russos e de energia nuclear francesa.

Gráfico 52: Evolução da Matriz Elétrica na Alemanha

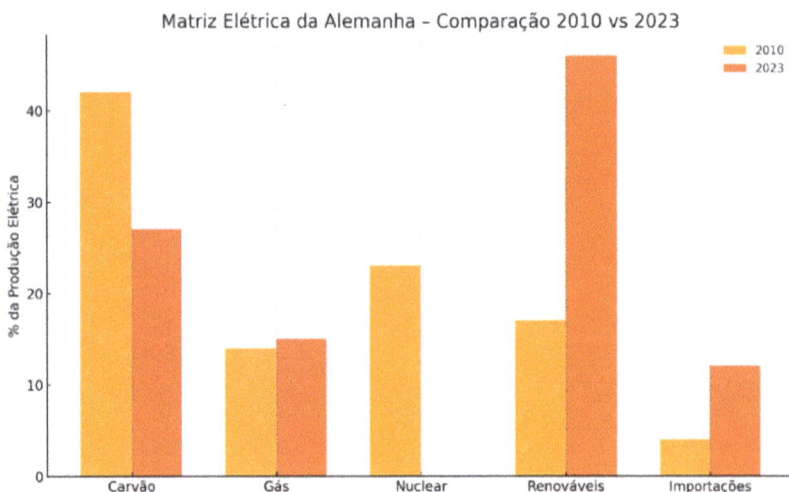

Gráfico comparativo da matriz elétrica da Alemanha entre os anos 2010 (pré-abandono) e 2023 (pós-abandono).

Fonte: Produção própria recorrendo aos dados da Tabela no final do presente Capítulo

A geopolítica energética exposta pela guerra

A invasão da Ucrânia em 2022 foi o ponto de viragem. A Alemanha viu-se sem margem de manobra, confrontada com:

- A necessidade urgente de reduzir importações russas;

- A incapacidade de compensar com renováveis em tempo útil;

- A ausência de centrais nucleares que poderiam oferecer segurança elétrica interna.

A decisão de abandonar o nuclear revelou-se, sob o prisma geopolítico, uma vulnerabilidade estratégica grave.

Gráfico 53: Evolução da Dependência Energética Externa da Alemanha

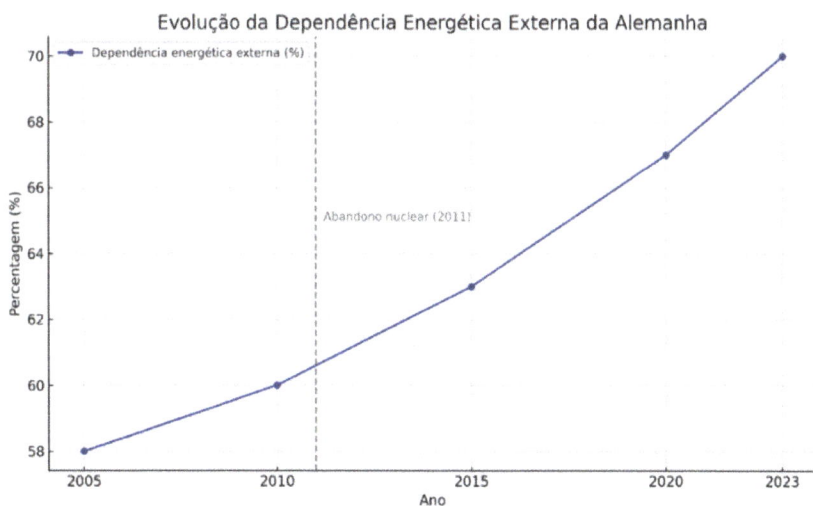

Gráfico da evolução da dependência energética externa da Alemanha, com destaque para o período pós-abandono nuclear.

Fonte: Produção própria recorrendo aos dados da Tabela no final do presente Capítulo

Um debate reacendido... tarde demais?

Hoje, diversos especialistas e setores políticos na Alemanha questionam se o encerramento total das centrais nucleares foi:

- Uma resposta emocional e apressada aos medos do pós-Fukushima;

- Ou uma oportunidade histórica desperdiçada de liderar com equilíbrio a transição energética europeia.

Mesmo com a crescente pressão para reverter a decisão, o desmantelamento das infraestruturas, a perda de capital humano técnico e os anos de desinvestimento tornam o retorno altamente improvável.

Tabela 66: Resumo dos Impactos

Indicador	Situação Atual (2023–2024)
Emissões de CO_2	Em níveis mais altos que em 2010
Matriz elétrica	Elevada intermitência, com uso residual de carvão
Importações energéticas	Elevadíssimas, sobretudo gás e eletricidade
Custos para o consumidor	Entre os mais altos da Europa
Satisfação pública	Dividida; aumento do ceticismo
Indústria	Pressionada, com deslocações para o exterior

Fonte: Produção própria recorrendo aos dados da Tabela no final do presente Capítulo

A Alemanha é um exemplo emblemático de como decisões políticas motivadas por ideologia e pressão pública, ainda que bem-intencionadas, podem ter consequências práticas profundamente contraproducentes.

Gráfico 54: Evolução dos preços da Eletricidade na Alemanha

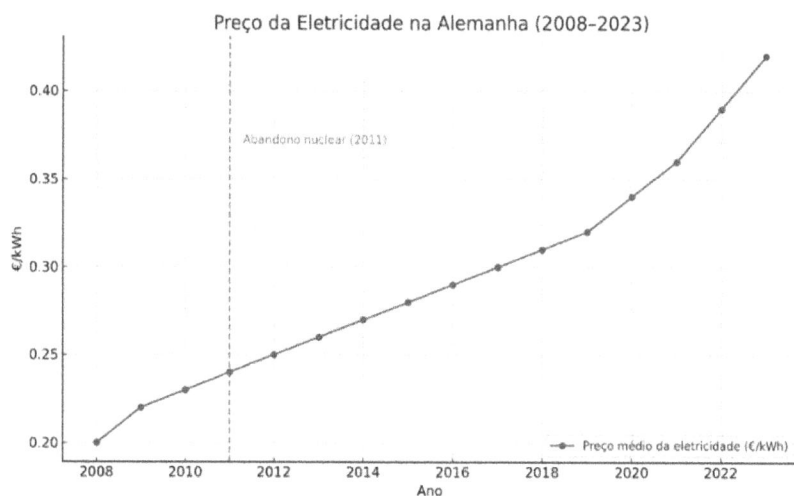

Gráfico da evolução do preço da eletricidade na Alemanha (2008–2023), com destaque para o período pós-abandono nuclear.

Fonte: Produção própria recorrendo aos dados da Tabela no final do presente Capítulo

O abandono do nuclear, longe de representar um avanço ecológico, gerou dependência, instabilidade e incoerência — num país que prometia liderar o futuro energético da Europa.

Finlândia – Persistência Técnica e Segurança Estratégica

Uma aposta coerente na ciência, segurança e estabilidade

Resumo dos Indicadores:

Tabela 67: Principais Indicadores da Política Energética da Finlândia

Indicador	Situação Atual (2023–2024)
Emissões de CO_2	Entre as mais baixas da UE per capita
Matriz elétrica	>40% nuclear, >40% hidroelétrica
Importações energéticas	Mínimas; elevada autonomia
Custos da eletricidade	Estáveis, moderadamente elevados (padrão nórdico)
Satisfação pública	Alta; apoio crescente ao nuclear
Gestão de resíduos	Referência mundial (Onkalo)

Fonte: Produção própria recorrendo aos dados da Tabela no final do presente Capítulo

Enquanto alguns países recuaram perante pressões ideológicas ou desastres mediáticos, a Finlândia adotou uma abordagem diferente: pragmática, científica e de longo prazo.

Num cenário energético global marcado por incertezas, a Finlândia escolheu o caminho da resiliência técnica, mantendo e modernizando o seu programa nuclear com amplo apoio político e social.

Hoje, a Finlândia é considerada um modelo de sucesso em gestão nuclear civil, combinando:

- Segurança operacional rigorosa;

- Transparência institucional;

- E confiança pública sustentada por décadas de consistência.

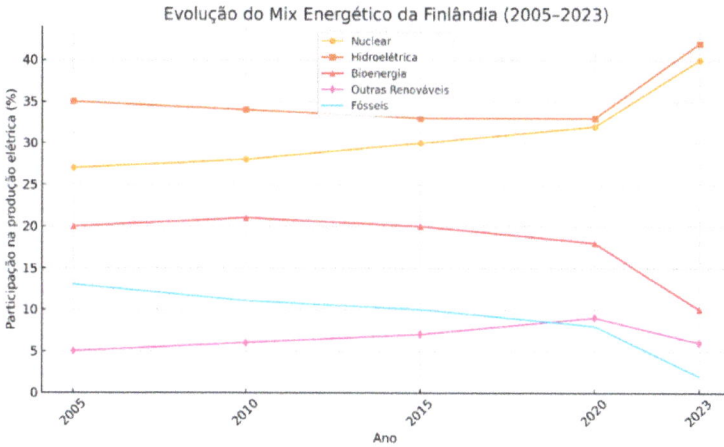

Evolução do Mix Energético da Finlândia (2005-2023)

Gráfico da evolução do mix energético da Finlândia (2005–2023),
mostrando claramente o crescimento da participação nuclear e a redução
dos combustíveis fósseis.

Fonte: Produção própria recorrendo aos dados da Tabela no final do
presente Capítulo

O Programa Nuclear Finlandês: Pilares de uma política estável

A Finlândia iniciou a sua jornada nuclear na década de 1970. Atualmente, possui cinco reatores nucleares, dos quais o mais recente — Olkiluoto 3 — entrou em operação em 2023, tornando-se o maior reator em atividade da Europa.

Pontos-chave da abordagem finlandesa:

- Autonomia técnica parcial: embora dependa de consórcios e importações, a Finlândia possui agências nacionais fortes e uma cultura técnica avançada.

- Gestão rigorosa dos resíduos: é pioneira mundial no armazenamento geológico profundo (projeto Onkalo), referência em segurança e inovação.

- Consulta pública e aceitação social: o processo decisório incluiu audiências, estudos independentes e campanhas informativas, promovendo transparência e consenso.

Na Finlândia, o nuclear é visto como parte da solução — e não como um problema a evitar.

Benefícios concretos da política nuclear

A política energética finlandesa tem gerado ganhos mensuráveis:

- Baixas emissões de carbono: cerca de 90% da eletricidade finlandesa é livre de emissões, combinando nuclear e hidroelétricas.

- Segurança energética elevada: a Finlândia produz quase toda a sua eletricidade internamente, reduzindo vulnerabilidades externas.

- Estabilidade tarifária: os preços da energia, embora elevados por razões nórdicas, são estáveis e previsíveis.

- Crescimento da confiança no nuclear: segundo sondagens recentes, mais de 60% da população apoia a energia nuclear, um dos níveis mais altos da Europa.

Gráfico 56: Evolução das Emissões de CO2 na Finlândia

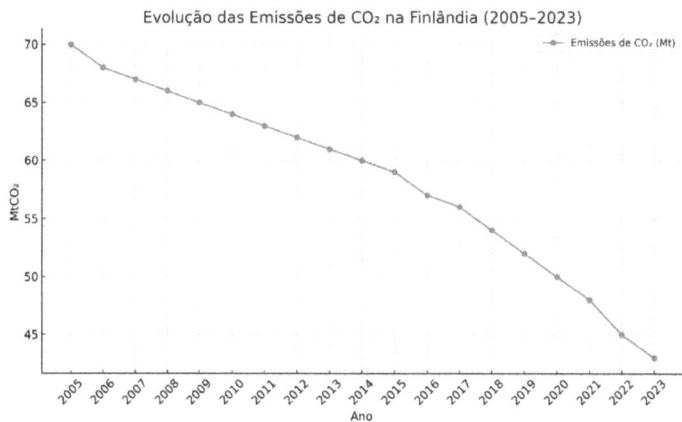

Gráfico 56: Evolução das Emissões de CO2 na Finlândia

Gráfico da evolução das emissões de CO_2 na Finlândia (2005–2023) — com uma clara tendência de redução consistente ao longo dos anos.

Fonte: Produção própria recorrendo aos dados da Tabela no final do presente Capítulo

Gráfico 57: Evolução da Dependência Energética da Finlândia

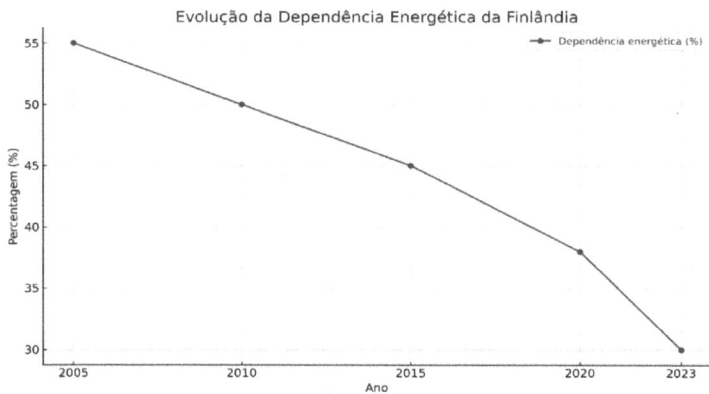

Gráfico da evolução da dependência energética da Finlândia, mostrando uma clara redução ao longo das últimas duas décadas.

Fonte: Produção própria recorrendo aos dados da Tabela no final do presente Capítulo

Explicação – Por que a eletricidade é mais cara nos países nórdicos?

Os preços mais elevados da eletricidade em países como a Finlândia, Dinamarca e Suécia não estão diretamente relacionados com ineficiência energética ou dependência externa — muito pelo contrário. Esses preços resultam de um conjunto de fatores estruturais e culturais, conhecidos informalmente como o **"fator nórdico"**:

- **Altos impostos ambientais e energéticos** – cobrados para financiar infraestrutura e incentivar eficiência.

- **Rede elétrica robusta e descentralizada** – de manutenção dispendiosa devido às longas distâncias e baixas densidades populacionais.

- **Elevados padrões de fiabilidade e qualidade** – exigindo investimentos contínuos.

- **Clima extremo** – que exige grande consumo no aquecimento elétrico e backup contínuo.

- **Exportação para mercados europeus** – o preço local é parcialmente influenciado por mecanismos de mercado europeu e bolsas regionais.

Em resumo: paga-se mais por uma eletricidade mais limpa, mais confiável e com menor pegada ambiental — um preço da excelência técnica e climática nórdica.

Gráfico 58: Preços Médios da Eletricidade Doméstica na UE (2023)

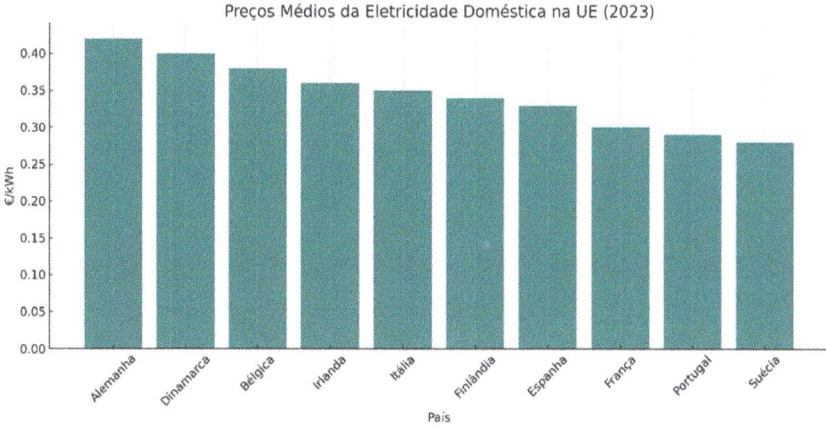

Preços Médios da Eletricidade Doméstica na UE (2023)

Gráfico comparativo dos preços da eletricidade doméstica na União Europeia (2023), onde a Finlândia aparece com valores elevados, mas ainda assim abaixo dos máximos de países como Alemanha e Dinamarca.

Fonte: Produção própria recorrendo aos dados da Tabela no final do presente Capítulo

O projeto Olkiluoto 3: desafio técnico, vitória política

O reator Olkiluoto 3 (EPR) é um projeto ambicioso:

- Teve atrasos e sobrecustos significativos, o que levou a críticas iniciais;

- Mas ao entrar finalmente em operação, tornou-se um marco europeu de engenharia;

- Reforçou a base energética finlandesa e reduziu ainda mais a necessidade de importações.

Potência do Reator Olkiluoto 3:

O Olkiluoto 3 é um reator do tipo EPR (European Pressurized Reactor) e tem uma potência líquida de:

- 1.600 MW (megawatts)

- É atualmente o maior reator nuclear da Europa em operação

Este reator sozinho é capaz de produzir aproximadamente 14% da eletricidade consumida em toda a Finlândia, o que evidencia o poder de escala e estabilidade da energia nuclear num país de clima rigoroso.

Este caso mostra que, mesmo com desafios, a perseverança técnica compensa, sobretudo quando sustentada por visão estratégica e apoio público.

A Finlândia mostra que o nuclear, quando bem planeado e gerido, não é um risco, é uma vantagem estratégica.

Ao resistir à pressão ideológica e focar na ciência, conseguiu:

- Reduzir as emissões,

- Garantir estabilidade,

- E preparar-se para o futuro com solidez.

Enquanto uns recuaram com medo, a Finlândia avançou com método — e está a colher os frutos dessa persistência.

Emirados Árabes Unidos – Aposta Acelerada, Resultados Visíveis

Trazer o espírito visionário do **Sheikh Mohammed bin Rashid Al Maktoum**, especialmente com a metáfora do **"leão e da gazela"**, dá força, identidade e emoção a este caso exemplar de desenvolvimento estratégico.

"Every morning in Africa, a gazelle wakes up. It knows it must run faster than the fastest lion or it will be killed.

Every morning a lion wakes up. It knows it must outrun the slowest gazelle, or it will starve.

It doesn't matter whether you are the lion or the gazelle — when the sun comes up, you'd better be running."

"Todas as manhãs, em África, desperta uma gazela. Ela sabe que precisa correr mais depressa do que o leão mais veloz, ou será morta.

Todas as manhãs, desperta um leão. Ele sabe que precisa correr mais rápido do que a gazela mais lenta, ou morrerá de fome.

Não importa se és o leão ou a gazela — quando o sol nascer, é melhor que já estejas a correr."

— *My Vision*, Sheikh Mohammed bin Rashid Al Maktoum

Esta visão de movimento constante, antecipação e coragem encaixa-se perfeitamente com o que são os Emirados Árabes Unidos e na decisão que tomaram ao apostar no nuclear: um país pequeno, mas ágil, ambicioso e determinado a não depender do acaso — mas sim da sua própria visão.

A Gazela e o Leão: A Corrida do Progresso

"It doesn't matter whether you are the lion or the gazelle — when the sun comes up, you'd better be running."

"Não importa se és o leão ou a gazela — quando o sol nasce, o melhor é já estares a correr."

— Sheikh Mohammed bin Rashid Al Maktoum, My Vision

É com essa metáfora poderosa que o líder visionário do Dubai descreve a natureza do progresso: não há espaço para inércia no século XXI. Num mundo de competição global, os países que desejam garantir prosperidade para as gerações futuras devem correr — com estratégia, com audácia, com visão.

E é exatamente isso que os Emirados Árabes Unidos (EAU) têm feito nas últimas duas décadas. De um país tradicionalmente exportador de petróleo, emergiu uma nação que aposta em inovação, sustentabilidade e independência energética.

A escolha pela energia nuclear foi rápida, bem executada e estrategicamente pensada — um exemplo de como a vontade política, aliada à gestão técnica eficiente, pode transformar realidades.

O Projeto Barakah: Visão, Velocidade e Execução

Em 2008, os Emirados anunciaram a criação de um programa nuclear civil com objetivos muito claros:

- Diversificar a matriz energética;

- Preservar recursos fósseis para exportação;

- Reduzir emissões de carbono;

- Capacitar uma nova geração de engenheiros e técnicos nacionais.

Pouco depois, em 2009, o consórcio KEPCO (Coreia do Sul) venceu a licitação para construir quatro reatores APR-1400 em Barakah, no deserto da região de Al Dhafra.

Resultados:

- 2020 a 2023: Os quatro reatores foram sendo ligados em sequência, dentro dos prazos ajustados.

- Potência total instalada: cerca de 5.600 MW, equivalente a 25% da eletricidade do país.

- Zero emissões locais de CO_2 durante a operação.

- Criação de uma agência reguladora independente (FANR) e formação de centenas de quadros nacionais.

Estratégia Energética Integrada

Ao contrário de muitos países que veem o nuclear como uma alternativa isolada, os EAU incorporaram-no como parte de um plano energético abrangente.

O Energy Strategy 2050 prevê:

- Aumento de renováveis (solar) para complementar o nuclear;

- Uso racional do gás natural;

- Incentivo à eficiência energética em edifícios, transportes e indústria;

- Formação de quadros nacionais e parcerias com universidades internacionais.

Os Emirados não viram o nuclear como um fim, mas como um meio para alcançar estabilidade, inovação e liderança.

Um Caso Exemplar na Geopolítica Árabe

Gráfico 59: Evolução da Matriz Elétrica nos EAU

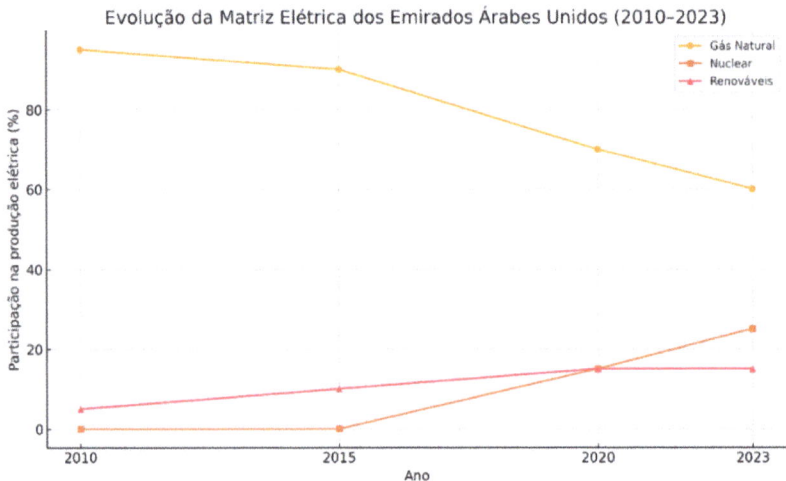

Evolução da Matriz Elétrica dos Emirados Árabes Unidos (2010-2023)

Gráfico da evolução da matriz elétrica dos Emirados Árabes Unidos (2010–2023), com a crescente participação do nuclear e a diminuição do gás natural.

Fonte: Produção própria recorrendo aos dados da Tabela no final do presente Capítulo

A entrada dos EAU no clube das nações nucleares civis não passou despercebida:

- Tornaram-se o primeiro país árabe a operar reatores comerciais de grande escala;

- Estabeleceram confiança internacional através de um compromisso claro com a não-proliferação (TNP, AIEA);

- Fortaleceram a sua influência geopolítica regional, ao mostrar que o desenvolvimento tecnológico e energético pode andar de mãos dadas com a estabilidade política.

Principais indicadores

Tabela 68: Indicadores da Política Energética dos EAU

Indicador	Situação Atual (2023–2024)
Emissões de CO_2	Redução significativa graças ao nuclear
Matriz elétrica	25% nuclear, 10% renováveis, restante gás natural
Importações energéticas	Praticamente nulas; autossuficiência elétrica
Custos da eletricidade	Estáveis e competitivos regionalmente
Satisfação pública	Alta; nuclear bem recebido na sociedade
Transferência tecnológica	Elevada; cooperação com Coreia do Sul e EUA

Liderança, visão e execução: o exemplo dos Emirados Árabes Unidos

O caso dos Emirados Árabes Unidos demonstra que, quando há liderança, visão e execução, o impossível se torna possível.

Num cenário onde muitos ainda hesitam, os EAU decidiram correr — como a gazela e o leão de Sheikh Mohammed — e, nessa corrida, alcançaram aquilo que muitos países mais ricos ou antigos ainda não conseguiram: uma matriz energética moderna, limpa e soberana.

O sucesso do programa nuclear em Barakah não é apenas uma conquista energética — é a expressão de uma nação que decidiu ser dona do seu destino.

Gráfico 60: Evolução das Emissões de CO2 nos EAU

Evolução das Emissões de CO_2 nos Emirados Árabes Unidos (2005-2023)

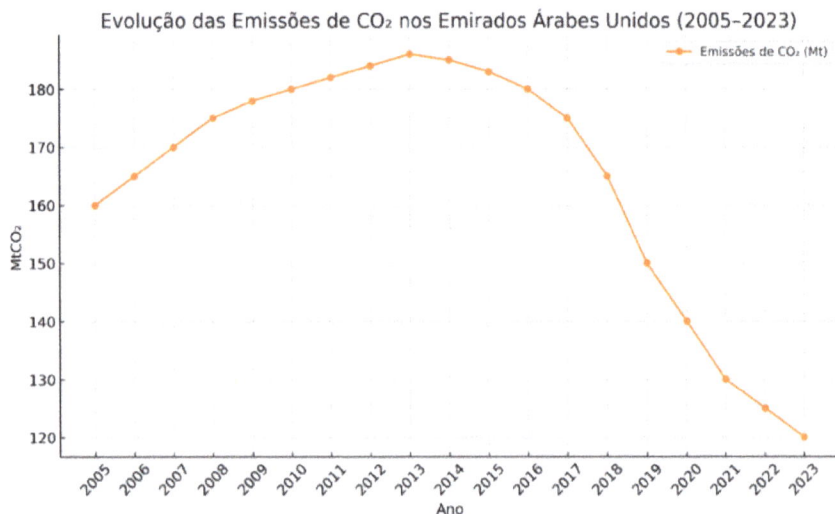

Gráfico da evolução das emissões de CO$_2$ nos Emirados Árabes Unidos (2005–2023) — evidenciando uma clara redução a partir da introdução do programa nuclear.

Fonte: Produção própria recorrendo aos dados da Tabela no final do presente Capítulo

Porque a eletricidade nos EAU é mais cara que nos países vizinhos?

Gráfico 61: Preços Médios da Eletricidade Doméstica na Região do Golfo

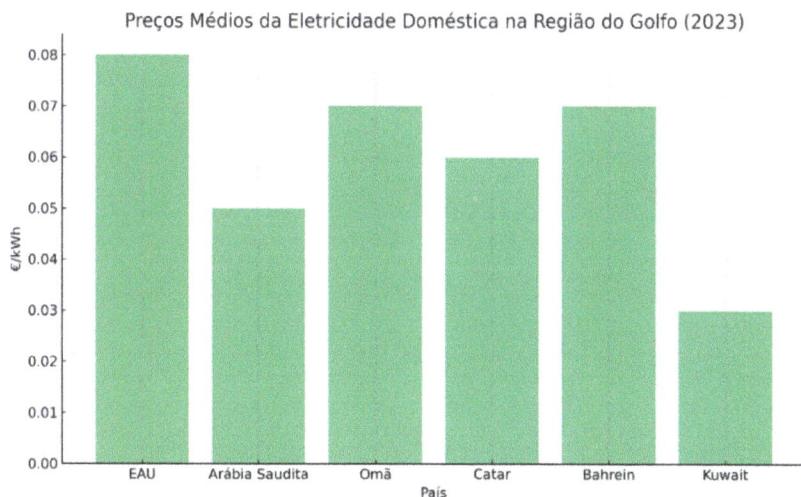

Preços Médios da Eletricidade Doméstica na Região do Golfo (2023)

Gráfico comparativo dos preços da eletricidade doméstica na região do Golfo (2023) — destacando os Emirados Árabes Unidos como um dos países com tarifas estáveis e competitivas dentro do contexto regional.

Fonte: Produção própria recorrendo aos dados da Tabela no final do presente Capítulo

Aparentemente, pode parecer contraditório que os Emirados Árabes Unidos tenham uma das tarifas elétricas mais altas do Golfo, ao mesmo tempo que:

- Atraem grandes investimentos industriais e agrícolas,

- Mantêm elevada competitividade regional,

- E ainda são referência em estabilidade energética e infraestrutura moderna.

A explicação exige contextualização técnica, económica e estratégica — e podemos estruturá-la em três níveis:

1. Política de precificação mais realista e racional

Enquanto muitos países do Golfo ainda praticam subsídios generalizados e distorcidos à eletricidade (como Kuwait e Arábia Saudita), os EAU adotaram, nos últimos anos, uma política de reformas tarifárias graduais, aproximando os preços ao custo real de produção — uma abordagem mais sustentável no longo prazo.

Nos EAU, os consumidores pagam mais... mas a estrutura energética é mais transparente, eficiente e resiliente.

2. Elevado padrão de qualidade, estabilidade e cobertura

O preço reflete também:

- A enorme capacidade instalada de reserva (para garantir estabilidade no clima desértico),

- A rápida modernização da rede elétrica, digitalização e manutenção constante,

- O investimento em infraestruturas resilientes a calor extremo, areia e corrosão.

Além disso, o país tem um sistema tarifário mais detalhado e escalonado por consumo — o que dá a ilusão de preços altos, embora o consumo básico continue acessível.

3. Visão estratégica: a energia como pilar de desenvolvimento

Apesar do custo ser ligeiramente superior ao dos vizinhos, os EAU oferecem:

- Estabilidade energética total (sem apagões),

- Previsibilidade tarifária (nenhuma surpresa ou crise),

- Integração energética com fontes limpas (nuclear e solar),

- Um ambiente regulatório claro que atrai confiança dos investidores.

Ou seja, o que o investidor ganha não é apenas energia barata, mas energia confiável, limpa e acessível com estabilidade institucional e geopolítica.

Para quem quer plantar tomates em pleno deserto ou montar uma fábrica tecnológica, isso vale mais do que uns cêntimos por kWh.

Comparando com o panorama global

Mesmo sendo mais caros na região, os preços nos EAU são muito mais baixos do que na Europa ou Ásia. E, se descontarmos os subsídios ocultos dos vizinhos, os EAU têm uma estrutura energética muito mais racional e sustentável.

Apesar de estar entre os mais caros do Golfo, o preço da eletricidade nos EAU deve ser lido como sinal de maturidade energética e atratividade económica. O país criou um ambiente onde o investidor sabe que terá:

- Energia disponível 24h,

- Infraestrutura de excelência,

- Diversificação energética (nuclear + solar),

- E um sistema político e económico estável.

Os EAU não subsidiam a energia — subsidiam o futuro.

Complemento Analítico: Preços da Eletricidade nos EAU – Custo ou Estratégia?

Uma observação recorrente é o facto de os Emirados Árabes Unidos apresentarem tarifas elétricas superiores às dos seus vizinhos do Golfo, como a Arábia Saudita ou o Kuwait. No entanto, essa diferença de custo não deve ser lida como fraqueza económica, mas sim como parte de uma estratégia energética e institucional mais madura.

Enquanto vários países da região ainda operam com subsídios generalizados e insustentáveis, os EAU optaram por uma abordagem mais transparente, escalonada e tecnicamente sólida:

- Os preços refletem o custo real da geração e da distribuição — que inclui energia nuclear, solar e infraestrutura de qualidade mundial.

- A rede elétrica nacional é resiliente ao clima extremo, altamente digitalizada e amplamente modernizada.

- O país aposta na eficiência e na previsibilidade tarifária para garantir estabilidade a longo prazo, mesmo com o crescimento da procura.

Além disso, o diferencial tarifário é compensado por um ambiente institucional confiável, segurança jurídica, conectividade logística e uma reputação internacional consolidada como hub de negócios, tecnologia e inovação.

Os Emirados não oferecem apenas energia — oferecem fiabilidade, previsibilidade e visão estratégica.

Isso explica por que razão o país atrai investimentos agrícolas em zonas desérticas, parques industriais de elevada intensidade energética, data-centers e laboratórios de alta tecnologia, mesmo com um custo por kWh superior ao de países vizinhos.

No cenário mundial, os preços da eletricidade nos EAU continuam muito abaixo dos praticados na Europa ou na Ásia, reforçando a atratividade do país:

Tabela 69: Preços da Eletricidade Doméstica entre Vários Países

País	Preço médio (€/kWh) em 2023
Alemanha	0.42
Portugal	0.29
Finlândia	0.34
Emirados	0.08

Arábia Saudita	0.05
Kuwait	0.03

Fonte: Produção própria recorrendo aos dados da Tabela no final do presente Capítulo

Nos Emirados, o preço da eletricidade não reflete apenas o custo da energia, mas o valor do serviço energético nacional: confiável, diversificado, limpo e orientado para o futuro.

Os EAU não subsidiam o presente. Investem no futuro. E quem investe com visão — atrai o mundo inteiro.

Portugal – Idealismo Ambiental e Exclusão do Nuclear

Um país solar, mas à sombra do pragmatismo energético.

Portugal é, em muitos sentidos, um caso singular na Europa. Com enorme potencial solar, costa atlântica extensa, baixa densidade populacional e uma população educada, o país reúne condições ideais para uma matriz energética equilibrada, soberana e inovadora.

Contudo, desde os anos 1970, Portugal optou por excluir a energia nuclear das suas opções estratégicas, mesmo quando muitos dos seus vizinhos — como Espanha e França — seguiam caminhos mistos entre renováveis e nuclear.

Esta decisão, tomada inicialmente por prudência, tornou-se uma posição política rígida e ideológica, mantendo-se inalterada até hoje.

Portugal é hoje o único país da Europa Ocidental sem qualquer central nuclear ou plano oficial para integrar essa tecnologia no seu mix energético.

Por que Portugal rejeitou o nuclear?

A exclusão do nuclear em Portugal baseou-se em vários fatores:

1. Medo popular e histórico político

A memória do acidente de Chernobyl (1986) e depois Fukushima (2011) reforçaram o receio da população.

Movimentos ambientalistas ligados a partidos extremistas de esquerda ativos e politicamente influentes consolidaram uma visão antinuclear como parte da identidade ecológica nacional.

Narrativa dos media influenciados por estes grupos radicais sem que tenha havido oportunidade de haver um contraditório.

2. Dimensão territorial e demográfica

Argumenta-se que Portugal seria "pequeno demais" para comportar centrais nucleares — um argumento contestável face ao exemplo da Bélgica, Eslovénia ou Finlândia.

3. Opção renovável como bandeira política

Desde os anos 2000, com a liberalização do setor elétrico, Portugal apostou fortemente em eólica e solar, com amplo apoio da União Europeia.

O discurso político evoluiu para afirmar que "Portugal não precisa de nuclear porque tem renováveis suficientes" — uma visão sedutora, mas incompleta.

Consequências práticas da exclusão nuclear

Embora a aposta em renováveis tenha sido bem-sucedida em vários aspetos, a ausência de nuclear criou vulnerabilidades relevantes:

- Elevada intermitência: a produção renovável flutua fortemente com o clima, exigindo importações e backup a gás natural.

- Dependência energética externa: Portugal continua a importar eletricidade de Espanha e gás de mercados internacionais.

- Preços altos para consumidores: a tarifa da eletricidade é uma das mais elevadas da Europa, mesmo com abundância de sol e vento.

- Emissões residuais persistem: embora baixas, as emissões do setor energético não desapareceram devido ao uso contínuo de gás.

Portugal orgulha-se de ser verde — mas depende do que os outros lhe vendem.

Gráfico 62: Evolução das Emissões de CO2 em Portugal

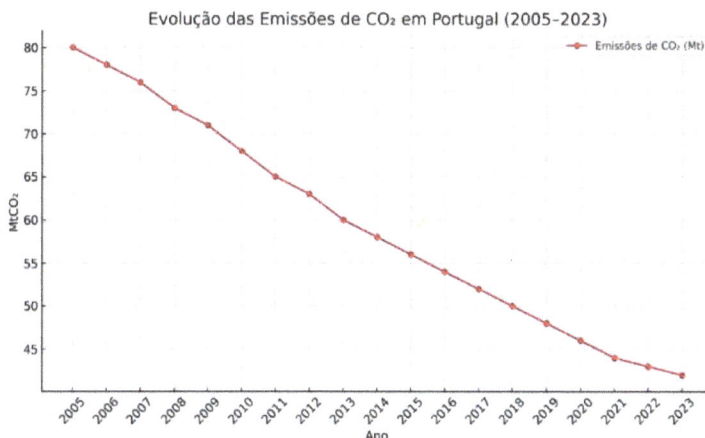

Evolução das Emissões de CO₂ em Portugal (2005–2023)

Gráfico da evolução das emissões de CO$_2$ em Portugal (2005–2023) — mostrando uma trajetória de redução, embora ainda com emissões residuais devido ao uso de gás natural.

Fonte: Produção própria recorrendo aos dados da Tabela no final do presente Capítulo

Gráfico 63: Linha do Tempo do Encerramento das Centrais a Carvão

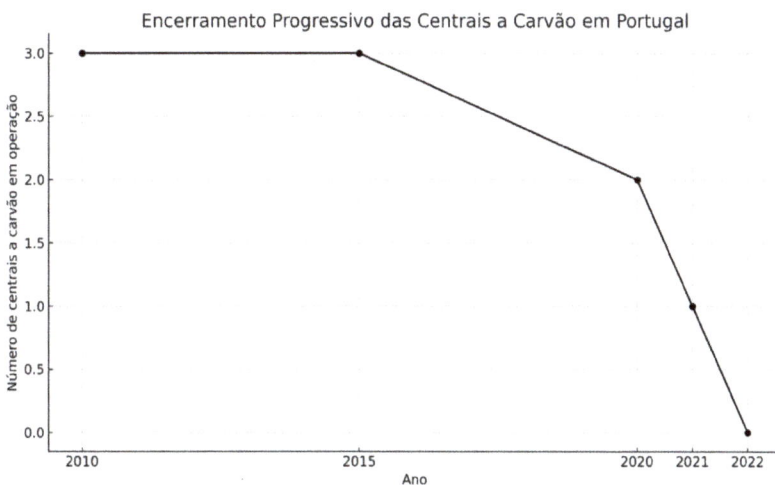

Encerramento Progressivo das Centrais a Carvão em Portugal

Principais indicadores

Tabela 70: Indicadores Principais da Política Energética de Portugal

Indicador	Situação Atual (2023–2024)
Emissões de CO_2	Reduzidas, mas não nulas (uso de gás natural)
Matriz elétrica	60% renováveis, 30% gás natural, 10% importações
Capacidade nuclear	Nula
Importações energéticas	Elevadas; dependência de Espanha e gás argelino
Preços da eletricidade	Entre os 5 mais altos da UE
Aceitação pública do nuclear	Baixa; mas em crescimento nos meios técnicos

Fonte: Produção própria recorrendo aos dados da Tabela no final do presente Capítulo

O debate que (quase) não existe

- O Instituto Superior Técnico, a Ordem dos Engenheiros e empresários da indústria pesada já advogam por um debate responsável sobre o nuclear.

- A crise energética de 2022, provocada pela guerra na Ucrânia, reacendeu o interesse por fontes estáveis e seguras.

Portugal é um país com recursos, talento e história para ser um líder energético equilibrado. Mas a exclusão total do nuclear pode estar a limitar essa ambição.

Entre idealismo e pragmatismo, Portugal precisa de um debate maduro — não sobre ser nuclear ou não, mas sobre ser soberano, sustentável e justo.

Gráfico 64: Matriz Elétrica de Portugal

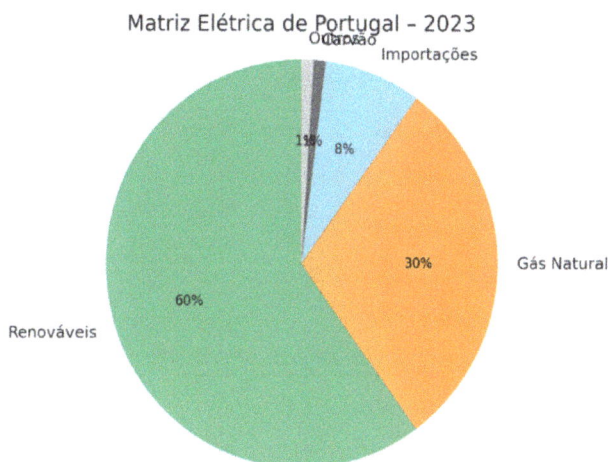

Matriz Elétrica de Portugal – 2023

Gráfico da matriz elétrica de Portugal em 2023, com a predominância de fontes renováveis, mas ainda forte dependência do gás natural.

Fonte: Produção própria recorrendo aos dados da Tabela no final do presente Capítulo

Portugal e as Suas Transições Energéticas: A Caminho de Onde?

Tabela 71: Linha Cronológica - Marcos das Transições Energéticas em Portugal

Ano	Marco Energético
1993	Início da rede de gás natural e liberalização do setor energético.
1997	Operação do primeiro gasoduto internacional (Gasoduto Magrebe–Europa).
1999	Criação da REN e início do planeamento energético a longo prazo.
2003	Entrada em operação dos primeiros parques eólicos de grande escala.
2005	Portugal adere ao Protocolo de Quioto e impulsiona investimentos em renováveis.
2007	Grande expansão eólica com tarifas Feed-in.
2009	Barragem do Baixo Sabor aprovada no âmbito do Plano Nacional de Barragens.
2010	Início da diversificação solar com produção fotovoltaica em pequena escala.
2012	Liberalização total do mercado elétrico.
2015	Início do planeamento para abandono do carvão.
2020	Portugal encerra quase todas as centrais a carvão.
2022	Crise energética global reacende debate sobre fontes estáveis e segurança energética.

| 2023 | Mix energético ultrapassa 60% de renováveis, sem planos nucleares. |

Fonte: Produção própria recorrendo aos dados da Tabela no final do presente Capítulo

Transição 1: A Chegada do Gás Natural (Década de 1990).

No final dos anos 80 e início dos anos 90, Portugal iniciou a sua primeira "transição energética moderna", com a introdução do gás natural como substituto do carvão e do fuelóleo em larga escala.

Principais promotores:

- Luís Mira Amaral (Ministro da Indústria e Energia de Cavaco Silva);

- Ribeiro da Silva, (seu frenético Sec. De Estado), técnico e ideólogo da racionalização energética.

Objetivos:

- Modernizar a produção elétrica;

- Reduzir emissões de poluentes clássicos;

- Atrair investimentos industriais com energia "limpa" e previsível.

Resultado:

Portugal tornou-se dependente de infraestruturas caras (gasodutos, terminais LNG, ciclos combinados) e de fornecedores externos, especialmente Argélia e Nigéria. A rede foi modernizada, mas criou-se uma nova dependência — desta vez fóssil e importada.

Gráfico 65: Evolução da Dependência Energética de Portugal

Evolução da Dependência Energética de Portugal (Visão Ajustada)

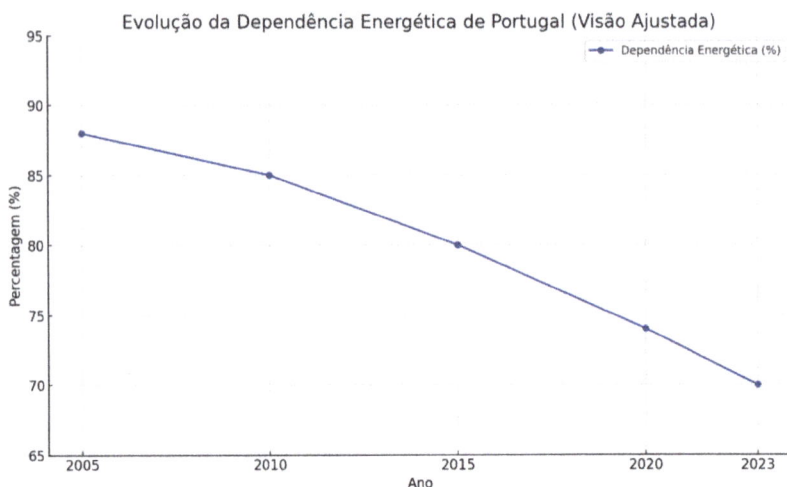

Gráfico da evolução da dependência energética de Portugal, com progressos notáveis nas últimas duas décadas — embora o país ainda dependa de forma muito relevante de importações.

Fonte: Produção própria recorrendo aos dados da Tabela no final do presente Capítulo

Transição 2: O Boom das Renováveis (Anos 2000–2010)

Sob os governos de José Sócrates, e depois já com António Costa como figura de continuidade, Portugal entrou de cabeça na transição renovável — com destaque para:

- Eólica em larga escala (sobretudo terrestre),
- Hidroelétricas de nova geração (barragens),

- Solar fotovoltaico com incentivos e tarifas feed-in.

Narrativa política: Portugal tornar-se-ia líder mundial em energia verde.

Realidade técnica: de facto, a geração renovável aumentou muito — mas sem resolver o problema da intermitência, obrigando à manutenção dos ciclos combinados a gás como backup constante.

Gráfico 66: Evolução dos Preços da Eletricidade em Portugal

Gráfico da evolução dos preços da eletricidade em Portugal (1995–2023), com destaque para os momentos das duas grandes transições energéticas.

Fonte: Produção própria recorrendo aos dados da Tabela no final do presente Capítulo

Preços Médios da Eletricidade Doméstica na UE (2023)

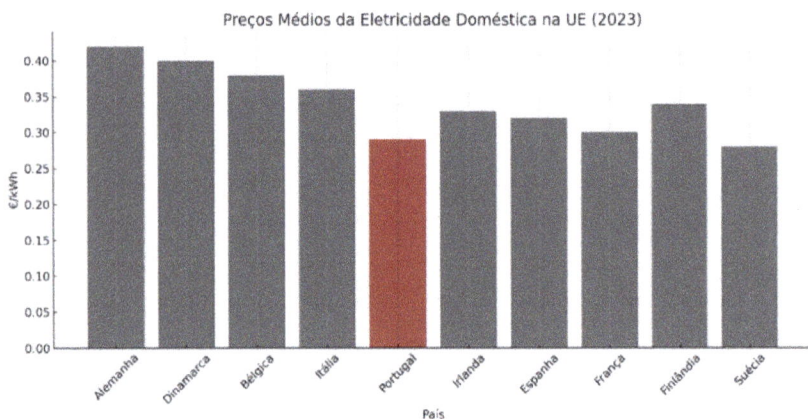

Gráfico comparativo dos preços da eletricidade na União Europeia (2023), com Portugal destacado — entre os países com tarifas mais elevadas.

Fonte: Produção própria recorrendo aos dados da Tabela no final do presente Capítulo

O que ficou por fazer?

- Portugal nunca equacionou o nuclear como parte da solução de base;

- Falta uma visão energética de soberania e estabilidade a longo prazo;

- O debate foi politizado, e não tecnicamente discutido.

Explicação – Contratos de Feed-in Tariff (FiT)

Os contratos de Feed-in Tariff (FiT) são mecanismos de política energética usados para incentivar a produção de energia a partir de fontes renováveis. Funciona assim: o Estado ou um operador público garante a compra da eletricidade produzida por produtores independentes (como parques eólicos ou solares) a um preço fixo, geralmente superior ao valor de mercado, por um período contratual (normalmente entre 15 e 25 anos).

Objetivos principais:

- *Estimular o investimento privado em tecnologias limpas e sustentáveis.*

- *Reduzir o risco de mercado para novos produtores de energia.*

- *Acelerar a adoção de fontes renováveis antes que sejam competitivas por si mesmas.*

Em Portugal, este modelo foi amplamente utilizado entre 2005 e 2012, principalmente para impulsionar a energia eólica, hídrica e solar. Os contratos foram assinados com tarifas muito vantajosas para os produtores, sendo os custos pagos indiretamente pelos consumidores na fatura da eletricidade, através de tarifas de acesso às redes e encargos de interesse económico geral (CIEG).

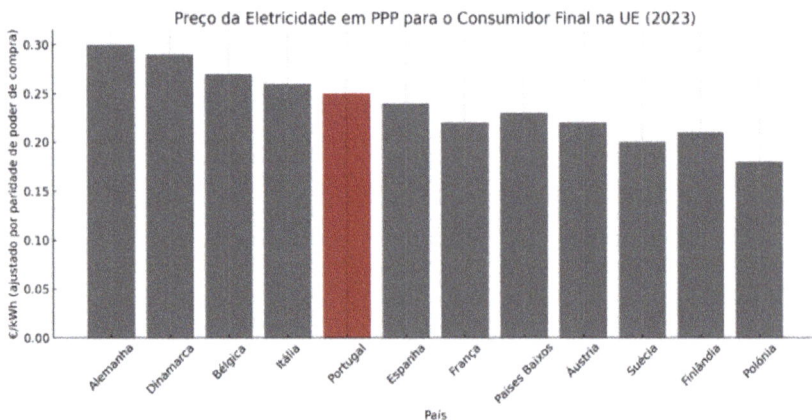

Preço da Eletricidade em PPP para o Consumidor Final na UE (2023)

Gráfico comparativo dos preços da eletricidade ajustados por Paridade de Poder de Compra (PPP) na União Europeia — com Portugal em destaque.

Fonte: Produção própria recorrendo aos dados da Tabela no final do presente Capítulo

Este gráfico mostra como, mesmo ajustado ao custo de vida, Portugal continua entre os países com preços mais elevados para o consumidor final, o que reforça os argumentos críticos da nossa análise.

O que é PPP (Paridade de Poder de Compra)?

*A **Paridade de Poder de Compra (PPP)** é um método utilizado para ajustar os preços de bens e serviços entre diferentes países, tendo em conta o custo de vida local.*

Em vez de comparar apenas os preços nominais (por exemplo, o preço da eletricidade em euros por kWh), o PPP responde à pergunta:

"O que é que o cidadão médio consegue comprar com o seu rendimento local?"

Por que o PPP é importante?

Comparar preços sem considerar o poder de compra pode ser enganador. Um mesmo preço pode representar uma carga leve num país rico, mas pesada num país com rendimentos mais baixos.

Exemplo prático:

- 0,29 €/kWh em Portugal e 0,30 €/kWh na Alemanha parecem próximos.

- Mas o rendimento médio na Alemanha é muito superior ao de Portugal.

- Resultado: o peso real da fatura elétrica é mais elevado em Portugal, mesmo que o preço nominal seja inferior.

Ao comparar o preço da eletricidade ajustado por PPP, conseguimos perceber o esforço económico real que os consumidores enfrentam em cada país — domésticos e industriais.

Em resumo: o PPP permite comparar países em "termos justos", mostrando onde a energia é realmente mais cara no bolso das pessoas.

O que o país ganhou com isso tudo?

Aspetos positivos:

- Forte redução nas emissões de CO_2,

- Internacionalização de algumas empresas (EDP Renováveis),

- Reconhecimento da "marca verde" de Portugal.

Aspetos críticos:

- A fatura da eletricidade subiu de forma constante desde os anos 90;

- O país não ganhou competitividade nenhuma antes pelo contrário, ou seja, perdeu competitividade;

- Os custos da rede e subsídios foram internalizados no preço final;

- Houve pouca transparência sobre os contratos, rendas garantidas e taxas sobrepostas (ex: CIEG, CUST, ERSE, CESE...).

Resultado? Portugal tornou-se campeão na transição... e vice-campeão nos preços da energia.

Comentário Especial – O Apagão de 28 de Abril de 2025: Uma Dura Lição para Portugal

O apagão nacional de 28 de abril de 2025 expôs de forma brutal a fragilidade do sistema energético português — consequência direta de décadas de decisões políticas irresponsáveis.

É verdade que a Península Ibérica está fortemente interligada internamente.

Também é verdade que as interligações da Península com o resto da Europa continuam escassas e insuficientes.

Mas nada disso desculpa a total dependência de Portugal da rede elétrica e da produção espanhola.

Segundo relatos, o apagão ocorreu enquanto Portugal importava 30% das suas necessidades elétricas.

E as perguntas que se levantam são devastadoras:

- - Não havia sol no país que se autoproclama "potência solar"?

- - Não havia vento no "campeão europeu das renováveis"?

- - A seca era tão grave que as barragens não podiam responder?

Como é possível que a nação que se gaba de ser autossuficiente em energia — e até de voltar a ser exportadora — colapse ao menor distúrbio na rede do país vizinho?

A resposta é brutal: tudo foi uma mentira.

Uma narrativa cuidadosamente criada para favorecer lobbies energéticos — e, talvez, sustentada pela corrupção que há décadas marca este setor.

As raízes deste fiasco apontam claramente para figuras políticas específicas:

José Sócrates, que durante o seu governo lançou uma expansão renovável imprudente e ideológica sem garantir segurança de base;

António Costa, que não só perpetuou os mesmos erros, como também foi diretamente responsável pelo encerramento prematuro das centrais a carvão, fragilizando ainda mais a resiliência energética do país — e que hoje preside ao Conselho Europeu, um cargo que deveria inspirar reflexão e vergonha, não promoção.

Entretanto, quem sofre?

O consumidor comum e o setor produtivo, que pagam energia a preços de país rico — enquanto Portugal permanece entre os países mais pobres da União Europeia.

O apagão de 28 de abril não é um incidente isolado.

É um aviso.

Um espelho que se coloca à frente de uma classe política que preferiu slogans idealistas a uma política energética séria, soberana e sustentável.

Apagão Elétrico na Península Ibérica: Uma Análise Técnica

Isolamento Energético da Península Ibérica

A Península Ibérica opera como uma "ilha energética" dentro do sistema elétrico europeu, com interconexões limitadas com o restante da Europa, especialmente com a França. Atualmente, a capacidade de interconexão entre Espanha e França é de apenas 2%, muito abaixo da meta europeia de 15% para 2030.

Causas Prováveis do Apagão

O apagão foi desencadeado por uma perda súbita de 15.000 megawatts de geração elétrica em apenas cinco segundos, representando cerca de 60% da produção da Espanha naquele momento. Essa queda abrupta levou a uma falha em cascata, afetando também Portugal devido à interconexão elétrica entre os países. Embora as causas exatas ainda estejam sob investigação, uma das hipóteses é que uma sobrecarga de produção de energias renováveis, particularmente solar e eólica, tenha contribuído para a instabilidade da rede. A natureza intermitente dessas fontes de energia pode dificultar o equilíbrio instantâneo entre geração e procura.

Capacidade de Recuperação: Black Start

A recuperação do sistema elétrico após um apagão total depende da capacidade de "black start", ou seja, da habilidade de certas centrais iniciarem a geração de energia sem depender da rede elétrica externa. Em Portugal, essa capacidade é limitada, com poucas centrais, principalmente hidroelétricas, aptas a realizar esse processo. A escassez de centrais com capacidade de black start pode ter prolongado o tempo de recuperação do fornecimento elétrico.

Dependência Energética e Importações

No momento do apagão, Portugal importava cerca de 30% de sua eletricidade da Espanha, principalmente de fontes solares. Essa dependência significativa de importações de energia, combinada com a volatilidade das fontes renováveis, pode ter exacerbado os efeitos do apagão em território português.

Medidas de Segurança e Interconexões

As interconexões elétricas entre Portugal e Espanha possuem protocolos de segurança que, em caso de oscilações significativas de tensão ou frequência, resultam no desligamento automático das conexões para evitar danos maiores. Durante o apagão, essas medidas de proteção foram acionadas, isolando ainda mais os sistemas elétricos dos dois países e dificultando a recuperação rápida do fornecimento.

Este evento ressalta a necessidade urgente de fortalecer a infraestrutura elétrica da Península Ibérica, aumentar a capacidade de interconexão com o restante da Europa e investir em tecnologias que garantam maior estabilidade e resiliência ao sistema elétrico, especialmente diante da crescente participação de fontes renováveis na matriz energética.

FRANÇA

Causa Prováveis

Sobrecarga de produção de energias renováveis intermitentes.

Falta de capacidade de "black start" em centrais elétricas portuguesas

Protocolos de segurança que resultaram na desconexão automática das interligações elétricas

1.600 MW

2.800 MW

3.000 MW

4.000MW

ESPANHA

PORTUGAL

No momento do apagão Portugal importava mais de 30% da sua eletricidade da Espanha

65%

35%

Produção doméstica

Importação da Espanha

600 MW

900 MW

12h33 — Perda súbita de 15.000 MW de geração elétrica em Espanna, equivalente a 60% da produção nacional.

12h38 — Desconexão automática da rede elétrica ibérica do restante da Europa

16h00 — Inicio da recuperação parcial do forhecimento elétrico em algumas regões

23h00 — Restabelecimento de 99,95 % do fornecímentto elétrico em Espanha

Análise Comparativa – Quatro Estratégias, Quatro Resultados

Quadro Comparativo – Indicadores-Chave

Tabela 72: Quadro Comparativo - Estratégias e Resultados Energéticos

Indicador	Alemanha	Finlândia	EAU	Portugal
Energia Nuclear no mix	0% (encerrada)	30%	25%	0%
Emissões CO_2 (per capita)	Elevadas	Moderadas	Moderadas-baixas	Moderadas
Preço da eletricidade (PPP)	Muito alto	Alto	Moderado	Alto
Dependência externa	Elevada	Reduzida	Baixa	Elevada
Estabilidade da rede	Boa	Excelente	Excelente	Boa (intermitente)
Aceitação pública do nuclear	Baixa	Alta	Alta	Baixa
Visão estratégica de longo prazo	Inconstante	Clara e contínua	Ambiciosa e coerente	Idealista, sem base técnica

Pontos Fortes e Fracos de Cada Modelo

Alemanha

- Força: Capacidade de mobilização e investimento renovável.

- Fragilidade: Abandono do nuclear sem garantir estabilidade energética — resultando em dependência do carvão, gás e preços altos.

Finlândia

- Força: Equilíbrio entre nuclear e renováveis, soberania energética e investimento em novas tecnologias.

- Fragilidade: Custo de vida elevado e isolamento geográfico, que limita interconexões.

Emirados Árabes Unidos

- Força: Planeamento a longo prazo, execução exemplar, independência energética e liderança regional.

- Fragilidade: Tarifas mais altas no contexto do Golfo (mas sustentáveis), e desafio futuro de diversificação industrial.

Portugal

- **Força:** Elevado peso das renováveis e bom desempenho ambiental.

- **Fragilidade:** Preço elevado da eletricidade, dependência externa e ausência de base estável de produção.

Gráfico 69: Comparação entre os Vários Modelos Energéticos

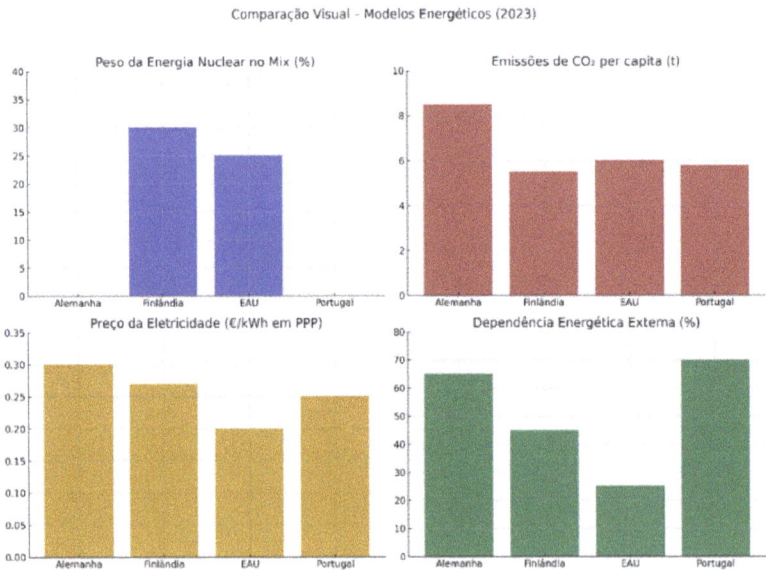

Comparação Visual – Modelos Energéticos (2023)

Infográfico visual comparativo com os quatro modelos energéticos (Alemanha, Finlândia, EAU e Portugal), representando: Peso da energia *nuclear no mix, Emissões de CO_2 per capita, Preço da eletricidade ajustado por PPP, Nível de dependência energética externa.*

Fonte: Produção própria recorrendo aos dados da Tabela no final do presente Capítulo

Gráfico 70: Esforço Energético: Preço vs Rendimento per Capita

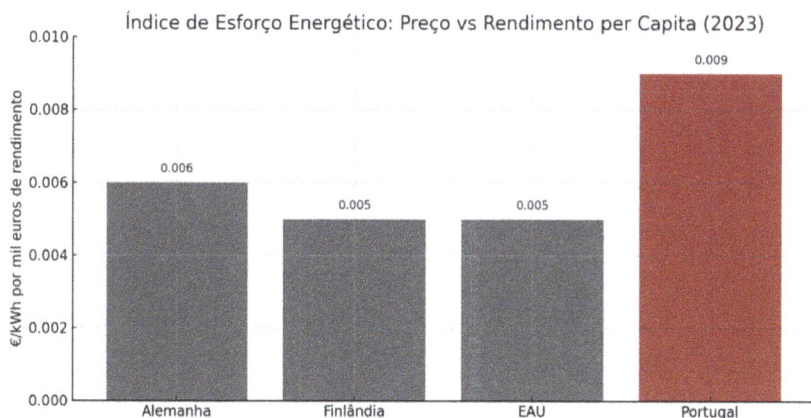

Gráfico do Índice de Esforço Energético, que relaciona o preço da eletricidade ajustado (PPP) com o rendimento per capita de cada país

Fonte: Produção própria recorrendo aos dados da Tabela no final do presente Capítulo

Este gráfico mostra quanto pesa 1 kWh na carteira dos cidadãos, em proporção ao seu rendimento — e revela que Portugal é, proporcionalmente, quem mais "sofre" com o custo da eletricidade, entre os quatro países comparados.

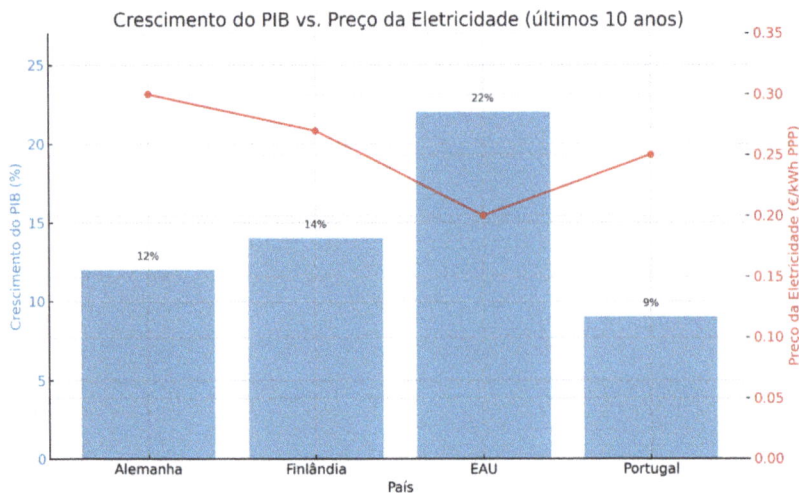

Gráfico 71: Crescimento do PIB vs Preço da Eletricidade

Gráfico comparativo do crescimento do PIB nos últimos 10 anos vs. o preço da eletricidade (ajustado por PPP) para os quatro países analisados.

Fonte: Produção própria recorrendo aos dados da Tabela no final do presente Capítulo

Este gráfico mostra, com clareza, que países com visão energética mais estratégica (como os EAU) conseguiram crescer mais e manter preços energéticos mais baixos, enquanto outros — como Portugal e Alemanha — enfrentaram crescimento modesto com tarifas elevadas.

E sim, com a devida ponderação, é possível estabelecer uma relação plausível e fundamentada entre o menor crescimento económico e o preço elevado da eletricidade, sobretudo em países com elevada dependência energética e menor margem de manobra industrial.

Energia Cara, Crescimento Limitado?

A comparação entre os preços da eletricidade e o crescimento económico nos últimos 10 anos sugere um padrão preocupante:

Os países com preços elevados de eletricidade — ajustados por paridade de poder de compra — registaram crescimentos económicos mais modestos no período analisado.

Isto verifica-se sobretudo em:

- Portugal, com crescimento acumulado de apenas 9% e um dos maiores custos energéticos relativos da UE;

- Alemanha, que enfrentou um crescimento tímido (12%) apesar de ser uma das economias mais robustas — mas penalizada por uma fatura elétrica inflacionada pela saída do nuclear e pela dependência do gás.

Em contraste:

- Os Emirados Árabes Unidos, com energia abundante, diversificada e bem gerida, cresceram 22% no mesmo período.

- A Finlândia, com um modelo de equilíbrio entre renováveis e nuclear, também manteve crescimento superior à média da zona euro.

Claro que a economia depende de múltiplos fatores — como demografia, política fiscal, inovação e exportações — mas a energia é um fator transversal e determinante, especialmente:

- Para a indústria pesada e transformadora,

- Para o custo de produção nacional,

- Para a atratividade do país aos investimentos estrangeiros,

- E para o rendimento disponível das famílias.

Quando a energia é cara, tudo o resto custa mais — e o crescimento torna-se mais difícil.

Portanto, embora não possamos afirmar uma causalidade direta absoluta, os dados sustentam uma forte correlação entre energia acessível e crescimento económico sustentado.

Negar essa relação seria ignorar a base física da economia.

A Dimensão do Tempo: Imediatismo ou Visão?

Uma lição fundamental desta comparação é que as decisões energéticas devem ser avaliadas a longo prazo.

Nem sempre a solução mais "moderna" ou "popular" é a mais eficaz. Países que apostaram em continuidade, estabilidade e diversificação tecnológica (como Finlândia e EAU) colhem hoje resultados mais robustos.

Transições energéticas feitas com base em ideologia, e não em ciência e engenharia, tendem a custar caro — económica e geopoliticamente.

Conclusão do Presente Capítulo – Decisões que Custam, Estratégias que Rendem

Neste capítulo, explorámos quatro trajetórias energéticas profundamente distintas:

- **A Alemanha**, que abandonou o nuclear por decisão política e regressou ao carvão e ao gás;

- **A Finlândia**, que combinou ciência, estratégia e tecnologia para garantir soberania e estabilidade;

- **Os Emirados Árabes Unidos**, que investiram com visão e pragmatismo, mesmo sem tradição nuclear;

- **Portugal**, que apostou tudo nas renováveis, mas sem base técnica de sustentação — e sem plano B.

A comparação dos seus resultados revela algo evidente, mas frequentemente esquecido:

a energia não é uma ideologia — é infraestrutura, é competitividade, é soberania.

Quando as decisões energéticas são tomadas com base em:

- Emoções,

- Pressões mediáticas,

- Cálculos eleitorais,

- Ou convicções não sustentadas por dados,

...os resultados acabam por se refletir no bolso das famílias, na fatura das empresas e no crescimento limitado dos países.

O Preço da Boa Intenção Mal Planeada

Portugal e Alemanha são casos de idealismo energético sem estratégia de fundo.

Os preços da eletricidade tornaram-se dos mais altos da Europa, e a dependência externa manteve-se.

A energia verde tornou-se, paradoxalmente, um fator de desigualdade, ao invés de progresso acessível.

A Força da Visão Informada

Finlândia e EAU, por outro lado, demonstram que:

- Um país pequeno ou com clima difícil também pode liderar, se estudar e planear.

- O nuclear civil, bem gerido, pode conviver com as renováveis e torná-las mais viáveis.

- Decisões técnicas, e não ideológicas, produzem sociedades mais sustentáveis — e mais justas.

A energia barata e limpa é possível — mas exige coragem política, inteligência técnica e humildade perante os factos.

Para o Leitor

A mensagem que deixamos é simples:

- Estudar importa.

- Comparar importa.

- Questionar também.

Quem deseja um país melhor, mais justo e mais sustentável...

... deve começar por perguntar:

"Estamos a tomar decisões energéticas com base em quê?"

Tabela 73: Fontes Consultadas no Capítulo 8

Fonte	Descrição	Utilização no Capítulo
Eurostat	Agência estatística da União Europeia	Dados de emissões de CO_2, preços da eletricidade, dependência energética
IEA – Agência Internacional de Energia	Agência internacional de energia	Perfis energéticos nacionais, dados de matriz e projeções
World Nuclear Association (WNA)	Associação global da energia nuclear	Capacidade nuclear e dados de projetos dos países analisados
REN – Redes Energéticas Nacionais (Portugal)	Operadora da rede elétrica e de gás portuguesa	Matriz elétrica e dados da transição energética de Portugal
ERSE – Entidade Reguladora dos Serviços Energéticos (Portugal)	Reguladora dos setores da eletricidade e gás	Tarifas e evolução dos preços da eletricidade em Portugal
Destatis (Alemanha)	Instituto nacional de estatística da Alemanha	Dados macroeconómicos e energéticos da Alemanha
BMWK (Alemanha)	Ministério da Economia e Proteção Climática da Alemanha	Política energética, abandono nuclear e renováveis na Alemanha

FANR (EAU)	Autoridade Federal de Regulação Nuclear (EAU)	Dados do projeto Barakah e licenciamento nuclear
Estratégia Energética 2050 dos EAU	Documento oficial da estratégia energética dos Emirados	Planeamento energético e metas de nuclear/renováveis
Statistics Finland	Instituto de estatística da Finlândia	Matriz energética, crescimento económico e emissões
VTT Centro de Investigação Técnica da Finlândia	Centro de investigação tecnológica da Finlândia	Estudos sobre nuclear, renováveis e segurança energética
DGEG – Portugal	Direção-Geral de Energia e Geologia	Dados históricos e evolução do setor energético português
IAEA	Agência Internacional de Energia Atómica	Dados globais sobre capacidade e regulação nuclear
EPOV	Observatório Europeu da Pobreza Energética	Indicadores sobre impacto dos preços da eletricidade no consumo doméstico
Banco Mundial	Instituição financeira internacional	Dados de PIB e crescimento económico
OCDE	Organização para a Cooperação e Desenvolvimento Económico	Dados sobre rendimento, preços da eletricidade e desenvolvimento

Preparação para o Próximo Capítulo - Transição Energética e Papel das Terras Raras

O mundo atravessa uma transformação profunda e inevitável: a transição do modelo energético baseado em combustíveis fósseis para um sistema mais limpo, resiliente e sustentável. Este processo, conhecido como **transição energética**, não é apenas uma mudança tecnológica — é uma reestruturação civilizacional que envolve economia, política, geopolítica, ciência, segurança e ecologia.

Nesta jornada, a energia nuclear reaparece como uma peça estratégica. Com baixas emissões de carbono e elevada densidade energética, o nuclear tem o potencial de garantir fornecimento estável de eletricidade em larga escala, complementando fontes intermitentes como o solar e o eólico. No entanto, para concretizar uma transição energética verdadeiramente eficaz, entra em cena um outro fator muitas vezes ignorado pelo grande público: os **minerais críticos e terras raras**.

No próximo capítulo, vamos explorar:

- O que é realmente a transição energética e por que ela é tão urgente;

- O papel crucial da energia nuclear dentro dessa transformação;

- A dependência estratégica de minerais críticos e terras raras para a produção de tecnologias limpas;

- Os desafios geopolíticos, ambientais e sociais relacionados à extração, processamento e fornecimento desses recursos;

- E finalmente, a interligação entre soberania energética, segurança climática e controlo de cadeias de abastecimento globais.

A transição energética não é apenas uma corrida por tecnologia limpa. É uma nova corrida ao ouro — mas agora, com isótopos, terras raras e megawatts no centro da disputa.

Capítulo 9 - Transição Energética e o Papel das Terras Raras

Este capítulo vai ligar a necessidade de substituir os combustíveis fósseis com o papel crucial dos minerais críticos e das terras raras na tecnologia energética moderna.

O que é a Transição Energética?

A transição energética é um processo estrutural de mudança na forma como a humanidade produz, distribui e consome energia. Trata-se de uma deslocação progressiva de um modelo baseado em combustíveis fósseis – como carvão, petróleo e gás natural – para um sistema energético mais sustentável, diversificado e de baixo carbono, incorporando fontes renováveis, eletrificação e eficiência energética.

Por que a Transição Energética é Necessária?

A necessidade de uma transição energética eficaz nasce de três grandes desafios globais:

Crise Climática – A queima de combustíveis fósseis é a principal responsável pelo aumento da concentração de gases de efeito estufa (GEE) na atmosfera, causando aquecimento global e eventos climáticos extremos.

Segurança Energética – A dependência de combustíveis fósseis torna países vulneráveis a choques geopolíticos e flutuações nos preços da energia.

Sustentabilidade de Recursos – O carvão, o petróleo e o gás são recursos finitos e sua extração apresenta impactos ambientais severos.

Os Principais Pilares da Transição Energética

A transição energética não é um processo único e linear, mas envolve diversas estratégias simultâneas:

1. Descarbonização – Redução das emissões de CO_2 por meio da substituição de fontes fósseis por energias limpas.

2. Eletrificação – Ampliação do uso de eletricidade em setores tradicionalmente dependentes de combustíveis fósseis, como transportes e aquecimento.

3. Eficiência Energética – Melhoria da performance dos sistemas energéticos para reduzir desperdícios e otimizar a procura.

4. Diversificação da Matriz Energética – Integração de diversas fontes para reduzir a dependência de um único tipo de energia.

5. Armazenamento e Redes Inteligentes – Desenvolvimento de baterias avançadas e sistemas de gestão de energia para lidar com a intermitência das renováveis.

Diferentes Abordagens para a Transição Energética

Nem todos os países seguem o mesmo caminho na transição energética. As abordagens variam conforme recursos naturais disponíveis, políticas energéticas e desafios socioeconômicos:

- **União Europeia** – Adotou metas agressivas de descarbonização e expansão de renováveis, com o objetivo de neutralidade carbónica até 2050.

- **Estados Unidos** – Mistura de fontes renováveis e investimento em novas tecnologias nucleares.

- **China** – Lidera em energias renováveis, mas mantém uso expressivo de carvão.

- **Países do Médio Oriente** – Apesar da dependência do petróleo, estão a investir em energia solar e hidrogénio verde.

Transição Energética: Gradual ou Rutura?

A transição pode ocorrer de duas formas principais:

- **Gradual** – Mudanças incrementais e progressivas que garantem estabilidade energética, mas podem ser mais lentas.

- **Rutura Energética** – Transformações abruptas impulsionadas por crises ou avanços tecnológicos disruptivos.

Ambas as abordagens apresentam desafios. A mudança gradual pode ser lenta demais para mitigar os impactos climáticos, enquanto ruturas podem gerar instabilidade econômica e social.

A transição energética é um dos maiores desafios do século XXI. Requer investimentos maciços, inovação tecnológica e cooperação global. Nenhuma fonte de energia, por si só, resolverá a equação da sustentabilidade – será necessário um mix equilibrado entre renováveis, nuclear e novas tecnologias de armazenamento.

À medida que avançamos neste capítulo, exploraremos como a energia nuclear e os minerais críticos desempenham um papel essencial nessa transformação.

Energia Nuclear e a Transição Energética

A energia nuclear tem sido um dos tópicos mais debatidos dentro da transição energética. Embora alguns países tenham reduzido sua participação no setor nuclear, outros continuam a expandi-lo como uma alternativa confiável e de baixo carbono para garantir segurança energética e reduzir emissões de gases de efeito estufa.

Expansão da Energia Nuclear na Transição Energética

Apesar de desafios como custos iniciais elevados e preocupações com resíduos nucleares, diversas nações estão investindo no setor nuclear como uma solução para descarbonizar suas economias. Nos últimos anos, países como França, China, Rússia e Índia ampliaram significativamente sua capacidade nuclear, enquanto países como os Estados Unidos e o Reino Unido procuram revitalizar as suas infraestruturas nucleares com novas tecnologias.

Vantagens Estratégicas da Energia Nuclear

- **Alta Densidade Energética** – Pequena quantidade de combustível nuclear gera grandes quantidades de eletricidade.

- **Operação Contínua** – Diferente de fontes intermitentes, como solar e eólica, o nuclear fornece eletricidade constante.

- **Menor Pegada Territorial** – Reatores nucleares necessitam de menos espaço do que parques solares ou eólicos para produzir a mesma quantidade de energia.

- **Resiliência Geopolítica** – Reduz a dependência de combustíveis fósseis importados, garantindo maior segurança energética.

Novas Tecnologias e o Futuro do Setor Nuclear

Os avanços tecnológicos estão a moldar o futuro da energia nuclear. Os reatores modulares pequenos (SMRs) prometem maior segurança, flexibilidade e menores custos, enquanto pesquisas avançadas em reatores de tório e fusão nuclear procuram alternativas mais sustentáveis e seguras.

A Urgência de um Crescimento Exponencial da Energia Nuclear

Os dados dos últimos 20 anos mostram que fontes renováveis como a solar e a eólica cresceram de forma exponencial, enquanto a energia nuclear teve um crescimento muito mais modesto. Esse cenário coloca um desafio crítico: embora as renováveis sejam essenciais para a transição energética, sua intermitência e baixa densidade energética tornam insuficiente uma matriz energética baseada apenas nessas fontes.

A energia nuclear, por outro lado, oferece estabilidade na geração de eletricidade, baixas emissões de carbono e alta densidade energética, tornando-se um elemento essencial para atingir metas de descarbonização. Sem uma expansão acelerada do setor nuclear, os objetivos climáticos globais correm sério risco, pois depender exclusivamente de renováveis significaria enfrentar problemas de armazenamento de energia, infraestrutura e capacidade de resposta à procura.

Os países que mais avançaram na transição energética e reduziram suas emissões de CO_2 – como França e Suécia – conseguiram isso graças à forte presença da energia nuclear em sua matriz elétrica. A estagnação do setor nuclear em diversas regiões do mundo nas últimas décadas comprometeu o avanço da descarbonização. A menos que o crescimento do setor nuclear acompanhe o ritmo das renováveis, alcançar a neutralidade de carbono até 2050 se tornará um objetivo inatingível.

Assim, para garantir um futuro energético seguro, sustentável e livre de carbono, é fundamental que o crescimento da energia nuclear siga um ritmo tão acelerado quanto o que se tem observado para o solar e eólica nas últimas décadas.

Tecnologias emergentes, como os SMRs (Small Modular Reactors) e reatores avançados de tório e fusão nuclear, podem desempenhar um papel essencial nesse processo.

A transição energética não pode ser baseada apenas em soluções intermitentes. A complementaridade entre renováveis e nuclear é a única estratégia viável para garantir eletricidade confiável, limpa e acessível para todos.

Gráfico 72: Matriz Energética Mundial - 2023

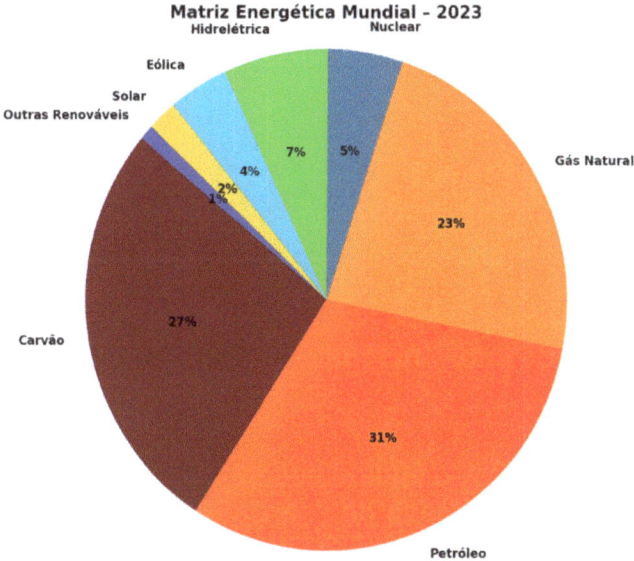

Matriz Energética Mundial – 2023

Fonte: Produção própria recorrendo aos dados da Tabela no final do presente Capítulo

Gráfico 73: Crescimento das Fontes de Energia de Baixo Carbono (2003-2023)

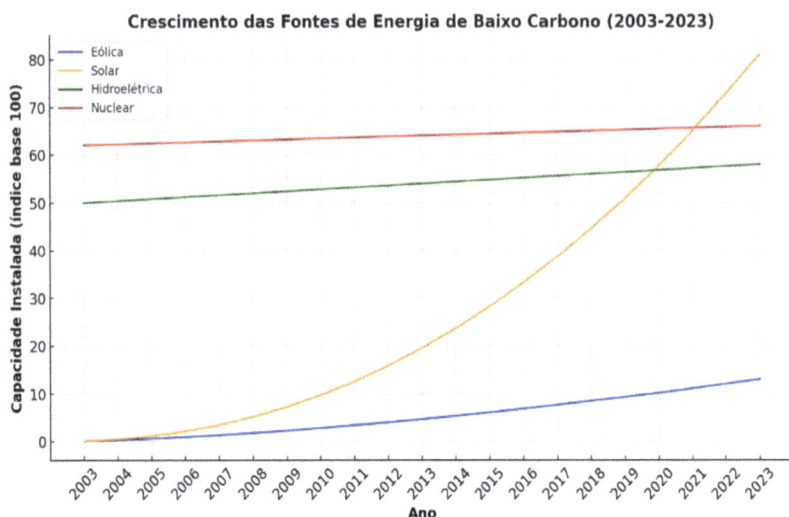

Crescimento das Fontes de Energia de Baixo Carbono (2003-2023)

Fonte: Produção própria recorrendo aos dados da Tabela no final do presente Capítulo

A Urgência de um Crescimento Exponencial da Energia Nuclear

Os dados do gráfico projetando o crescimento econômico mundial e a necessidade de energia para suportá-lo deixam evidente que a única forma de responder à crescente procura energética sem comprometer as metas de neutralidade carbônica é através de uma expansão massiva da energia nuclear.

Gráfico 74: Projeção do Crescimento Economico, Necessidade Energética
e Neutralidade de Carbono (2020-2050)

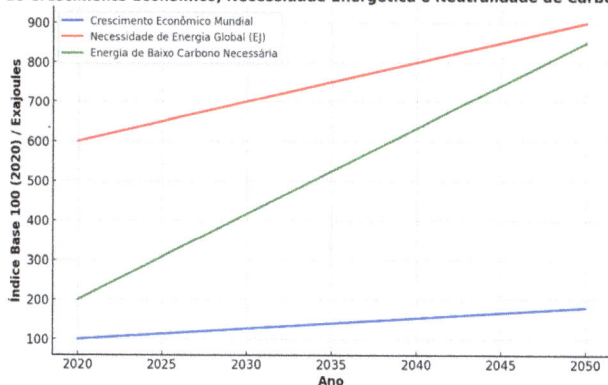

Projeção do Crescimento Econômico, Necessidade Energética e Neutralidade de Carbono (2020-2050)

Fonte: Produção própria recorrendo aos dados da Tabela no final do
presente Capítulo

O crescimento exponencial das fontes renováveis como solar e
eólica é crucial, mas a sua intermitência e dependência de
condições climáticas limitam a sua capacidade de fornecer
eletricidade de maneira confiável e contínua. Para garantir
estabilidade ao sistema elétrico global e permitir o
desenvolvimento econômico sustentável, a energia nuclear
deve acompanhar ou até mesmo superar o ritmo de
crescimento das renováveis.

Se a capacidade nuclear continuar a crescer lentamente, o
mundo será forçado, forçado a recorrer ao gás natural e outras
fontes fósseis para suprir a diferença entre oferta e a procura, o
que comprometeria severamente os esforços de
descarbonização. A experiência de países como a França e a
Suécia, que reduziram drasticamente suas emissões com o uso

454

intensivo de energia nuclear, comprova que esse é o caminho mais eficaz para um sistema energético limpo e resiliente.

A expansão acelerada da energia nuclear é a única alternativa viável para garantir um futuro energético sustentável, capaz de suprir a procura global sem comprometer os objetivos climáticos.

A energia nuclear pode desempenhar um papel crucial na transição energética, especialmente como um complemento confiável às renováveis. Apesar dos desafios, os avanços tecnológicos indicam que o setor pode crescer de forma segura e sustentável nos próximos anos.

A Necessidade de Minerais Críticos e Terras Raras

Os minerais críticos e as terras raras são elementos essenciais para a transição energética. Esses materiais são fundamentais para a fabricação de painéis solares, turbinas eólicas, baterias de íon-lítio, reatores nucleares avançados e diversas outras tecnologias energéticas. Sem estas matérias-primas, o avanço das energias limpas seria severamente comprometido.

A Geopolítica dos Minerais Críticos

Os minerais críticos, incluindo terras raras, lítio, cobalto, níquel e grafite, tornaram-se essenciais para a transição energética e para indústrias estratégicas como a eletrificação dos transportes, armazenagem de energia e fabricação de semicondutores. No entanto, a sua produção e refinação estão altamente concentrados em um pequeno número de países.

- **China**: Detém cerca de 60-70% da extração global de terras raras e mais de 85% da capacidade de refinação. Também lidera a refinação de grafite e domina a cadeia de fornecimento de baterias de íon-lítio.

- **República Democrática do Congo (RDC)**: Produz cerca de 70% do cobalto mundial, um mineral essencial para baterias avançadas.

- **Indonésia e Filipinas**: Principais produtores de níquel, fundamental para a fabricação de baterias de alto desempenho.

- **Austrália e Chile**: Juntos, controlam a maior parte da produção de lítio, essencial para baterias de veículos elétricos.

- **Rússia**: Importante fornecedora de níquel e paládio, ambos essenciais para diversas aplicações industriais e tecnológicas.

Essa concentração de produção e refinação em poucos países cria riscos geopolíticos e vulnerabilidades estratégicas para o Ocidente.

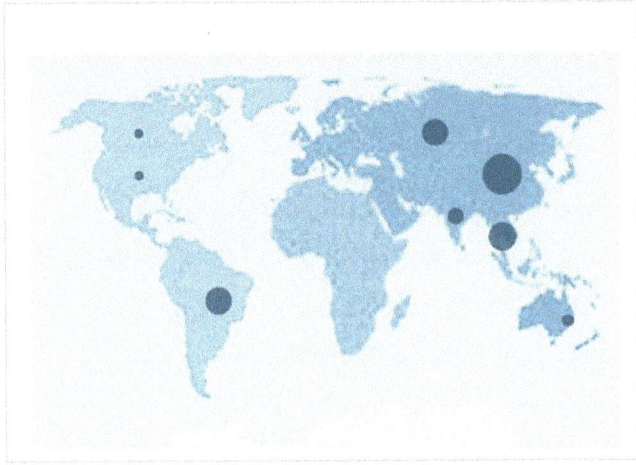

Infográfico mostrando os principais depósitos de Terras Raras ao redor do mundo.

Tabela 74: Principais Países com Depósitos Importantes de Terras Raras

País	Reservas Estimadas (milhões de toneladas)	Notas Principais
China	44	Maior produtor e refinador mundial; domina a cadeia de valor.
Vietname	22	Reservas vastas e produção crescente nos últimos anos.
Brasil	21	Depósitos com alto potencial nos estados do Amazonas e Minas Gerais.
Rússia	19	Reservas significativas; mineração afetada por sanções.

Índia	6,9	Reservas costeiras; produção ainda limitada.
Austrália	4,2	Exportador forte; mina Mount Weld é destaque.
Estados Unidos	2,3	Mina Mountain Pass (Califórnia); foco recente na revitalização industrial.
Canadá	2,0 (estimado)	Potencial não explorado; projetos em revisão ambiental.

Fonte: Produção própria recorrendo aos dados da Tabela no final do presente Capítulo

A dependência do Ocidente da China e os riscos para a cadeia de fornecimentos

O domínio da China na extração e refinação de minerais críticos não é apenas uma vantagem econômica, mas também uma poderosa ferramenta geopolítica. O Ocidente depende fortemente de fornecimentos chineses para indústrias como:

- Veículos elétricos (EVs)

- Turbinas eólicas

- Painéis solares

- Semicondutores e equipamentos eletrónicos avançados

- Defesa e tecnologia aeroespacial

Os riscos dessa dependência incluem:

Manipulação de preços e acesso: A China já restringiu exportações de elementos estratégicos, como gálio e germânio, para pressionar os seus adversários geopolíticos.

Bloqueios comerciais e sanções: Num cenário de conflito global ou tensões comerciais, Pequim pode usar o controle sobre esses minerais como alavanca diplomática.

Falta de capacidade de refinação alternativa: Mesmo que o Ocidente extraia esses minerais em países aliados, a falta de infraestrutura de refinação local continua a ser um gargalo crítico.

Os EUA, a UE e outras nações estão cada vez mais preocupados com esses riscos e procuram formas de reduzir essa vulnerabilidade.

Gráfico 75: Principais Produtores de Terras Raras (2023)

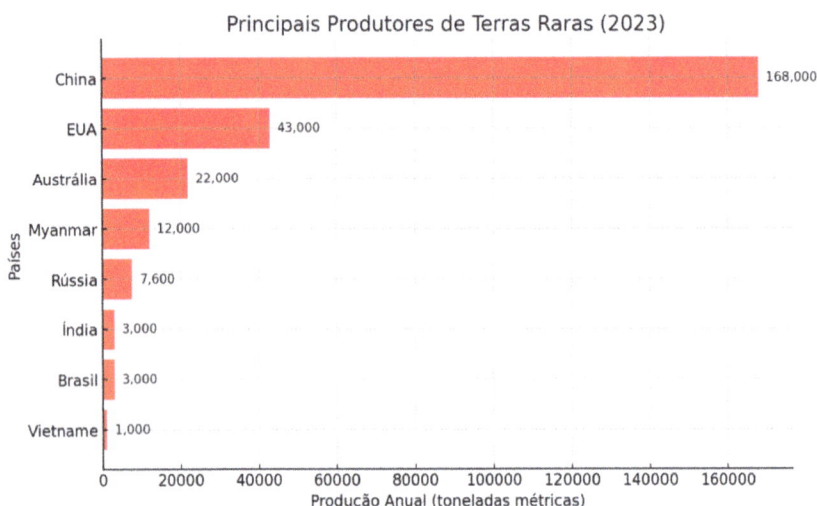

Principais Produtores de Terras Raras (2023)

País	Produção Anual (toneladas métricas)
China	168.000
EUA	43.000
Austrália	22.000
Myanmar	12.000
Rússia	7.600
Índia	3.000
Brasil	3.000
Vietname	1.000

Fonte: Produção própria recorrendo aos dados da Tabela no final do presente Capítulo

Tabela 75: Principais Produtores de Terras Raras (2023)

País	Participação Global (%)
China	70%
Estados Unidos	14%
Austrália	6%
Myanmar	5%
Outros	5%

Fonte: Produção própria recorrendo aos dados da Tabela no final do presente Capítulo

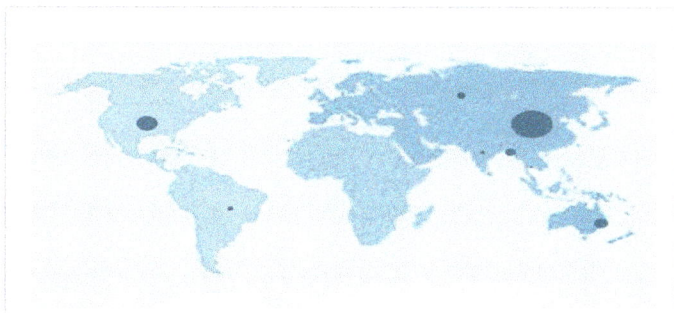

*Mapa que mostra os principais países com capacidade de produção de Terras Raras. A China domina esmagadoramente o setor, com cerca de **85% da capacidade global**, seguida por Malásia, EUA, Austrália e um pequeno polo de refinação na Estônia.*

Fonte: Produção própria recorrendo aos dados da Tabela no final do presente Capítulo

Estratégias para reduzir essa dependência

Diante dessa vulnerabilidade estratégica, diversas iniciativas estão a ser desenvolvidas para diversificar a cadeia de suprimentos e reduzir a dependência da China. As principais estratégias incluem:

1. **Mineração Responsável e Expansão da Produção em Países Aliados**

   - Incentivo à exploração e extração de terras raras em países como Austrália, Canadá, Brasil e EUA.

   - Desenvolvimento de regulações ambientais equilibradas que permitam a extração sustentável sem grandes impactos ecológicos.

2. **Investimento na Refinação e Processamento de Minerais Fora da China**

   - Construção de plantas de refinação na Europa e América do Norte para diminuir a dependência chinesa.

   - Parcerias estratégicas com países como Japão e Coreia do Sul, que já possuem expertise na refinação de certos minerais.

3. **Reciclagem de Minerais Críticos**

   - Programas para recuperar terras raras e metais valiosos a partir de baterias usadas, equipamentos eletrónicos descartados e turbinas eólicas desativadas.

   - Avanços tecnológicos para tornar a reciclagem mais eficiente e econômica.

4. **Novas Fontes de Extração**

   - Mineração em águas profundas, explorando nódulos polimetálicos no fundo do oceano, embora com desafios ambientais significativos.

- Extração de minerais a partir de fontes alternativas, como rejeitos de mineração antiga e novas formações geológicas.

5. **Acordos Geopolíticos e Alianças**

- Criação de blocos de fornecimento alternativos, como a Parceria Mineral de Segurança (MSP) liderada pelos EUA.

- Acordos bilaterais entre a UE e países produtores para garantir fornecimento estável de materiais estratégicos.

Tabela 76: Estratégias para Reduzir a Dependência da China

Estratégia	Exemplo	Objetivo
Diversificação de fornecedores	Austrália, Brasil, Canadá	Reduzir a concentração geográfica
Reciclagem de materiais	UE, Japão	Economia circular e menor extração
Investimento em substitutos	MIT, startups europeias	Materiais alternativos não críticos

Fonte: Produção própria recorrendo aos dados da Tabela no final do presente Capítulo

O Que São as Terras Raras e Por Que São Essenciais?

As Terras Raras são um grupo de 17 elementos químicos da Tabela Periódica, incluindo o lantânio, neodímio, térbio e disprósio, entre outros.

Apesar do nome, esses elementos não são exatamente "raros" na crosta terrestre, mas estão dispersos em baixas concentrações, o que torna sua extração e separação um processo difícil e caro.

Por Que São Importantes?

As terras raras são essenciais para a tecnologia moderna, pois possuem propriedades magnéticas, óticas e elétricas únicas.

Elas desempenham um papel insubstituível em diversas indústrias estratégicas, incluindo:

1. **Transição Energética**

- Ímanes de neodímio são usados em turbinas eólicas e motores de veículos elétricos (EVs).

- O disprósio melhora a resistência desses ímanes a altas temperaturas.

2. **Eletrônicos e Semicondutores**

- Écrans de smartphones, laptops e televisores utilizam fósforos de terras raras para exibir cores vivas.

- Chips e componentes eletrônicos dependem desses materiais para condutividade e miniaturização.

3. **Defesa e Tecnologia Militar**

- Sensores avançados, sistemas de radar e direcionamento de mísseis utilizam terras raras.

- Os F35 e outros aviões militares modernos dependem de materiais baseados nesses elementos.

4. Medicina e Saúde

- O gadolínio é usado em exames de ressonância magnética (RM) para fornecer imagens mais precisas.

O Monopólio Chinês e a Disputa Global

A China controla cerca de 85% da refinação mundial de terras raras e usa esse domínio como ferramenta geopolítica. O Ocidente e outras potências estão numa corrida feroz para desenvolver alternativas, incluindo novas minas, reciclagem e acordos estratégicos com países ricos nesses recursos, como Austrália, Brasil e Canadá.

As terras raras não são apenas materiais comuns, mas sim os blocos fundamentais da tecnologia moderna. Sem elas, a transição energética, a era digital e o avanço da indústria de defesa seriam impossíveis. A crescente disputa pelo seu controle pode redefinir o equilíbrio de poder global nas próximas décadas.

Tabela 77: Capacidade de Refinação de Terras Raras no Mundo

País	Capacidade de Refinação (%)
China	85%
Malásia	6%
EUA	5%
Austrália	2%
Estônia	2%

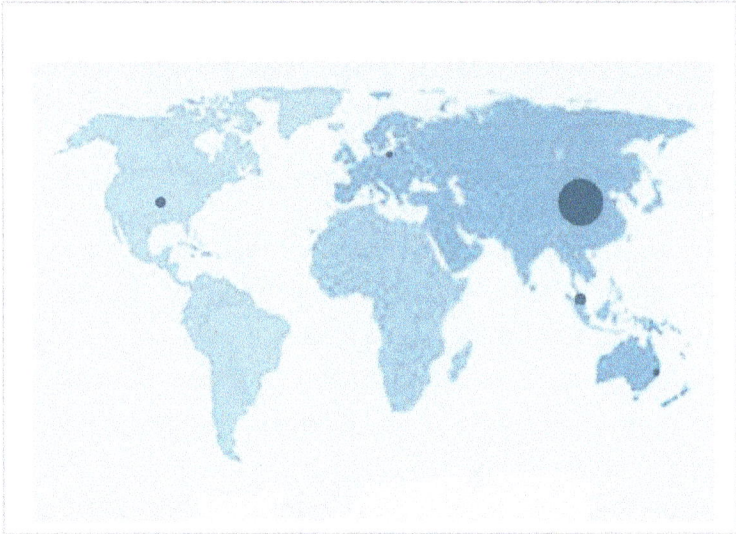

Fonte: Produção própria recorrendo aos dados da Tabela no final do presente Capítulo

Recursos Geológicos na Europa

A Europa não tem produção significativa de Terras Raras, mas isso não significa que esses minerais não existam no continente.

O problema é uma combinação de fatores geológicos, políticos, ambientais e estratégicos.

Vamos analisar:

1. Recursos Geológicos na Europa

A Europa possui depósitos de terras raras, mas eles são menores e menos acessíveis em comparação com outras regiões. Alguns exemplos incluem:

- **Noruega e Suécia**: Possuem jazidas de terras raras, principalmente no norte da Escandinávia.

- **Groenlândia (Dinamarca)**: Ricas reservas de terras raras foram descobertas, mas a extração enfrenta barreiras ambientais e políticas.

- **França e Espanha**: Pequenos depósitos foram identificados, mas não explorados comercialmente.

O que acontece é que, embora esses recursos existam, as jazidas mais ricas e economicamente viáveis estão na China, Austrália e Américas.

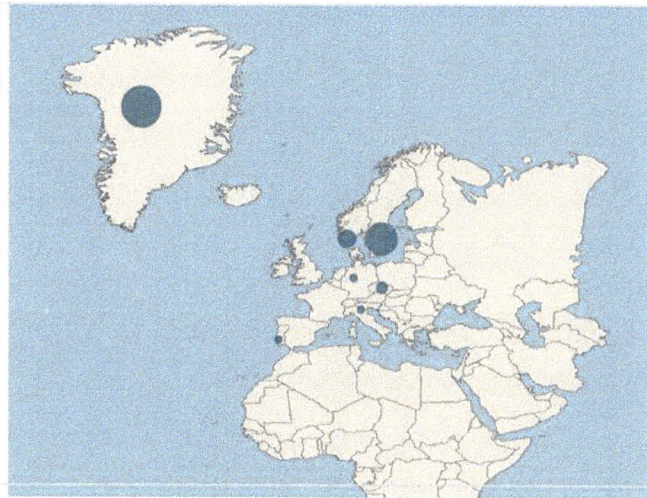

Mapa destacando os principais depósitos de Terras Raras na Europa

Nota: Em Itália e Portugal foram somente detetados indícios ainda sem volumes estimados.

Tabela 78: Principais Depósitos de Terras Raras na Europa

Localização	País	Volume Estimado (Mt REO)	Estado Atual
Kvanefjeld (Ilimaussaq)	Groenlândia	~1,5	Um dos maiores do mundo, politicamente sensível.
Kiruna (Per Geijer)	Suécia	>1,0	Descoberto em 2023, considerado o maior na UE.
Norra Kärr	Suécia	~0,6	Alto potencial; enfrenta oposição ambiental.
Tanbreez	Groenlândia	>1,0	Projeto privado, rico em terras raras pesadas.
Complexo Fen	Noruega	~0,5	Em desenvolvimento: rochas carbonatíticas.
Tisová	República Checa	~0,2	Em avaliação, minério associado a subprodutos.
Krásno e Mariánské Lázně	República Checa	—	Exploração preliminar.
Storkwitz	Alemanha	~0,03	Depósito conhecido; sensível ambientalmente.

| Piemonte | Itália | — | Vestígios de reservas nas regiões alpinas. |
| Serra de Monchique (vestígios) | Portugal | — | Ocorrências esporádicas; sem exploração ativa. |

Fonte: Produção própria recorrendo aos dados da Tabela no final do presente Capítulo

2. Razões Políticas e Ambientais para a Falta de Produção

A principal razão pela qual a Europa não produz terras raras não é a falta de minerais, mas sim políticas ambientais rigorosas e custos elevados de extração e refinação.

Legislação Ambiental Restritiva

- O processo de mineração e refinação de terras raras gera resíduos altamente tóxicos e radioativos.

- A Europa tem normas ambientais rígidas que tornam a extração cara e burocrática.

- A pressão de grupos ambientalistas dificulta a abertura de novas minas.

Dependência Estratégica da China e Outros Países

- Durante décadas, a Europa optou por importar terras raras da China, pois era mais barato e menos problemático ambientalmente.

- No entanto, com as tensões geopolíticas e a crescente competição tecnológica, a União Europeia agora vê essa dependência como um risco estratégico.

Custo Elevado da Extração na Europa

- Além das regulamentações ambientais, os custos de extração e refinação na Europa são mais altos do que na China ou Austrália.

- O investimento necessário para tornar a produção economicamente viável ainda não compensava até pouco tempo.

3. A Nova Corrida Europeia para Minerais Críticos

Com a crescente rivalidade entre o Ocidente e a China, a União Europeia está a mudar de postura e investindo na mineração de terras raras. Algumas iniciativas incluem:

Projeto Norueguês e Sueco para mineração de Terras Raras

- A Suécia anunciou em 2023 a descoberta da maior jazida de terras raras da Europa.

- A Noruega está a desenvolver tecnologias para a mineração sustentável.

Parcerias Estratégicas da UE com Países Mineradores

- A UE tem procurado acordos com Canadá, Austrália e Brasil para garantir um fornecimento estável sem depender da China.

Investimento em Reciclagem de Minerais Críticos

- A Europa aposta na recuperação de terras raras a partir de baterias e equipamentos eletrónicos descartados como uma alternativa à mineração tradicional.

A Europa Mais Uma Vez Atrás na Corrida Tecnológica?

A transição energética e a revolução digital trouxeram uma nova disputa global pelos chamados minerais críticos, e entre eles, as terras raras são as mais estratégicas. Apesar de possuir depósitos significativos, a Europa ficou para trás na mineração e refinação desses materiais essenciais para veículos elétricos, turbinas eólicas, semicondutores e tecnologias de defesa.

A Realidade Europeia: Recursos Existem, Mas Faltam Estratégia e Vontade Política

Diferente da narrativa de que a Europa não possui terras raras, há depósitos importantes na Suécia, Noruega, Groenlândia, França e Espanha. O problema não é a geologia, mas sim barreiras ambientais, burocracia e a dependência excessiva da China.

China domina a refinação global

Mesmo que a Europa extraísse suas próprias terras raras, não tem capacidade de refiná-las. Atualmente, 85% do processamento mundial é feito na China.

Atraso nas decisões estratégicas

Enquanto os EUA, Austrália e Canadá expandem rapidamente suas cadeias de fornecimento, a União Europeia continua lenta e dividida sobre como proceder.

Desafios ambientais e burocracia

O processo de extração e refinação gera resíduos tóxicos, o que faz com que as leis ambientais da UE dificultem novos projetos.

Grupos ambientalistas bloqueiam iniciativas, mesmo quando são propostas soluções mais sustentáveis.

Suécia e Noruega Podem Ser a Nova Esperança?

Em 2023, a Suécia anunciou a maior descoberta de terras raras da Europa na região de Kiruna. O país procura agora acelerar o processo de exploração, mas especialistas alertam que pode levar 10 a 15 anos para que a produção realmente comece. Já a Noruega planeia mineração em terras e até em águas profundas, mas enfrenta resistência ambiental.

Enquanto isso, a Europa continua altamente dependente da China, deixando a sua indústria vulnerável a restrições comerciais e instabilidade geopolítica. Se não houver uma mudança rápida na estratégia europeia, o continente poderá mais uma vez ficar para trás na corrida por novas tecnologias e na transição energética.

A Europa Vai Produzir Terras Raras no Futuro?

Sim, a Europa está a reavaliar a sua posição e procura formas de iniciar uma produção local, mas ainda levará anos para se tornar competitiva. A questão ambiental continua a ser um grande desafio, e a estratégia europeia está mais focada em reciclagem e acordos comerciais do que em mineração massiva.

Se a Europa quiser garantir a sua independência tecnológica e energética, precisará acelerar os seus esforços para desenvolver suas próprias fontes de terras raras. Caso contrário, continuará vulnerável às restrições e manipulações do mercado chinês.

Tem gerado polémica na Europa a intenção do Presidente Trump ter um acesso ao território da Gronelândia, ainda sobre administração da Dinamarca, mas fica agora clara que a intenção dos EUA é claramente de proteger e explorar as reservas que se preveem de grandes dimensões de terras raras e minerais críticos.

A evocação de que está em causa a **segurança nacional dos EUA**, pode ter o significado de que os europeus nada irão fazer com os recursos encontrados naquele território ou ainda pior, podem acabar na esfera de influência da China ou da Rússia.

A falta de ação ou mesmo inação por parte dos europeus e da EU no geral sobre estes assuntos estratégicos, leva a que os EUA tenham de avançar de forma decisiva para proteger os interesses que no final também são dos europeus.

A EU sempre agarrada às suas práticas do *"politicamente correto"* sem querer roturas e sem poder de afirmação, deixando-se sistematicamente condicionar por movimentos e narrativas ambientalistas ultrapassadas e que nada resolvem, sujeita-se a que seja ultrapassada por nações que têm visões claras sobre o caminho a seguir e a estratégia para o atingir.

Iremos ver certamente que a Groenlândia se transformará no 51 primeiro Estado dos EUA... se calhar para grande gaudio dos ser 70.000 habitantes.

Tabela 79: Equipamentos do Nosso Dia-a-Dia que Utilizam Terras Raras e Metais Críticos

Equipamento	Terras Raras Utilizadas	Metais Críticos Utilizados
Smartphones	Neodímio, Európio, Térbio, Ítrio	Lítio, Níquel, Cobalto
Veículos Elétricos	Neodímio, Disprósio, Lantânio	Lítio, Níquel, Cobalto, Grafite
Turbinas Eólicas	Neodímio, Disprósio, Praseodímio	Níquel, Cobalto
Computadores e Laptops	Ítrio, Európio, Térbio	Lítio, Cobre
Televisores e Monitores	Ítrio, Európio, Térbio	Cobre, Alumínio
Auscultadores de Ouvido e Alto-falantes	Neodímio, Disprósio	Cobre, Alumínio

Fonte: Produção própria recorrendo aos dados da Tabela no final do presente Capítulo

Esses exemplos mostram que quase tudo o que usamos no dia a dia tem alguma quantidade de Terras Raras, tornando esses elementos indispensáveis para a tecnologia moderna.

A geopolítica dos minerais críticos tornou-se uma peça-chave na disputa pelo domínio tecnológico e energético do século XXI. A transição energética e a revolução digital dependem cada vez mais de cadeias de fornecimento resilientes e diversificadas. Se o Ocidente não reduzir sua dependência da

473

China, poderá enfrentar vulnerabilidades estratégicas significativas nas próximas décadas.

Impactos Ambientais e Sociais da Extração de Minerais

A mineração de terras raras e metais críticos é essencial para a transição energética e para diversas tecnologias modernas. No entanto, o processo de extração e refinação desses minerais traz desafios ambientais e sociais significativos. Nesta secção, exploramos os principais problemas e as alternativas para uma mineração mais sustentável.

Os desafios da mineração de terras raras e metais críticos

A mineração de terras raras é particularmente complexa porque esses elementos não ocorrem em altas concentrações e geralmente estão misturados com outros materiais. Os desafios principais incluem:

- Processo de separação química altamente poluente
    - Os minérios extraídos precisam passar por processos químicos agressivos para separar os metais úteis, gerando grandes volumes de resíduos tóxicos.
- Baixa concentração dos elementos
    - A extração de terras raras exige a remoção de grandes quantidades de rocha e solo para obter pequenas quantidades do material desejado.
- Dependência de poucos países

- o A China domina o setor, enquanto outras regiões enfrentam dificuldades para viabilizar economicamente a mineração.

- Trabalho informal e exploração de mão de obra

  - o Em países como a República Democrática do Congo (RDC), a extração de cobalto ocorre em condições desumanas, muitas vezes utilizando trabalho infantil.

Impactos ambientais: desmatamento, poluição da água e resíduos radioativos

A extração de metais críticos pode gerar uma série de impactos ambientais severos:

1. Desmatamento e degradação do solo

- A mineração em larga escala destrói ecossistemas naturais, especialmente em florestas tropicais.

- A abertura de minas pode levar à erosão do solo, dificultando a recuperação da vegetação.

2. Contaminação da água

- O uso de produtos químicos na separação de minerais pode contaminar rios e aquíferos.

- Elementos como o tório e o urânio, frequentemente presentes em minérios de terras raras, podem tornar a água radioativa.

3. Resíduos tóxicos e radioativos

- A mineração de terras raras na China tem gerado imensas lagoas de rejeitos altamente poluentes.

- A gestão inadequada de resíduos coloca em risco a biodiversidade e as comunidades locais.

4. Impactos na saúde das populações locais

- Pessoas que vivem próximas a minas frequentemente sofrem com doenças respiratórias e cancro devido à exposição a metais pesados.

- Povos indígenas e comunidades tradicionais são frequentemente deslocados das suas terras devido à expansão da mineração.

Alternativas sustentáveis e tecnologias de extração mais limpas

A indústria da mineração está a investir fortemente em tecnologias mais limpas e processos sustentáveis para minimizar os impactos ambientais e sociais. Algumas das principais estratégias incluem:

1. Mineração de impacto reduzido e processos mais eficientes

- Mineração seletiva e de precisão: O uso de tecnologia avançada, como sensores geológicos e inteligência artificial, permite uma extração mais eficiente e direcionada, reduzindo a remoção de solo desnecessário.

- Processamento a seco: Novas técnicas eliminam a necessidade de grandes volumes de água na refinação dos minérios, diminuindo a contaminação e o desperdício hídrico.

- Uso de materiais biodegradáveis: Produtos químicos tóxicos estão a ser substituídos por substâncias menos agressivas e biodegradáveis no processo de separação dos minerais.

2. Reciclagem de minerais críticos

- Reutilização de componentes eletrónicos: Grandes quantidades de terras raras podem ser recuperadas de baterias usadas, motores de veículos elétricos e equipamentos eletrónicos descartados.

- Novas técnicas de recuperação: Empresas estão a desenvolver processos de extração química mais eficientes para recuperar metais valiosos de resíduos industriais e lixo eletrónico.

- Cadeia de fornecimento circular: Incentivar a reciclagem e reuso de metais críticos pode reduzir significativamente a necessidade de novas minas, prolongando a vida útil dos recursos naturais.

3. Mineração em águas profundas *(com regulamentação rigorosa)*

- Exploração controlada de nódulos polimetálicos: Os fundos oceânicos contêm grandes quantidades de metais críticos, como níquel, cobalto e manganês.

Empresas estão a pesquisar formas de exploração que minimizem impactos na biodiversidade marinha.

- Tecnologias robóticas de baixo impacto: Veículos submarinos autônomos e robôs mineradores estão a ser desenvolvidos para reduzir perturbações nos ecossistemas oceânicos.

- Monitorização ambiental rigorosa: Regulações internacionais estão a ser fortalecidas para garantir que a exploração de recursos marinhos ocorra de maneira sustentável e transparente.

4. Extração biológica e nanotecnologia: *(inovação de ponta!)*

- Biorremediação na mineração: Cientistas estão a utilizar bactérias e microrganismos especializados para dissolver minerais sem a necessidade de produtos químicos agressivos.

- Nanotecnologia aplicada à extração mineral: Nano materiais podem ser usados para separar minérios com maior precisão, reduzindo perdas e aumentando a eficiência do processo.

- Mineração biológica: Pesquisas avançam na utilização de plantas Hiper acumuladoras para extrair metais do solo, um processo conhecido como fito extração, que pode ser uma alternativa sustentável à mineração tradicional.

5. Transição para energia renovável na mineração

- Centrais solares e eólicas para alimentar operações mineradoras: Empresas estão a investir em fontes de energia renováveis para reduzir a pegada de carbono da mineração.

- Baterias de armazenamento para operações remotas: Tecnologias de armazenamento de energia permitem que minas operem com eletricidade limpa, mesmo em locais distantes da rede elétrica.

- Redução das emissões de CO_2: O uso de veículos elétricos e equipamentos movidos a hidrogénio está a reduzir drasticamente as emissões de gases de efeito estufa na indústria mineira.

Gráfico 76: Comparação dos Impactos Ambientais: Mineração Tradicional vs Mineração Sustentável

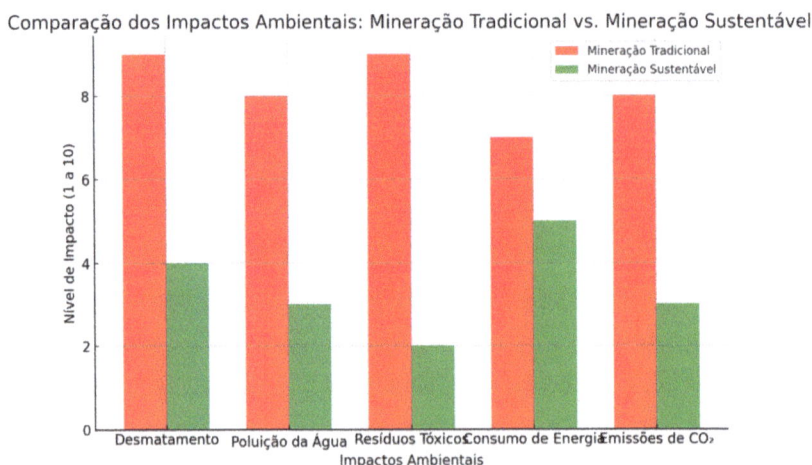

Comparação dos Impactos Ambientais: Mineração Tradicional vs. Mineração Sustentável

Gráfico comparativo mostrando os impactos ambientais da mineração tradicional versus mineração sustentável. Ele ilustra claramente como

novas tecnologias podem reduzir significativamente os impactos ambientais.

Fonte: Produção própria recorrendo aos dados da Tabela no final do presente Capítulo

Tabela 80: Tabela de Soluções Sustentáveis na Mineração

Problema Ambiental	Solução Sustentável
Desmatamento	Mineração seletiva e reflorestamento das áreas afetadas
Poluição da Água	Uso de filtros e biorremediação para purificação da água
Resíduos Tóxicos	Gestão avançada de resíduos e reciclagem de minerais críticos
Consumo de Energia	Uso de fontes renováveis na operação das minas
Emissões de CO_2	Redução do transporte de minério e eficiência energética no processamento

Fonte: Produção própria recorrendo aos dados da Tabela no final do presente Capítulo

Diferença entre Terras Raras e Metais Críticos

Embora os termos "terras raras" e "metais críticos" sejam frequentemente usados como sinônimos, eles possuem definições distintas:

Terras Raras: Grupo de 17 elementos químicos da Tabela Periódica, incluindo lantânio, neodímio, térbio e disprósio. São amplamente utilizados em equipamentos eletrónicos, veículos elétricos e turbinas eólicas devido às suas propriedades magnéticas e óticas únicas.

Metais Críticos: Termo mais amplo que inclui terras raras, lítio, cobalto, níquel, grafite e outros elementos essenciais para a tecnologia moderna. Esses metais são considerados críticos devido à sua alta importância industrial e risco de escassez ou dependência geopolítica.

Os metais críticos são fundamentais para a transição energética e a inovação tecnológica, exigindo soluções sustentáveis para sua extração e refinação.

A mineração de terras raras está a passar por uma transformação sustentável, impulsionada por inovações tecnológicas e maior responsabilidade ambiental. Novas práticas e regulamentações garantem que a extração desses minerais essenciais ocorra de forma cada vez mais limpa e eficiente. Com isso, a indústria pode continuar fornecendo materiais cruciais para a transição energética e a inovação tecnológica sem comprometer o meio ambiente e as comunidades locais.

O Futuro da Transição Energética

A transição energética está em constante evolução, impulsionada por inovações tecnológicas e a procura por soluções sustentáveis. O futuro desse setor dependerá de avanços científicos, novos materiais e do papel estratégico da energia nuclear.

Avanços tecnológicos e a busca por soluções sustentáveis

A inovação tecnológica tem sido um dos pilares fundamentais para acelerar a transição energética. Os principais avanços incluem:

- **Novos processos de extração e refinação ambientalmente responsáveis:** Tecnologias avançadas estão a ser desenvolvidas para reduzir a pegada de carbono na mineração e refinação de minerais críticos.

- **Melhoria na reciclagem de materiais estratégicos:** Novas técnicas permitem reaproveitar metais essenciais a partir de dispositivos eletrónicos e baterias usadas, reduzindo a necessidade de extração mineral.

- **Avanços nas baterias e armazenamento de energia:** O desenvolvimento de baterias de estado sólido e novas químicas, como as baterias de sódio-íon, podem reduzir a dependência de minerais críticos como lítio e cobalto.

- **Uso crescente de hidrogénio verde:** O hidrogénio produzido a partir de fontes renováveis pode substituir combustíveis fósseis em setores industriais e no armazenamento de energia.

- **Inteligência Artificial e Big Data na otimização energética:** A digitalização dos sistemas energéticos melhora a eficiência no consumo e distribuição de energia, reduzindo desperdícios.

Tabela 81: Aplicações das Terras Raras na Transição Energética

Elemento	Utilização Tecnológica	Setor

Neodímio	Ímanes permanentes de alta potência	Turbinas eólicas, veículos elétricos
Disprósio	Estabilidade térmica dos ímanes	Veículos elétricos
Ítrio	Fosforescentes e supercondutores	Painéis solares, sensores
Térbio	Fosforescentes e dispositivos magnéticos	Iluminação LED, tecnologia militar

Fonte: Produção própria recorrendo aos dados da Tabela no final do presente Capítulo

O Papel do Hidrogénio na Transição Energética

O hidrogénio tem emergido como um componente essencial na busca por soluções energéticas sustentáveis, oferecendo alternativas para descarbonizar diversos setores da economia. A sua versatilidade permite aplicações que vão desde a geração de eletricidade até o uso como combustível em processos industriais e meios de transporte.

A produção de hidrogénio é classificada com base nas fontes de energia utilizadas e nas emissões associadas:

- **Hidrogénio Verde**: Produzido por meio da eletrólise da água, utilizando eletricidade proveniente de fontes renováveis, como solar e eólica. Este método não gera emissões de carbono, tornando-o uma opção limpa e sustentável.

- **Hidrogénio Azul**: Obtido a partir de combustíveis fósseis, como o gás natural, com a aplicação de tecnologias de captura e armazenamento de carbono (CAC) para reduzir as emissões de CO_2 resultantes do processo.

- **Hidrogénio Cinza**: Também derivado de combustíveis fósseis, porém sem a implementação de CAC, resultando em emissões significativas de gases de efeito estufa.

Aplicações do Hidrogénio na Transição Energética

O hidrogénio apresenta potencial para transformar diversos segmentos, contribuindo para a redução das emissões de carbono:

- **Indústria Pesada:** Setores como siderurgia, cimento e química podem utilizar o hidrogénio como fonte de calor de alta temperatura e como matéria-prima, substituindo combustíveis fósseis e diminuindo a pegada de carbono.

- **Transporte:** O hidrogénio é promissor para veículos pesados, como camiões, autocarros, comboios e navios, onde a eletrificação direta é desafiadora. Veículos movidos a células de combustível de hidrogénio oferecem longas autonomias e tempos de reabastecimento rápidos.

- **Armazenamento de Energia:** O hidrogénio pode atuar como vetor de armazenamento de energia, convertendo excedentes de eletricidade gerados por fontes renováveis em períodos de baixa procura em combustível armazenável, que pode ser utilizado posteriormente para gerar eletricidade ou calor.

Desafios e Perspetivas

Apesar do potencial significativo, a ampla adoção do hidrogénio enfrenta desafios:

- **Custos de Produção**: A produção de hidrogénio verde ainda é mais cara comparada a métodos tradicionais. Investimentos em pesquisa e desenvolvimento são essenciais para reduzir esses custos e tornar o hidrogénio competitivo.

- **Infraestrutura**: A criação de uma infraestrutura robusta para produção, armazenamento, transporte e distribuição de hidrogénio é necessária para a sua integração eficaz no sistema energético.

- **Eficiência Energética**: Os processos de conversão de energia envolvendo hidrogénio apresentam perdas, sendo crucial aprimorar a eficiência desses processos para maximizar os benefícios.

No entanto, com o avanço das tecnologias e políticas de incentivo, espera-se que o hidrogénio desempenhe um papel central na transição para uma matriz energética mais limpa e sustentável, alinhando-se aos objetivos globais de redução de emissões de carbono e combate às mudanças climáticas.

O hidrogénio tem-se destacado como uma alternativa promissora para descarbonizar o setor de transportes, oferecendo eficiência energética e redução significativa de emissões de gases de efeito estufa

Por exemplo, veículos abastecidos com hidrogénio verde apresentaram reduções de emissões de gases de efeito estufa

(GEE) de 87%, 85% e 89% em comparação com os mesmos veículos abastecidos com diesel contendo 7% de biodiesel.

Além disso, estudos indicam que a eficiência das células de combustível operadas diretamente por hidrogénio puro é superior àquelas que utilizam hidrogénio produzido a partir da reforma de hidrocarbonetos.

Esses dados evidenciam o potencial do hidrogénio em aumentar a eficiência energética e reduzir as emissões no setor de transportes.

Motores de Combustão Interna (MCI):

Emissões de CO_2: Os veículos equipados com MCI que utilizam combustíveis fósseis, como gasolina ou diesel, são responsáveis por emissões significativas de dióxido de carbono (CO_2), contribuindo para o aumento dos GEE na atmosfera.

Veículos a Célula de Combustível de Hidrogénio (FCEV):

Emissões de CO_2: Quando operados com hidrogénio verde (produzido a partir de fontes renováveis), os FCEVs podem reduzir as emissões de GEE em até 87% em comparação com veículos a diesel contendo 7% de biodiesel.

Gráfico 77: Comparação de Emissões de GEE entre Diferentes Tipos de Motores

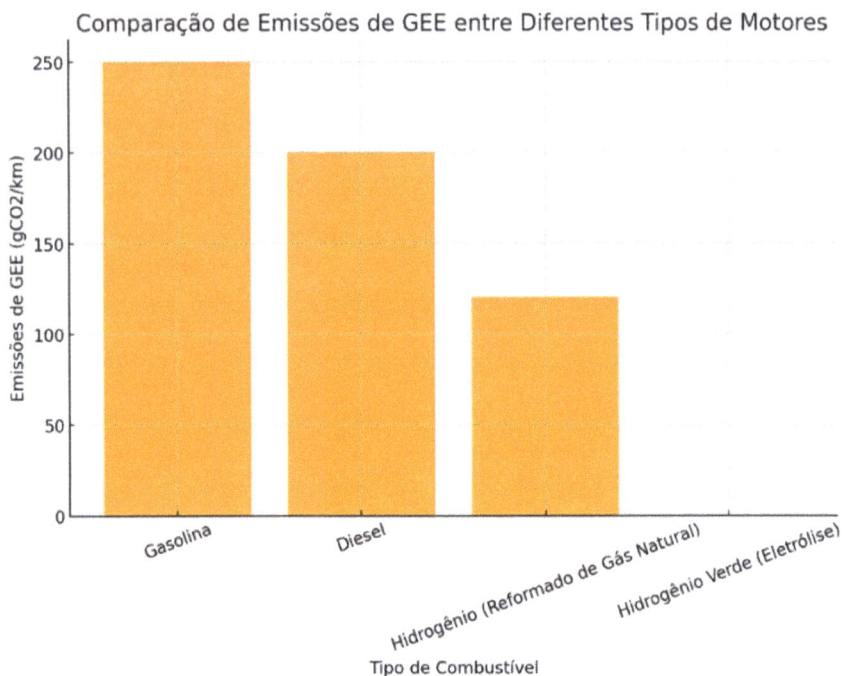

Comparação de Emissões de GEE entre Diferentes Tipos de Motores

Gráfico que compara as emissões de gases de efeito estufa (GEE) entre motores a combustão (gasolina e diesel) e motores movidos a hidrogénio (reformado de gás natural e hidrogénio verde via eletrólise).

Fonte: Produção própria recorrendo aos dados da Tabela no final do presente Capítulo

O Custo Elevado do Hidrogénio Verde e o Desafio da Intermitência das Renováveis

O hidrogénio verde, produzido a partir da eletrólise da água utilizando eletricidade proveniente de fontes renováveis, é frequentemente considerado a alternativa mais sustentável entre os diferentes tipos de hidrogénio. No entanto, o gráfico evidencia que o seu custo de produção é significativamente mais alto em comparação com o hidrogénio cinza e o azul. Esse elevado custo decorre, em grande parte, da dependência de fontes de energia renovável, que, embora limpas, apresentam desafios técnicos e econômicos específicos.

Gráfico 78: Comparação dos Custos de Produção dos Tipos de Hidrogénio

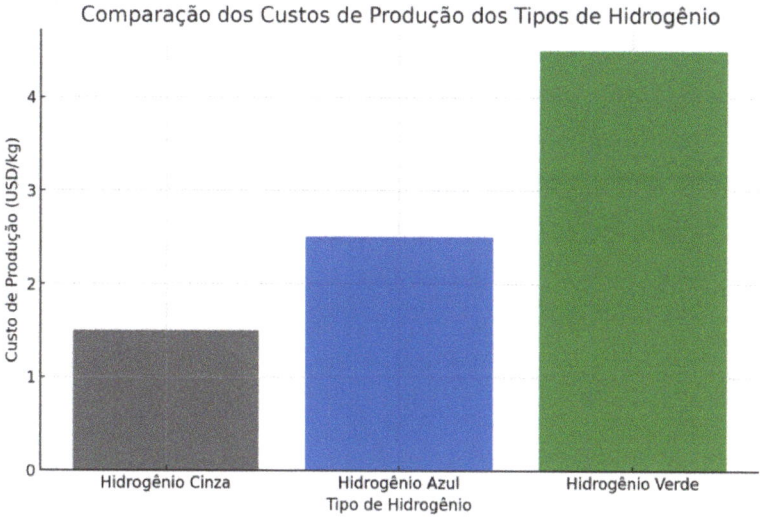

Gráfico que compara os custos de produção dos diferentes tipos de hidrogénio (cinza, azul e verde) em dólares por kg.

Fonte: Produção própria recorrendo aos dados da Tabela no final do presente Capítulo

Desafios do Hidrogénio Verde: Intermitência e Eficiência Energética

Uma das principais razões para o custo elevado do hidrogénio verde é a **intermitência das fontes renováveis**. Fontes como solar e eólica não produzem energia de forma contínua, uma vez que dependem de condições climáticas variáveis. Isso

488

significa que a eletrólise pode não funcionar com carga total durante todo o tempo, o que reduz a eficiência operacional e encarece o processo. Para contornar essa limitação, são necessárias soluções como armazenamento de energia em baterias ou integração com redes elétricas que possam compensar períodos de baixa produção – alternativas que aumentam os custos.

Além disso, a infraestrutura para a produção, armazenamento e transporte do hidrogénio verde ainda está em desenvolvimento e carece de escala, o que mantém os preços elevados. Em contrapartida, o hidrogénio cinza, produzido a partir de gás natural sem captura de carbono, continua a ser a opção mais barata, pois utiliza tecnologias já consolidadas e aproveita uma cadeia de fornecimento bem estabelecida. O hidrogénio azul, uma alternativa intermediária, tem um custo maior que o cinza devido ao processo de captura e armazenamento de carbono, mas ainda é mais competitivo que o verde.

À medida que a tecnologia avança e os custos das energias renováveis diminuem, espera-se que o hidrogénio verde se torne mais acessível. Contudo, para que essa transição ocorra, será necessário investir em infraestrutura, pesquisa e inovação para lidar com o desafio da intermitência e tornar o hidrogénio verde economicamente viável em larga escala.

Eficiência Energética na Produção de Hidrogénio: Quantidade de Energia Consumida para Gerar Hidrogénio

Um dos principais desafios da produção de hidrogénio, especialmente o hidrogénio verde, é a quantidade de energia elétrica necessária para produzi-lo. Esse fator tem impacto direto na viabilidade econômica e na eficiência energética do processo.

A eletrólise da água, o método usado para produzir hidrogénio verde, tem uma eficiência energética que varia entre 60% e 80% nas tecnologias mais avançadas. Isso significa que para cada 100 unidades de eletricidade consumidas, apenas 60 a 80 são efetivamente convertidas em hidrogénio – o restante é perdido como calor e outros fatores do processo.

Na prática, a produção de 1 kg de hidrogénio requer entre 50 e 55 kWh de eletricidade. Esse 1 kg de hidrogénio contém cerca de 33,6 kWh de energia química, o que reflete uma perda considerável no processo. Essa relação pode ser comparada com outras formas de armazenamento de energia, como baterias, que possuem eficiências superiores a 90%.

Como isso impacta a viabilidade do hidrogénio verde?

Custo da eletricidade: Como a eletricidade representa o maior custo na produção do hidrogénio verde, a viabilidade econômica do processo depende do preço da energia renovável disponível. Se a eletricidade for cara, a produção de hidrogénio torna-se economicamente inviável.

Armazenamento e conversão: Após a produção, o hidrogénio precisa ser armazenado e transportado, processos que também consomem energia e reduzem ainda mais a eficiência global. Além disso, ao ser usado novamente para gerar eletricidade (como em células de combustível), há outra perda energética, resultando em uma eficiência global inferior a 40% quando comparado a sistemas de baterias.

Uso direto da eletricidade: Em muitas aplicações, como transportes, pode ser mais eficiente usar diretamente a eletricidade (via baterias) do que convertê-la em hidrogénio, principalmente se a infraestrutura permitir.

Gráfico 79: Eficiência na Produção do Hidrogénio Verde

Perdas Energéticas na Produção e Utilização do Hidrogênio Verde

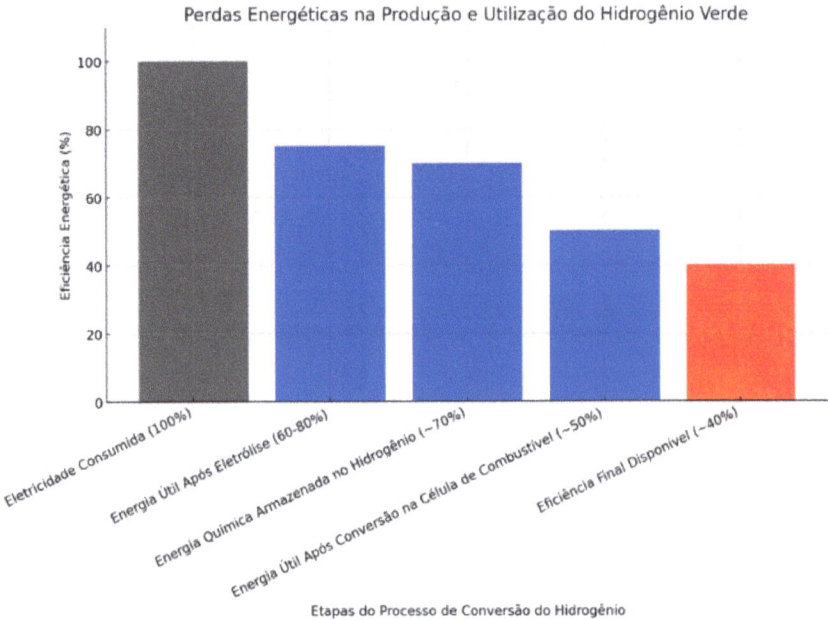

Gráfico que mostra as perdas energéticas ao longo do processo de produção e utilização do hidrogénio verde. Ele destaca como a eficiência cai em cada etapa, desde a eletrólise até a conversão final da energia química em eletricidade.

Fonte: Produção própria recorrendo aos dados da Tabela no final do presente Capítulo

Existe uma solução para melhorar essa eficiência?

O avanço em eletrólises de alta temperatura e o uso de eletricidade excedente de renováveis (quando há excesso de produção eólica ou solar) pode reduzir significativamente o custo e tornar o processo mais eficiente. Além disso, a pesquisa em novos catalisadores e tecnologias de conversão pode melhorar a taxa de eficiência energética no futuro.

A produção de hidrogénio verde requer uma quantidade considerável de eletricidade, com perdas inevitáveis ao longo do processo. Isso levanta a questão de quando e onde o hidrogénio é realmente a melhor opção em comparação com outras soluções energéticas, como o armazenamento em baterias. No entanto, à medida que os custos da eletricidade renovável caem e as tecnologias de eletrólise avançam, a viabilidade do hidrogénio como vetor energético sustentável pode aumentar significativamente.

A Possibilidade de Novos Materiais Substituírem Terras Raras no Futuro

Pesquisas sobre Substitutos Sintéticos para Terras Raras em Motores e Ímanes

As terras raras são amplamente utilizadas na fabricação de motores elétricos e ímanes permanentes de alta performance, essenciais para turbinas eólicas, veículos elétricos e outros dispositivos de alta tecnologia. No entanto, a dependência desses elementos tem impulsionado pesquisas sobre materiais alternativos que possam oferecer propriedades magnéticas e elétricas semelhantes sem os desafios da extração e do abastecimento global.

- Ímanes de ferrite e compósitos avançados: Algumas pesquisas procuram desenvolver ímanes de ferrite dopados com elementos alternativos, reduzindo a necessidade de neodímio e disprósio.

- Nano materiais e ligas sintéticas: Cientistas estão a investigar compostos híbridos que imitam o comportamento dos ímanes de terras raras sem depender dos materiais críticos.

Materiais Alternativos que Reduzem a Dependência de Minérios Críticos

Além dos ímanes, outras aplicações que utilizam terras raras estão a ser reformuladas para depender menos desses elementos.

- Ligas metálicas avançadas: Algumas pesquisas exploram ligas baseadas em ferro-cobalto que apresentam alta coercitividade e podem substituir ímanes de neodímio-ferro-boro (NdFeB).

- Elementos de transição como alternativa: Metais como manganês e cobalto estão a ser estudados como potenciais substitutos em diversas aplicações industriais.

- Óxidos e cerâmicas avançadas: Alguns setores estão a investir no desenvolvimento de materiais cerâmicos que podem desempenhar funções semelhantes às terras raras, principalmente em catalisadores e sistemas eletrónicos.

Uso de Supercondutores para Eliminar a Necessidade de Metais Raros em Algumas Aplicações

Uma abordagem revolucionária para reduzir a dependência de terras raras é o avanço no uso de materiais supercondutores.

- Motores supercondutores: A investigação sobre motores elétricos supercondutores está a ganhar força, pois estes motores podem operar com altíssima eficiência e sem necessidade de ímanes permanentes.

- Supercondutividade à temperatura ambiente: Se a tecnologia de supercondutores à temperatura ambiente se tornar viável, poderá eliminar a necessidade de vários metais raros em componentes eletrónicos e sistemas energéticos.

- Aplicações na geração e transmissão de energia: Cabos e sistemas de transmissão supercondutores poderiam reduzir drasticamente o uso de terras raras em transformadores e equipamentos elétricos.

Gráfico 80: Comparação de Materiais Alternativos aos Imãs de Terras Raras

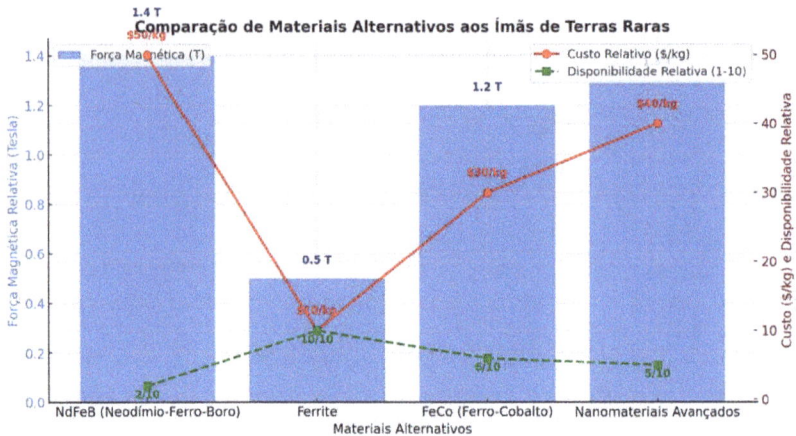

Gráfico 80: Comparação de Materiais Alternativos aos Imãs de Terras Raras

Gráfico que compara materiais alternativos aos ímanes de terras raras, analisando força magnética, custo e disponibilidade. O neodímio-ferroboro (NdFeB) ainda é o mais forte, mas materiais como ferro-cobalto e nano materiais avançados mostram potencial como substitutos.
Fonte: Produção própria recorrendo aos dados da Tabela no final do presente Capítulo

Tabela 82: Pesquisas Promissoras e Projetos em Desenvolvimento

Instituição/Empresa	Pesquisa/Projeto	Material Alternativo	Fase de Desenvolvimento
MIT & Toyota	Ímanes Sem Terras Raras	Ferro-Níquel	Pesquisa Avançada
Hitachi	Motores Elétricos Sem Neodímio	Ligas de Ferrite	Testes Industriais

Lawrence Berkeley Lab	Nanomateriais Magnéticos	Materiais Compósitos	Estudos de Viabilidade
Universidade de Cambridge	Supercondutor es em Motores	Fios Supercondutor es	Desenvolvimen to Experimental
GE Renewable Energy	Turbinas Eólicas Sem Ímãs de Terras Raras	Eletroímanes Avançados	Testes de Campo

Fonte: Produção própria recorrendo aos dados da Tabela no final do presente Capítulo

O Papel do Urânio e do Tório na Geração de Energia de Baixo Carbono

A energia nuclear desempenha um papel fundamental na transição energética por ser uma das poucas fontes de eletricidade de base com baixas emissões de carbono. Os principais combustíveis utilizados na fissão nuclear são o urânio-235 e, em menor escala, o tório-232, ambos classificados como materiais estratégicos para a segurança energética global.

- **Urânio (U-235):**
  - Principal combustível nuclear utilizado em reatores comerciais.
  - Requer enriquecimento para se tornar utilizável em centrais nucleares.
  - Encontrado em países como Cazaquistão, Canadá e Austrália.

- **Tório (Th-232):**

    o Um combustível alternativo promissor, especialmente para reatores de sal fundido.

    o Maior abundância na crosta terrestre do que o urânio.

    o Países como Índia, Brasil e Noruega possuem grandes reservas.

A vantagem de ambos os materiais é sua capacidade de fornecer energia confiável 24/7, sem depender das variações meteorológicas que impactam as renováveis, tornando-os essenciais para a estabilidade do sistema elétrico global.

A Importância de Cadeias de Fornecimentos Seguras para a Estabilidade Energética

A segurança energética não depende apenas da tecnologia nuclear, mas também da segurança das cadeias de fornecimento de urânio e materiais estratégicos. O fornecimento de urânio é concentrado em poucos países, tornando essencial um planeamento cuidadoso para evitar crises de abastecimento.

Principais produtores de urânio:

- **Cazaquistão** – maior produtor mundial (cerca de 40% da produção global).

- **Canadá e Austrália** – Importantes fornecedores para o Ocidente.

- **Níger e Namíbia** – Fontes críticas para a Europa.

Riscos para a cadeia de fornecimento:

- Dependência excessiva de poucos países pode criar vulnerabilidades.

- Geopolítica instável pode afetar exportações (exemplo: sanções contra a Rússia, que é um grande processador de urânio).

- Novos projetos de mineração e reprocessamento podem reduzir a dependência de poucos fornecedores.

Além do urânio e do tório, a segurança energética nuclear também depende de tecnologias críticas, como os elementos usados em combustíveis avançados, refrigeração e materiais estruturais dos reatores.

Gráfico 81: Maiores Produtores de Urânio do Mundo

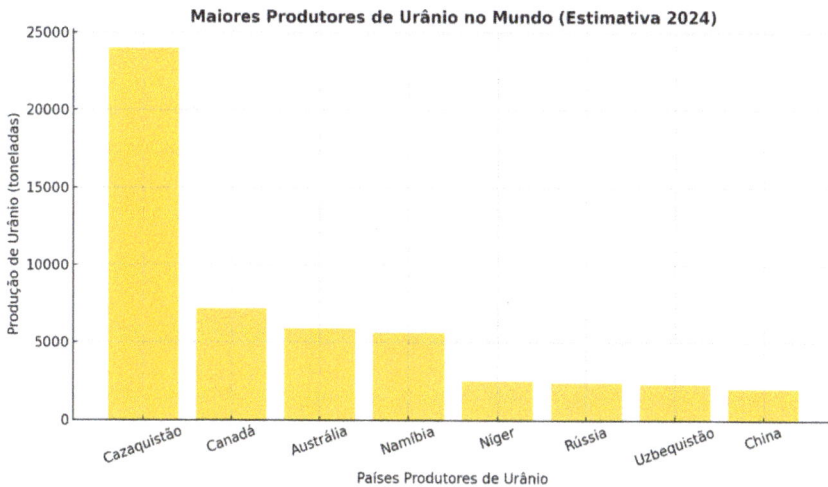

Maiores Produtores de Urânio no Mundo (Estimativa 2024)

Como a Geopolítica dos Minerais Críticos Impacta a Segurança Energética Global

A relação entre energia nuclear e segurança energética não pode ser dissociada da geopolítica dos minerais críticos. Muitos dos materiais necessários para a operação segura dos reatores nucleares também são estrategicamente disputados no mercado global.

Principais minerais críticos na indústria nuclear:

- **Zircônio** – Utilizado no revestimento das varetas de combustível.

- **Berílio** – Usado como moderador de neutrões em alguns reatores.

- **Lítio-6** – Essencial para reatores de fusão e aplicações futuras.

A competição por esses materiais envolve as grandes potências globais e pode afetar a estabilidade do mercado energético. A dependência de cadeias de fornecimento dominadas por poucos países, como a China na mineração e refinação de materiais estratégicos, pode criar novos desafios para o setor nuclear e a segurança energética global.

Tabela 83: Materiais Críticos para o Sector Nuclear

Material Crítico	Uso na Indústria Nuclear	Principais Fornecedores	Riscos de Suprimento
Urânio	Combustível para reatores nucleares	Cazaquistão, Canadá, Austrália	Dependência de poucos países
Tório	Combustível alternativo para reatores	Índia, Brasil, Noruega	Falta de infraestrutura para uso comercial
Zircônio	Revestimento de varetas de combustível	Austrália, África do Sul	Necessário em grande pureza nuclear
Berílio	Moderador de neutrões	EUA, China, Cazaquistão	Produção limitada e cara
Lítio-6	Reatores de fusão e tecnologia militar	China, EUA, Rússia	Regulamentação restrita e oferta limitada
Gálio	Sistemas de refrigeração avançados	China, Alemanha, Rússia	Concentração da produção na China

Fonte: Produção própria recorrendo aos dados da Tabela no final do presente Capítulo

Conclusão do Presente Capítulo - Transição Energética e o Papel das Terras Raras

A transição energética rumo a um futuro mais sustentável e de baixo carbono está intimamente ligada à disponibilidade de materiais estratégicos, especialmente as terras raras e outros minerais críticos. O avanço de tecnologias renováveis, baterias, veículos elétricos e mesmo da energia nuclear depende da extração, refinação e fornecimento seguro desses recursos. No entanto, essa dependência traz consigo desafios económicos, geopolíticos e ambientais que não podem ser ignorados.

A Centralidade dos Minerais Críticos na Transição Energética

A revolução energética moderna está diretamente vinculada a elementos como neodímio, disprósio, cobalto e lítio, essenciais para a fabricação de ímanes de alto desempenho, baterias de longa duração e turbinas eólicas. A procura por esses materiais cresce exponencialmente, impulsionada por metas globais de descarbonização e eletrificação de setores-chave da economia. No entanto, a concentração geográfica das reservas e da refinação desses materiais em poucos países, como a China, cria um cenário de vulnerabilidade para o Ocidente e outras economias dependentes.

Em busca de Alternativas: Novos Materiais e Tecnologias Emergentes

Diante dos riscos de fornecimento e das tensões geopolíticas que envolvem os minerais estratégicos, cresce o investimento em materiais alternativos. Pesquisas avançadas já demonstram o potencial de novos compostos magnéticos e nano materiais para reduzir a dependência de terras raras. Além disso, a supercondutividade e novos processos industriais oferecem oportunidades para mitigar a necessidade dessas matérias-primas em setores como mobilidade elétrica e geração de energia.

Paralelamente, soluções como reciclagem de metais estratégicos e mineração responsável podem aliviar pressões ambientais e geopolíticas, garantindo um fornecimento mais estável e sustentável desses recursos.

A Energia Nuclear e os Minerais Estratégicos: Um Pilar para a Segurança Energética Global

A relação entre a transição energética e a segurança energética global não pode ser dissociada do papel do urânio e do tório na produção de eletricidade. A energia nuclear continua a ser uma fonte de energia estável, com baixas emissões de carbono e independência das variações climáticas, características fundamentais para garantir um sistema energético resiliente. No entanto, assim como acontece com as terras raras, a cadeia de fornecimentos do setor nuclear também é sensível a fatores geopolíticos, sendo crucial a diversificação dos fornecedores de urânio e o desenvolvimento de novas tecnologias, como os reatores de tório e a fusão nuclear.

Geopolítica, Segurança Energética e o Futuro da Transição Energética

O domínio sobre minerais críticos e combustíveis estratégicos tornou-se um elemento central da geopolítica moderna, influenciando disputas comerciais, políticas de segurança nacional e acordos internacionais. O equilíbrio entre inovação tecnológica, exploração sustentável de recursos e parcerias estratégicas será determinante para definir quais as nações que liderarão a transição energética no século XXI.

A busca por novos modelos de mineração, cadeias de fornecimento resilientes e diversificação energética não é apenas uma questão ambiental, mas uma necessidade geopolítica para garantir um futuro energético estável e acessível para todas as nações.

A transição energética não se resume à substituição de combustíveis fósseis por renováveis, mas envolve um novo paradigma de exploração, dependência e inovação tecnológica. O futuro da energia está intrinsecamente ligado à capacidade de superar desafios materiais, estratégicos e geopolíticos que moldarão a próxima era da civilização humana.

Tabela 84: Fontes Consultadas no Capítulo 9

Tema	Título	Autor / Organização	Ano	Link
Critical Minerals and Rare Earths	The Role of Critical Minerals in Clean Energy Transitions	IEA	2021	https://www.iea.org/reports/the-role-of-critical-minerals-in-clean-energy-transitions

Critical Minerals and Rare Earths	Critical Minerals Market Review 2023	IEA	2023	https://www.iea.org/reports/critical-minerals-market-review-2023
Critical Minerals and Rare Earths	Minerals for Climate Action	World Bank	2020	https://pubdocs.worldbank.org/en/961711588875536384/Minerals-for-Climate-Action-The-Mineral-Intensity-of-the-Clean-Energy-Transition.pdf
Critical Minerals and Rare Earths	Mineral Commodity Summaries 2023: Rare Earths	USGS	2023	https://pubs.usgs.gov/periodicals/mcs2023/mcs2023-rare-earths.pdf
Critical Minerals and Rare Earths	Study on the Critical Raw Materials for	European Commission	2023	https://data.europa.eu/doi/10.2873/725585

	the EU 2023			
Critic al Miner als and Rare Earths	2023 Critic al Materi als Asses sment	U.S. DOE	2 0 2 3	https://www.energy.gov/sites/default/fil es/2023-07/doe-critical-material-assessment_07312023.pdf
Nucle ar Energ y and Strate gic Miner als	Urani um 2022: Resou rces, Produ ction and Dema nd	OEC D NEA / IAEA	2 0 2 3	https://www.oecd-nea.org/jcms/pl_79960/uranium-2022-resources-production-and-demand
Nucle ar Energ y and Strate gic Miner als	Thoriu m-Based Nucle ar Energ y: Optio ns	IAEA	2 0 2 3	https://www.iaea.org/publications/1521 5/near-term-and-promising-long-term-options-for-the-deployment-of-thorium-based-nuclear-energy
Nucle ar Energ y and Strate	Thoriu m	Worl d Nucl ear Asso	2 0 2 4	https://world-nuclear.org/information-library/current-and-future-generation/thorium

gic Miner als		ciatio n		
Hydro gen	Globa l Hydro gen Revie w 2023	IEA	2 0 2 3	https://www.iea.org/reports/global-hydrogen-review-2023
Hydro gen	Green Hydro gen Cost Reduc tion	IREN A	2 0 2 0	https://www.irena.org/-/media/Files/IRENA/Agency/Publication/2020/Dec/IRENA_Green_hydrogen_cost_2020.pdf
Hydro gen	The Future of Hydro gen	IEA	2 0 1 9	https://www.iea.org/reports/the-future-of-hydrogen
Emerg ing Techn ologie s	Substi tution of critica l raw materi als in low-carbo n techn	Euro pean Com missi on JRC	2 0 1 6	https://publications.jrc.ec.europa.eu/repository/handle/JRC103284

	ologie s			
Emerg ing Techn ologie s	Substi tution strate gies for rare earths in wind turbin es	Pavel et al.	2 0 1 7	https://doi.org/10.1016/j.resourpol.2017 .04.010
Emerg ing Techn ologie s	Power ing the green econo my: magn ets witho ut rare earths	Jame s McKe nzie / Physi cs Worl d	2 0 2 3	https://physicsworld.com/a/powering-the-green-economy-the-quest-for-magnets-without-rare-earths/
Enviro nment al & Social Mining Impac ts	Asses sing social and enviro nment al impac ts of critica l	Berth et et al.	2 0 2 4	https://doi.org/10.1016/j.gloenvcha.202 4.102841

	miner als in Europe			
Enviro nment al & Social Mining Impac ts	Miner al Resou rce Gover nance in the 21st Centu ry	UNE P IRP	2 0 2 0	https://www.resourcepanel.org/reports/ mineral-resource-governance-21st-century
Enviro nment al & Social Mining Impac ts	Myan mar's rare earth boom	Glob al Witn ess	2 0 2 4	https://globalwitness.org/en/campaigns/ transition-minerals/fuelling-the-future-poisoning-the-present-myanmars-rare-earth-boom/
Recyc ling and Sustai nabilit y	Recyc ling of Critic al Miner als	IEA	2 0 2 3	https://www.iea.org/reports/recycling-of-critical-minerals
Recyc ling and Sustai	Barrie rs to recycl ing rare earths	Rizos et al. / CEPS	2 0 2 4	https://www.ceps.eu/ceps-publications/understanding-the-barriers-to-recycling-critical-raw-materials-for-the-energy-transition/

nabilit y	in energ y transit ion			
Geop olitics and Energ y Securi ty	Geop olitics of the Energ y Transi tion: Critic al Materi als	IREN A	2 0 2 3	https://www.irena.org/Publications/2023 /Jul/Geopolitics-of-the-Energy- Transition-Critical-Materials
Geop olitics and Energ y Securi ty	Energ y Transi tion and Geop olitics : Critic al Miner als	Worl d Econ omic Foru m	2 0 2 4	https://www.weforum.org/publications/e nergy-transition-and-geopolitics-are- critical-minerals-the-new-oil/

Apresentação do Capítulo Final: O Papel da Energia Nuclear no Futuro da Humanidade

A energia nuclear sempre esteve no centro dos debates sobre o futuro energético da humanidade. Ao longo deste livro, exploramos a sua evolução, os seus desafios e as suas promessas para um mundo mais sustentável. Agora, ao nos aproximarmos do encerramento, é essencial olhar para frente: qual será o papel do nuclear nas próximas décadas? Como as novas tecnologias e avanços científicos moldarão essa trajetória?

Este capítulo final une duas frentes essenciais: o potencial tecnológico da energia nuclear para o futuro e sua relevância para a sustentabilidade energética global. Aqui, abordaremos os seguintes temas cruciais:

- As novas fronteiras da tecnologia nuclear, incluindo Pequenos Reatores Modulares (SMRs), fusão nuclear e inteligência artificial no setor energético.

- A energia nuclear como solução para a estabilidade da matriz energética global, garantindo segurança energética, baixa emissão de carbono e independência geopolítica.

- O equilíbrio entre inovação, aceitação pública e políticas governamentais, determinante para se saber se o mundo caminhará para uma expansão do nuclear ou para uma estagnação regulatória.

- O legado da energia nuclear e sua importância para o século XXI, mostrando como essa fonte de energia pode ser a chave para uma civilização mais sustentável, próspera e resiliente.

Chegou o momento de refletirmos sobre a grande questão que permeia este livro: **o mundo pode realmente garantir um futuro energético confiável sem a energia nuclear?**

Capítulo 10: Conclusão: O Papel da Energia Nuclear no Futuro da Humanidade

O Que Aprendemos: A Evolução da Energia Nuclear

Ao longo deste livro, percorremos uma jornada que espelha o próprio percurso da humanidade diante do poder do átomo — um caminho feito de descobertas científicas, ambições políticas, avanços tecnológicos e dilemas éticos profundos.

Desde as primeiras experiências de laboratório no início do século XX até os modernos reatores de última geração, a energia nuclear passou de uma curiosidade científica a uma força transformadora, capaz tanto de devastar quanto de iluminar. Aprendemos como a fissão do núcleo atômico — descoberta por Hahn, Strassmann, Meitner e Frisch — desencadeou não apenas a era das armas nucleares, mas também o início de uma nova forma de gerar eletricidade em larga escala.

Testemunhámos o nascimento da era nuclear sob a sombra da Segunda Guerra Mundial e do Projeto Manhattan, mas também vimos como, nas décadas seguintes, o mundo procurou reverter esse legado bélico para fins pacíficos — com iniciativas como o programa "Átomos para a Paz", o surgimento das primeiras centrais nucleares e a criação da AIEA.

Observámos ainda os altos e baixos do setor nuclear: da sua expansão global nos anos 60 e 70 do século passado, passando pelos impactos dos acidentes em Three Mile Island e

Chernobyl, até à recuperação de confiança após Fukushima e ao novo interesse despertado pela urgência climática.

Hoje, diante dos desafios da transição energética, da instabilidade geopolítica e da necessidade de descarbonizar profundamente a economia, a energia nuclear ressurge não como substituta, mas como complemento essencial às fontes renováveis. Não é uma escolha entre o sol, o vento ou o átomo — é uma integração inteligente de todas as opções disponíveis, com base na ciência e no bom senso.

Mas o mais importante que aprendemos é que a energia nuclear evolui — e continuará a evoluir. A história da fissão já é longa, mas o futuro poderá estar na fusão. O que antes era sinónimo de centralização e grandes estruturas, agora aponta para modularidade, segurança intrínseca e flexibilidade.

A energia nuclear não é uma relíquia do passado — é uma tecnologia em constante reinvenção, que desafia mitos e transcende ideologias. Ao compreender a sua trajetória, compreendemos também o potencial que ela encerra para ajudar a construir um futuro energético mais seguro, estável e sustentável para toda a humanidade.

Novas Tecnologias e o Futuro do Setor Nuclear

A energia nuclear está a passar por uma revolução silenciosa, mas altamente promissora. Longe da imagem tradicional dos grandes reatores construídos no século XX, novas tecnologias estão a redesenhar o setor, com foco na segurança, eficiência, flexibilidade e sustentabilidade ambiental. Esta nova era é marcada por três vetores fundamentais: os Pequenos Reatores

Modulares (SMRs), os avanços reais na fusão nuclear, e o uso crescente de inteligência artificial, robótica e novos materiais.

Pequenos Reatores Modulares (SMRs) e a Descentralização Energética

Os SMRs representam uma das mais promissoras inovações da indústria nuclear contemporânea. Como o nome indica, são reatores nucleares de menor dimensão, projetados para produzir entre 10 e 300 megawatts elétricos (MWe), contra os mais de 1000 MWe das centrais convencionais.

A sua maior vantagem reside na modularidade e flexibilidade: podem ser fabricados em série, em ambientes industriais controlados, e depois transportados para o local de instalação, o que reduz drasticamente os custos, os prazos de construção e os riscos associados à obra civil.

Estes reatores permitem:

- Descentralizar a produção energética, levando eletricidade a regiões remotas ou ilhas.

- Ser integrados em redes híbridas, ao lado de fontes renováveis, como a solar e a eólica.

- Substituir centrais térmicas a carvão com menor impacto ambiental.

- Atender a aplicações industriais específicas, como dessalinização, produção de hidrogénio ou calor para processos.

Países como o Canadá, os Estados Unidos, o Reino Unido e França já possuem programas avançados em SMRs. Empresas como a NuScale Power (EUA), Rolls-Royce SMR (Reino Unido) e Terrestrial Energy (Canadá) lideram esta corrida. Espera-se que os primeiros SMRs comerciais entrem em operação ainda nesta década.

O Progresso da Fusão Nuclear: Desafios e Perspetivas Reais

A fusão nuclear é o "Santo Graal" da energia: limpa, segura, abundante e praticamente inesgotável. Em vez de fissionar átomos pesados como o urânio, a fusão consiste em unir núcleos leves — geralmente isótopos de hidrogénio como deutério e trítio — libertando enorme quantidade de energia, tal como acontece no interior do Sol.

Apesar de décadas de pesquisa e promessas adiadas, os últimos anos trouxeram avanços concretos:

- Em 2022, cientistas do National Ignition Facility (EUA) atingiram pela primeira vez a ignição, gerando mais energia da que foi consumida no laser.

- Em 2024, a China anunciou novo recorde com o reator EAST ("Sol Artificial"), mantendo plasma a 158 milhões de graus Celsius por mais de 1.000 segundos.

- Projetos internacionais como o ITER, em França, continuam a avançar, com início previsto para 2025–2030.

EAST (Experimental Advanced Superconducting Tokamak)	ITER (International Thermonuclear Experimental Reactor)
· Local: China · Objetivo: Pesquisa · Temperatura: 158 milhões °C · Tempo de plasma: >1.000 s · Meta: Sustentação de plasma e controle	· Local: França (Projeto internacional) · Objetivo: Demonstração comercial · Previsão: Primeiro plasma em 2025 · Meta: Produzir 10x mais energia do que consome

Ilustração comparativa entre os projetos EAST e ITER:

- *O **EAST**, na China, é um projeto de pesquisa avançada focado na manutenção do plasma e controle de altas temperaturas.*

- *O **ITER**, em França, é o maior esforço internacional para demonstrar a viabilidade da fusão como fonte energética comercial.*

A grande barreira da fusão não é a viabilidade científica, já demonstrada, mas sim a viabilidade técnica e comercial. Manter o plasma estável, conter a radiação de neutrões e construir materiais que resistam ao ambiente extremo são ainda desafios técnicos complexos.

Contudo, há startups privadas como a *Commonwealth Fusion Systems*, *TAE Technologies* ou a britânica *Tokamak Energy* que prometem reatores de fusão comercial viáveis até 2040.

Linha do Tempo da Fusão Nuclear: Marcos Históricos

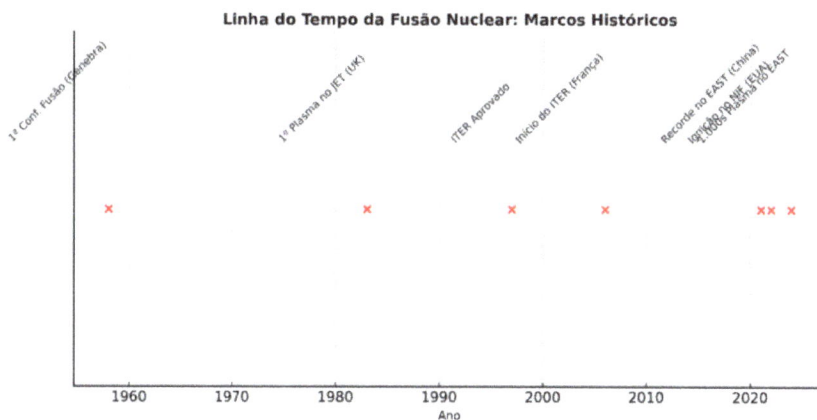

Fonte: Produção própria recorrendo aos dados da Tabela no final do presente Capítulo

O Papel da IA, Robótica e Novos Materiais na Nova Geração de Reatores

A nova era nuclear também será profundamente moldada pelas tecnologias digitais e pelos avanços na ciência dos materiais:

- Inteligência artificial (IA) já é usada para simulações nucleares, previsão de falhas, otimização de desempenho e manutenção preventiva em tempo real.

- Robôs e drones realizam inspeções internas em ambientes radioativos com mais segurança e precisão, reduzindo a exposição humana.

- Materiais avançados, como ligas metálicas resistentes à corrosão e cerâmicas de alta temperatura, estão a

518

permitir o desenvolvimento de reatores de quarta geração, mais seguros e duráveis.

Além disso, o desenvolvimento de materiais autorreparáveis, revestimentos inteligentes e sensores embutidos em componentes estruturais está a abrir caminho para reatores autogeridos, com manutenção automatizada e resposta adaptativa a anomalias.

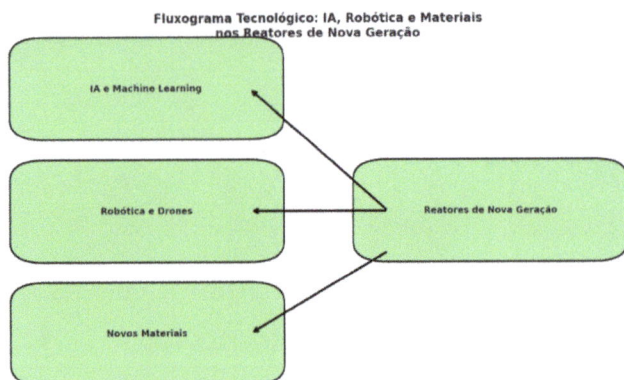

Fluxograma Tecnológico: IA, Robótica e Materiais nos Reatores de Nova Geração

Fluxograma tecnológico mostrando como IA, robótica e novos materiais convergem para impulsionar os reatores nucleares de nova geração:

- *A IA ajuda no controle, simulação e manutenção preditiva.*

- *A robótica e os drones garantem inspeções seguras e automatizadas.*

- *Os novos materiais suportam ambientes extremos com mais durabilidade e segurança.*

Um Futuro em Construção

Combinando estas três frentes — SMRs, fusão e tecnologias emergentes —, a energia nuclear poderá desempenhar um papel vital na transição energética do século XXI. A sua capacidade de fornecer energia firme, limpa e confiável será essencial para complementar as fontes renováveis e garantir segurança energética, descarbonização profunda e autonomia estratégica para os países.

O Caso Chinês: Vanguarda Nuclear na Nova Era Energética

A China tem-se destacado no cenário energético global com iniciativas de vanguarda no campo da energia nuclear. Em março de 2025, o país anunciou a operação bem-sucedida do seu primeiro reator de sal fundido alimentado por tório, localizado no Deserto de Gobi. Este tipo de reator utiliza tório em vez de urânio, apresentando vantagens significativas, como maior segurança intrínseca, menor risco de fusão do núcleo e produção reduzida de resíduos radioativos de longa duração.

Além disso, a China avança no campo da fusão nuclear, tentando replicar os processos do Sol aqui na Terra. O seu projeto EAST – *Experimental Advanced Superconducting Tokamak*, conhecido como "sol artificial", estabeleceu um novo recorde mundial ao manter plasma estável por 1.066 segundos — um feito impressionante e crucial para a viabilidade futura da fusão como fonte de energia limpa e virtualmente inesgotável.

Esses desenvolvimentos colocam a China na vanguarda tecnológica do setor nuclear, tanto na pesquisa fundamental quanto na implementação prática, com impacto geopolítico e energético potencialmente transformador nas próximas décadas.

A Energia Nuclear e a Sustentabilidade Global

Nesta secção, vamos explorar o papel da energia nuclear como aliada das fontes renováveis, sua contribuição para a segurança energética, e seu potencial como solução concreta para a crise climática. Também vamos destacar a importância de políticas públicas estáveis e estratégias de longo prazo que garantam um desenvolvimento sustentável e seguro do setor.

A urgência climática e a transição energética colocaram o mundo perante um paradoxo: como descarbonizar rapidamente sem comprometer o abastecimento de energia e a estabilidade económica? Neste contexto, a energia nuclear ressurge como uma das poucas soluções tecnológicas disponíveis com capacidade real para gerar eletricidade em grande escala, sem emissões de carbono e com elevada confiabilidade.

Coexistência com Renováveis e a Segurança Energética

As fontes renováveis, como a solar e a eólica, têm crescido de forma impressionante nas últimas duas décadas. Contudo, a sua intermitência natural — o sol não brilha à noite, o vento nem sempre sopra — exige soluções complementares para garantir um fornecimento contínuo e estável de energia.

É aqui que a energia nuclear se destaca:

- Fornece energia firme (*baseload*), 24 horas por dia, independentemente das condições meteorológicas.

- Pode ser integrada em sistemas híbridos com renováveis, estabilizando a rede elétrica.

- Reduz a dependência de combustíveis fósseis de backup, como gás natural ou carvão.

- Ajuda a evitar apagões e crises de abastecimento, especialmente em períodos de pico de consumo ou seca prolongada (que afeta hídricas).

Exemplos como França, que mantém uma das redes mais limpas e estáveis do mundo graças à sua matriz nuclear, demonstram que é possível coexistir com renováveis, promovendo uma transição equilibrada e resiliente.

A Importância de Políticas de Longo Prazo

Ao contrário de outras tecnologias energéticas, a energia nuclear requer planeamento estratégico a longo prazo, tanto a nível técnico como político. A construção, licenciamento e operação de uma central nuclear envolvem décadas de trabalho, exigindo:

- Estabilidade regulatória e legal.

- Investimento público e privado consistente.

- Formação técnica especializada e preservação de know-how.

- Aceitação pública e combate à desinformação.

A ausência de políticas claras levou muitos países a abandonar ou adiar projetos nucleares, apenas para depois enfrentarem crises energéticas e regressarem aos combustíveis fósseis.

Por outro lado, países como a Finlândia, Coreia do Sul, Canadá e China demonstram que, com políticas bem estruturadas, é possível expandir a energia nuclear de forma segura, eficiente e transparente, contribuindo significativamente para as metas climáticas.

Energia Nuclear como Solução Climática Viável

Segundo o Painel Intergovernamental sobre Mudanças Climáticas (IPCC), a energia nuclear é essencial em quase todos os cenários plausíveis para limitar o aquecimento global a 1,5 °C. É uma das poucas fontes de baixa emissão com maturidade tecnológica suficiente para substituir fontes fósseis em larga escala.

As vantagens são claras:

- Emissões praticamente nulas de CO_2 durante a operação.

- Pegada de carbono comparável à da energia eólica, e menor do que a solar, ao longo do ciclo de vida.

- Produção intensiva de energia com uso mínimo de território, ao contrário de algumas fontes renováveis.

- Potencial para contribuir com produção de hidrogénio limpo, calor para processos industriais e dessalinização.

Mesmo com os desafios associados aos resíduos e à segurança (devidamente abordados em capítulos anteriores), a energia nuclear permanece como uma ferramenta indispensável no arsenal climático global.

Tabela 85: Contribuição Nuclear Esperada nos Cenários de Neutralidade Carbónica (2050)

Cenário	Fonte	Capacidade Nuclear Esperada (GW)	Participação na Geração Global de Eletricidade
Neutralidade Carbónica até 2050	IEA	812 GW	~18%
Cenário de Desenvolvimento Sustentável	IEA	700 GW	~15%
Estudo Nuclear do MIT	MIT	1000 GW	~20%
Cenário IPCC SSP2-1.9	IPCC	900 GW	~16–20%

Fonte: Produção própria recorrendo aos dados da Tabela no final do presente Capítulo

Tabela 86: Tecnologias Emergentes com Potencial Nuclear

Tecnologia	Estado Atual	Impacto Potencial
Reatores Modulares Pequenos (SMRs)	Fase de testes e licenciamento	Descentralização e maior segurança
Fusão Nuclear (ITER, DEMO)	Protótipos e testes	Energia limpa e ilimitada a longo prazo
Reciclagem Avançada de Combustível	Projetos-piloto em França e Japão	Redução de resíduos e aumento da eficiência

Fonte: Produção própria recorrendo aos dados da Tabela no final do presente Capítulo

Conclusão Final: A Energia Nuclear como Pilar do Século XXI

Durante séculos, a humanidade sonhou com o domínio da energia. Do fogo à máquina a vapor, do carvão ao petróleo, da eletricidade ao átomo, percorremos um caminho fascinante, repleto de descobertas, erros e aprendizagens. Hoje, à beira de um colapso climático e energético, estamos perante uma escolha decisiva: continuar a insistir em soluções insuficientes ou abraçar com coragem as ferramentas que realmente podem garantir um futuro sustentável.

A energia nuclear, durante demasiado tempo injustiçada, é uma dessas ferramentas. Não é uma panaceia. Não é isenta de riscos. Mas é, como demonstrámos neste livro, uma das tecnologias mais poderosas, limpas e eficazes já concebidas pelo ser humano. Quando bem planeada, bem regulada e bem comunicada, é capaz de coexistir com as renováveis, estabilizar redes elétricas, reduzir drasticamente emissões e garantir soberania energética a longo prazo.

Mas para que essa promessa se concretize, é preciso superar mitos, preconceitos e resistências políticas. A desinformação, o medo e a instrumentalização ideológica têm sido obstáculos tão perigosos quanto qualquer falha técnica. Muitos governos preferiram virar costas à ciência e render-se a discursos fáceis, hipotecando o futuro energético das próximas gerações.

Chegou a hora de mudar.

Não há transição energética sem seriedade. Não há neutralidade carbónica sem eletricidade firme e limpa. Não há civilização sustentável sem coragem para enfrentar os factos.

A nova geração de reatores, os avanços em fusão, a integração com tecnologias digitais e a utilização de materiais inovadores são prova de que o nuclear não é passado — é futuro. Um futuro que exige inovação com segurança, progresso com responsabilidade, e ciência com ética. E acima de tudo, exige liderança política.

É aqui que entra o leitor.

Este livro não pretende apenas informar. Pretende convocar. Se chegaste até aqui, sabes que a energia nuclear não é apenas uma opção entre muitas. É uma escolha estratégica para a sobrevivência da humanidade num planeta finito. E como tal, deve ser discutida com seriedade, promovida com honestidade e implementada com competência.

É tempo de deixar claro aos decisores políticos, nos parlamentos e nos fóruns internacionais, que a sociedade exige soluções reais — não narrativas vazias. Que o direito a um planeta habitável também passa pelo dever de apoiar a ciência e a razão.

A energia nuclear não é o inimigo. O inimigo é a ignorância. É a inação. É o atraso mascarado de virtude.

O século XXI será decidido nas escolhas que fizermos agora. E entre elas, estará o lugar que damos à energia nuclear.

Que cada leitor se torne uma voz. Que cada voz se torne ação. E que dessa ação surja um futuro em que a luz que ilumina as nossas casas, as nossas fábricas e os nossos hospitais venha de uma fonte limpa, segura, poderosa e, acima de tudo, honesta.

Porque o futuro não se adivinha — constrói-se.

E o tempo de o construir é agora.

Tabela 87: Fontes Consultadas no Capítulo 10

Tópico	Fonte	Link
Reator de Tório (China)	O Cafezinho	https://www.ocafezinho.com/2025/03/23/china-anuncia-primeira-usina-nuclear-de-sal-fundido-com-torio-do-mundo/
Reator de Tório (China)	digitalagro.com.br	https://digitalagro.com.br
Fusão Nuclear (EAST – China)	ICL Notícias	https://iclnoticias.com.br/china-sol-artificial-ocidente-para-tras/
Fusão Nuclear (EUA – NIF)	Wikipedia	https://pt.wikipedia.org/wiki/National_Ignition_Facility
Projetos SMRs	IAEA	https://www.iaea.org/topics/small-modular-reactors
Fusão – ITER	ITER Organization	https://www.iter.org
IA e Robótica em Reatores	World Nuclear Association	https://www.world-nuclear.org

Coexistência Nuclear-Renováveis	World Nuclear Association	https://www.world-nuclear.org
Segurança Energética e Baseload	IEA – International Energy Agency	https://www.iea.org
Políticas de Longo Prazo	OECD-NEA	https://www.oecd-nea.org
Exemplos Políticas Nucleares	IAEA	https://www.iaea.org
Nuclear e Clima	IPCC	https://www.ipcc.ch
Pegada de Carbono	World Nuclear Association	https://www.world-nuclear.org/information-library/current-and-future-generation/nuclear-power-and-the-environment.aspx
Importância da Energia Nuclear no Século XXI	IPCC	https://www.ipcc.ch
Transição Energética e Neutralidade	IEA	https://www.iea.org

Carbónic a		